全国电力行业“十四五”规划教材

大数据分析及应用

主　编　王　辉　梁春燕
参　编　张依依　关志涛
主　审　黄敏芳

中国电力出版社
CHINA ELECTRIC POWER PRESS

内 容 提 要

本书为全国电力行业“十四五”规划教材。全书共分 3 部分 12 章，主要内容包括大数据基础（大数据简介、大数据来源、大数据特征、大数据研究策略、大数据技术、大数据应用）、大数据管理及分析（大数据准备、大数据管理、大数据分析）、大数据应用及实践（大数据挑战、大数据开发平台、大数据实践）。本书以培养大数据管理、分析和应用能力为主线，将理论与案例、理论与实践、理论与应用充分结合，以电力系统为应用背景精心设计了案例，为广大读者，特别是具有电力背景的读者提供解决大数据相关问题的思路。本书配套丰富的资源供读者线上学习。

本书可作为普通高等院校大数据管理与应用、数据科学与大数据技术、计算机科学与技术、信息管理与信息系统、管理科学与工程、工商管理等相关专业的本科及硕士研究生教材，也可作为相关专业师生、大数据科学家、数据分析员及工程师的参考书。

图书在版编目（CIP）数据

大数据分析及应用 / 王辉，梁春燕主编. -- 北京：中国电力出版社，2024. 11. --（全国电力行业“十四五”规划教材）. -- ISBN 978-7-5198-9437-5

Ⅰ. TP274

中国国家版本馆 CIP 数据核字第 2024DJ1070 号

出版发行：中国电力出版社
地　　址：北京市东城区北京站西街 19 号（邮政编码 100005）
网　　址：http://www.cepp.sgcc.com.cn
责任编辑：霍文婵（010-63412545）
责任校对：黄　蓓　常燕昆
装帧设计：赵姗姗
责任印制：吴　迪

印　　刷：固安县铭成印刷有限公司
版　　次：2024 年 11 月第一版
印　　次：2024 年 11 月北京第一次印刷
开　　本：787 毫米 ×1092 毫米　16 开本
印　　张：12.75
字　　数：306 千字
定　　价：59.80 元

扫一扫

本书拓展资源

前言

随着信息技术与经济社会的发展和交汇融合，全球数据量正在剧烈地扩展和增加，大数据时代已经到来，这不仅改变了人们对数据和信息处理的认知和方法，而且在社会、经济和文化等多个方面产生了深远的影响。大数据的高速增长、复杂多样等诸多特征，使得在对大数据进行分析并应用于各个领域学科时，在数据获取、管理、处理、分析和应用等方面遇到了很多挑战和问题亟待解决。我国在 2015 年首次提出“国家大数据战略”，并相继发布了《促进大数据发展行动纲要》《中华人民共和国数据安全法》等一系列政策文件和法律法规，其目的是持续推动数字产业化和产业数字化的创新发展，发展以数据为关键要素的数字经济新形态，利用大数据更好地服务我国经济社会发展和人民生活改善。因此，系统地学习大数据管理、分析及应用的基础知识，是适应科学技术与社会发展的必然要求。

本书系统全面地描述大数据分析及应用所涉及的基本概念、遇到的机遇与挑战，以及已有的解决方案、相关理论和技术，同时结合大量实践案例，使用化繁为简、深入浅出、由浅入深的叙述方式来阐述知识点。书中将其中蕴含的科学创新、脚踏实地、分享合作的精神，以及在技术创新发展进程中科技人员所体现和保持的对数据科学的热情和好奇心等思政点，通过润物细无声的方式传递给读者，在提升大数据管理、分析和应用实践等方面能力的同时，激发读者思考进取、勇于创新、团结共享的科学意识。

全书内容共分三个部分十二章。第 1 部分“大数据基础”介绍大数据相关的基本内容，包括大数据的发展历程、来源、特征、研究策略、技术架构以及大数据的应用领域；第 2 部分“大数据管理及分析”描述了对大数据进行标注、集成、管理、预处理、分析以及可视化的基本理论、技术、方法和工具；第 3 部分“大数据应用及实践”从应用的角度来阐述大数据在法律和社会等方面遇到的挑战及解决方案，探讨大数据的发展趋势及其产生的影响，并介绍大数据平台 Hadoop 生态系统的常用组件和基本原理，最后基于一个词频统计的实例来进行 Hadoop 大数据实践。

全书由王辉、梁春燕、张依依、关志涛编写，彭可欣、朱琳、殷朵、曾贾斌、李若彤、杨宇等同学进行了大量的文献整理、资料翻译、案例收集和编程实践等工作。全书由黄敏芳教授审阅，提出很多宝贵意见，在此表示衷心感谢！

本书在编写过程中参考了相关教材、文献和网络资源，在此向所有的作者表示诚挚的感谢。

本书的编写及出版得到了国家自然科学基金项目（批准号：72071078）的资助。

由于本书涵盖面较广，技术难度较大，加之作者水平有限，书中难免存在一些疏漏和不足之处，恳请读者批评指正。

编　者

2024 年 10 月

目 录

第 2 部分　大数据管理及分析

第 3 部分 大数据应用及实践

第1部分　大数据基础

随着人工智能、物联网、云计算等技术的推动，全球数据量正在剧烈地扩展和增加。根据调研机构Statista的统计和预测，全球数据量在2019年约达到41ZB（ZB，10^{21}字节），并将以40%的年增长率继续递增。这表明大数据时代已经到来。

本部分介绍大数据相关的基本内容，回答与大数据相关的几个基本问题，包括如何看待大数据时代，大数据从何而来，大数据有哪些特征，如何对大数据进行研究并从中获取价值，大数据技术架构及大数据应用。

学习目标

本部分中，你将学习：

- 大数据时代
- 大数据来源
- 大数据特征
- 大数据研究策略
- 大数据技术
- 大数据应用领域

第1章　大数据简介

数据管理在经历了人工管理阶段、文件系统阶段和数据库系统阶段后，随着第三次信息化浪潮的涌动，于20世纪90年代后期，开始逐步进入大数据管理阶段，又称“大数据时代”。

本章首先阐述大数据的发展历程，然后介绍了大数据时代及其驱动力，最后对大数据的定义进行了描述。

1.1　大数据发展历程

大数据的发轫期可以追溯到20世纪50年代，当时出于国家安全和国防的目的，各国开始积累大量数据。到了20世纪90年代，互联网的兴起和信息科技的进步促进了数据的储存和处理方式的创新，数据量的急剧增加催生了对于数据分析和利用的需求，预示着大数据管理阶段的来临。随着云计算、物联网、移动互联网等技术的兴起，大数据迎来了爆发式增长。

大数据的发展可以分为以下几个阶段。

1. 萌芽期

这个阶段的起始时间大约在1997年至2000年之间，大数据作为概念或假设存在，少数学术界人士对其进行研究和探讨，主要关注数据量的庞大性，但尚未深入探索数据的收集、处理和存储等问题。随着数据挖掘理论和数据库技术的逐步成熟，一批商业智能工具和知识管理技术开始被应用，如数据仓库、专家系统、知识管理系统等。

这一阶段大数据的大事件主要有：

（1）1980年，美国著名未来学家阿尔文·托夫勒在其著作《第三次浪潮》中，将大数据赞颂为“第三次浪潮的华彩乐章”。

（2）1997年10月，美国国家航空航天局（NASA）阿姆斯研究中心的迈克尔·考克斯和大卫·埃尔斯沃斯在第八届美国电气和电子工程师协会（Institute of Electrical and Electronics Engineers，IEEE）关于可视化的会议论文集中发表了《为外存模型可视化而应用控制程序请求页面调度》的论文。文章开篇写道：“可视化对计算机系统提出了一个有趣的挑战：通常情况下数据集相当大，耗尽了主存储器、本地磁盘甚至是远程磁盘的存储容量。将这一问题称为大数据”，这是在美国计算机学会的数字图书馆中第一篇使用“大数据”这一术语的文章。

（3）1998年10月，科夫曼和安德鲁·奥德里科发表了《互联网的规模与增长速度》

一文。他们认为“公共互联网流量的增长速度，虽然比通常认为的要低，却仍然以每年 100% 的速度增长，要比其他网络流量的增长快很多。然而，如果以当前的趋势继续发展，在 2002 年左右，美国的数据流量就要赶超声音流量，且将由互联网主宰。”奥德里科随后建立了明尼苏达互联网流量研究所（MINTS），跟踪 2002 年到 2009 年互联网流量的增长情况。

（4）1999 年 10 月，在美国电气和电子工程师协会（IEEE）举办的可视化会议上，设置了名为“自动化或者交互：什么更适合大数据？”的专题讨论小组，探讨大数据问题。

2. 发展期

这个阶段大约始于 21 世纪初，持续至 2010 年。互联网行业迎来了快速发展的时期，大数据作为一个新名词开始受到理论界的关注，其概念和特点得到进一步丰富，相应的数据处理技术也不断涌现，大数据开始展现出实际的价值和应用潜力。这一阶段，Web 2.0 应用迅猛发展，非结构化数据大量产生，传统处理方法难以应对，带动了大数据技术的快速突破，大数据解决方案逐步开始成熟，逐渐形成了并行计算和分布式系统两大核心技术，谷歌公司的 GFS 和 MapReduce 等大数据技术受到追捧，Hadoop 平台开始大行其道。

这一阶段大数据的大事件主要有：

（1）2000 年 10 月，彼得·莱曼与哈尔·瓦里安在加州大学伯克利分校网站上发布了一项研究成果:《信息知多少？》。这是在计算机存储方面第一个综合性的量化研究世界上每年产生并存储在四种物理媒体：纸张、胶卷、光盘（CD 与 DVD）和磁盘中新的以及原始信息（不包括备份）总量的成果。研究发现，1999 年，世界上产生了 1.5EB 独一无二的信息。2003 年，莱曼与瓦里安发布的研究成果显示，2002 年世界上大约产生了 5EB 新信息，92% 的新信息存储在磁性介质上，其中大多数存储在磁盘中。

（2）2001 年 2 月，梅塔集团分析师道格·莱尼发布了一份研究报告，题为《3D 数据管理：控制数据容量、处理速度及数据种类》。十年后，3V 作为定义大数据的三个维度而被广泛接受。

（3）2005 年 9 月，蒂姆·奥莱利发表了《什么是 Web2.0》，在文中，他断言“数据将是下一项技术核心”。

（4）2007 年 3 月，约翰·甘茨，大卫·莱茵泽尔及互联网数据中心（IDC）其他研究人员出版了一个白皮书，题为《膨胀的数字宇宙：2010 年世界信息增长预测》。这是第一份评估与预测每年世界所产生与复制的数字化数据总量的研究。互联网数据中心估计，2006 年世界产生了 161EB 数据，并预测在 2006 年至 2010 年间，每年为数字宇宙所增加的信息将是以上数字的六倍多，达到 988EB，或者说每 18 个月就翻一番。据 2010 年和 2011 年同项研究所发布的信息，每年所创造的数字化数据总量超过了这个预测，2010 年达到了 1200EB，2011 年增长到了 1800EB。

（5）2008 年 1 月，布雷特·斯旺森和乔治·吉尔德发表了《评估数字洪流》一文，在文中他们提出到 2015 年美国 IP 流量将达到 1ZB，2015 年美国的互联网规模将至少是 2006 年的 50 倍。

（6）2008 年 9 月，《自然》杂志推出大数据专刊。计算社区联盟（Computing Community Consortium）发表了报告《大数据计算：在商业、科学和社会领域的革命性突破》，阐述了大数据技术及其面临的一些挑战。

（7）2010年2月，肯尼斯·库克尔在《经济学人》上发表了一份关于管理信息的特别报告《数据，无所不在的数据》。库克尔在文中写道：“从经济界到科学界，从政府部门到艺术领域，很多地方都已感受到了这种巨量信息的影响。科学家和计算机工程师已经为这个现象创造了一个新词汇：‘大数据’”。

3. 兴盛期

这个阶段自2011年以来一直持续到现在。大数据的计算能力达到前所未有的高度，相关技术如Hadoop、Spark等的出现，使大数据的处理变得更为便捷和经济。此外，大数据的应用也越来越广泛，涵盖了包括但不限于电子商务、金融、医疗、教育和城市规划在内的多个领域。数据驱动决策，信息社会智能化程度大幅提高。大数据的影响力和重要性在全球范围内得到了广泛的认可和重视。

这一阶段大数据的大事件主要有：

（1）2011年2月，马丁·希尔伯特和普里西拉·洛佩兹在《科学》杂志上发表了《世界存储、传输与计算信息的技术能力》一文。他们估计1986年至2007年间，世界的信息存储能力以每年25%的速度增长。同时指出，1986年99.2%的存储容量都是模拟性的，但是到了2007年，94%的存储容量都是数字化的，两种存储方式发生了角色的根本性逆转（2002年，数字化信息存储第一次超过非数字化信息存储）。

（2）2011年5月，麦肯锡全球研究院发布了《大数据：下一个具有创新力、竞争力与生产力的前沿领域》，提出“大数据”时代到来。

（3）2012年3月，美国奥巴马政府发布了《大数据研究和发展倡议》，正式启动“大数据发展计划”，大数据上升为美国国家发展战略，被视为美国政府继信息高速公路计划之后在信息科学领域的又一重大举措。

（4）2013年12月，中国计算机学会发布《中国大数据技术与产业发展白皮书》，系统总结了大数据的核心科学与技术问题，推动了我国大数据学科的建设与发展，并为政府部门提供了战略性的意见与建议。

（5）2014年5月，美国政府发布2014年全球“大数据”白皮书《大数据：抓住机遇、守护价值》，报告鼓励使用数据来推动社会进步。

（6）2015年8月，中国国务院印发《促进大数据发展行动纲要》，全面推进我国大数据发展和应用，加快建设数据强国。

（7）2017年1月，中国工业和信息化部发布《大数据产业“十三五”发展规划》，积极推动中国大数据产业健康快速发展。

（8）2021年11月，中国工业和信息化部发布《“十四五”大数据产业发展规划》，在延续“十三五”规划关于大数据产业定义和内涵的基础上，进一步强调数据要素价值。

综上所述，大数据的发展过程涉及了从萌芽到兴盛的一系列关键事件和技术创新，它不仅改变了人们对数据和信息处理的认知和方法，而且在社会、经济和文化等多个方面产生了深远的影响。

1.2 大数据时代

机遇往往是时代变化的信号。随着大数据的发展，人类社会开始进入大数据时代。那么是什么开启了大数据时代？

2013 年，据麦肯锡（McKinsey）公司发布的一份有影响力的报告称，数据科学领域将成为经济增长的头号催化剂。麦肯锡公司发现了有助于大数据时代启动的一个新机遇——不断增长的数据洪流。这是指数据在以持续和快速的方式不断涌现，因此人们开始意识到传统数据处理技术无法有效处理海量数据。

互联网以及计算机硬件和软件的发展，使得数据的数量呈指数级增长，这些数据来自如社交媒体、传感器、移动设备、传统企业系统等各种来源。人们只需花费几千元，就可以买一个硬盘来存储世界上几乎所有的音乐，这与以前任何形式的音乐存储相比，都是一种令人震惊的存储功能。同时移动互联网的发展，使得手机和安装在手机上的应用程序成为大数据的一大来源，时刻为企业和用户提供各种洞察和价值。根据国际电信联盟（ITU）的数据，2013 年全球手机使用量约为 70 亿部。而淘宝、京东等作为中国著名的电子商务平台，每天都有数以亿计的用户在手机上通过应用程序进行购物、交易和互动。

所有这些都导致了数据的剧烈增长——每年全球数据增长 40%，全球 IT 支出增长 5%。如此多的数据无疑推动了数据科学领域在商业世界中开始占据重要地位。但是，计算机硬件的性能，包括存储量和计算能力等，不再能够快速增长，摩尔定律几乎失效，因此需要新技术的发展来提高对数据的存储和分析能力。云计算（Cloud Computing），又可称为按需计算，应运而生。

云计算是用户随时随地可以按需使用的计算方式之一。云计算和大数据是两个不同但密切相关的领域，它们之间存在着紧密的关系。云计算为大数据提供基础设施的支持，极大地促进了大数据的发展，同时大数据也为云计算的发展提供技术支撑，两者相互促进，紧密关联。

云计算为大数据发展提供的支撑作用，可体现为如下五个方面：

（1）基础设施支持：云计算提供了大规模的计算和存储资源，为大数据处理提供了必要的基础设施支持。通过云计算平台，用户可以根据需要弹性地扩展存储和计算资源，以满足大数据处理的需求。

（2）数据存储和处理支持：云计算平台提供了大数据通常需要的大规模数据存储和处理服务，例如云数据库、云存储、云计算资源等，为大数据处理提供了强大的基础资源和服务。

（3）弹性和灵活性支持：云计算平台的弹性和灵活性使得大数据处理更加高效和便捷。用户可以根据需要动态调整计算和存储资源的规模，而无需投入大量的固定资本成本，从而更好地适应不断变化的数据处理需求。

（4）数据分析和洞察支持：大数据处理通常涉及大规模的数据分析和挖掘，以从海量数据中提取有价值的信息和洞察。云计算平台提供了丰富的数据分析和机器学习服务，可以帮助用户更好地进行数据分析和挖掘，发现隐藏在数据背后的规律和趋势。

（5）成本效益：云计算提供了按需付费的模式，用户只需根据实际使用情况付费，无须预先投入大量的固定资本成本。这使得大数据处理更加具有成本效益，尤其是对于中小型企业和创业公司来说，可以更好地利用大数据技术和资源。

所以，云计算为大数据处理提供了强大的基础设施支持和灵活的资源管理，使得大数据处理更加高效和便捷。

云计算的发展，结合数据洪流的到来，使得进行新颖、动态和可扩展的数据分析变为可能，从而有助于对数据进行深入挖掘和洞察，并辅助优化决策，创造新的商业价值。总而言之，一股新的大数据洪流与随时随地的计算能力相结合，共同促成了大数据时代的到来。

1.3　大数据定义

身处大数据时代，“大数据”这个词几乎无处不在。这一术语的使用场景纷繁复杂，让人眼花缭乱。“大数据”通常用来指任何使用传统数据库系统难以管理的数据集，比如有些传统数据库系统管理的数据集达到一定规模，会被称为“大数据”；它也会被用于表示那些在单个服务器上无法处理的数据集；还有一些人用这个词简单地表示“大量数据”；但有时所谓的大数据甚至不需要很大。

大数据的“大”很难确切表述，因为这是个相对的概念。对于一个组织来说被认为是大的东西对于另一个组织而言可能是小的。今天规模大的东西在不久的将来可能看起来很小，现在认为 TB（Terabyte，兆字节 1024GB）级别的数据量能称之为大数据，一段时间后，可能 PB（Petabyte：百万亿字节 1024TB）才能算是大数据。因此，数据量大小本身不能指定大数据。数据的复杂性、多样性等也是需要考虑的重要因素。

因此，大数据的定义可以从不同的角度和领域进行表述，不同的机构和公司可能会根据自己的需求和背景，对大数据的定义进行不同的描述和扩展。例如，一些科研机构可能会强调大数据的科学研究价值，而一些咨询公司可能会强调大数据在商业应用中的重要性等。比如商业公司会给出这样的定义：“大数据是一种规模大到无法在一定时间范围内用常规软件工具进行捕捉、管理和处理的数据集合，是需要新处理模式才能具有更强的决策力、洞察发现力和流程优化能力的海量、高增长率和多样化的信息资产。”

虽然大数据在不同领域有不同的侧重，但普遍达成共识的是，大数据的定义和描述一般会从大数据不同的维度和特征进行。

第2章 大数据来源

在大数据时代，大数据从何而来？本章按照大数据的来源，将其分为三类。不同类别的大数据具有不同的特点，也带来了不同的机会和挑战。

2.1 大数据的类别

大数据其实并不是忽然一下子出现的，而是经过了一定时期的积累。大多数大数据源在大数据时代到来之前就已经存在，只是使用和应用数据的规模发生了变化。随着大数据时代的到来，大数据的种类和规模也在不断扩大。面对纷繁复杂的大数据，可以通过不同角度进行分类。

大数据可以根据数据产生的领域进行分类。图 2-1 为互联网的开放数据链接图（The Linked Open Data Cloud）（源图链接：http://lod-cloud.net/）。这张图整理并显示了互联网上不同领域种类繁多的数据源，而且体现了数据源之间相互关联的关系。从图 2-1 中可以看出数据源来自不同的领域，比如生命科学、语言学、政府、公开出版物、社交媒体等。不仅相同领域的数据源之间存在着紧密联系，而且不同领域的数据源之间也存在着相互关联性。

按照数据的结构类型来说，大数据可以分为结构化数据、半结构化数据和非结构化数据。不同结构类型的大数据往往需要不同的存储和处理方式，进行数据分析和应用。

（1）结构化数据，规范且易处理，通常存储在关系型数据库中，具有明确的模式和结构，可以方便地进行查询和分析。然而，随着大数据时代的来临，结构化数据面临着巨大的挑战。

（2）半结构化数据，介于结构化数据和非结构化数据之间，具有一定的结构和模式，但并不严格遵循固定的格式。常见的半结构化数据包括 XML、JSON、日志文件等。这类数据通常包含大量的元数据信息，有助于更好地理解数据的含义和上下文。半结构化数据的处理相对复杂，但具有很高的价值。

（3）非结构化数据，大数据中最为复杂和多样的一种类型，没有固定的结构和模式，会以各种形式存在，如文本、图像、音频、视频等。随着 Web2.0 时代的到来，非结构化数据占据了大数据的很大部分，且增长速度超过结构化数据和半结构化数据。非结构化数据的处理和分析是一项巨大的挑战，需要借助先进的机器学习、深度学习和自然语言处理等技术，对图像、文本等进行识别、分类和解。

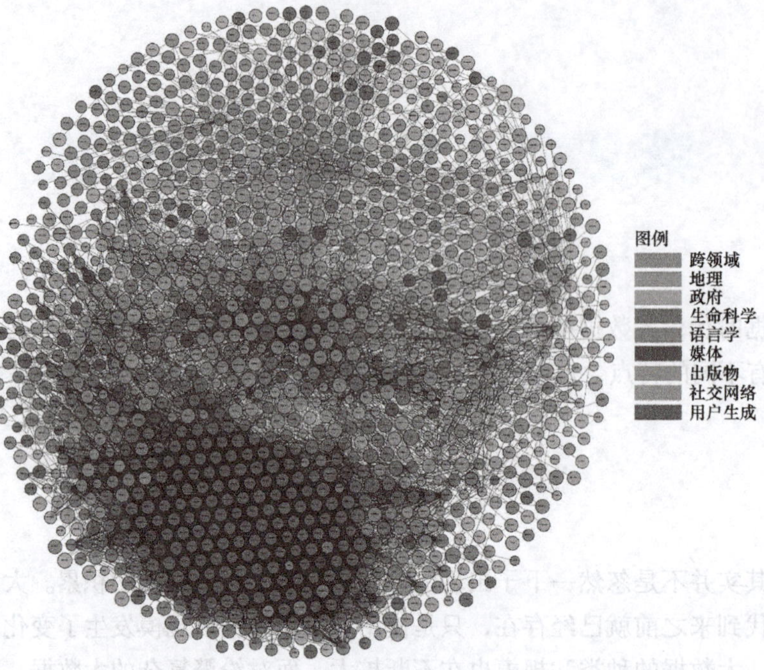

图 2-1　开放数据链接图

如果按照大数据的来源进行分类，可将大数据分为三类，即机器生成的大数据（Machine-Generated Data）、人类生成的大数据（People-Generated Data）和组织生成的大数据（Organization-Generated Data）。

- 机器生成的大数据，指的是工业机械、车辆、仪器装置等通过各种设备或传感器来跟踪用户在线行为、监测环境状态或记录个人健康情况等产生的大数据。例如大型强子对撞机在实验过程中每秒生成 40TB 的数据。
- 人类生成的数据，指的是人通过各种方式生成或分享的大数据，包括大量的社交媒体数据、朋友圈状态更新、网络推文、照片和多媒体等。
- 组织生成的数据，指的是更传统的数据类型，包括企业或组织机构的数据库中的交易信息和存储在数据仓库中的结构化数据等。

在大多数业务实例中，任何单一数据源本身并没有用，真正的价值通常来自于将这些不同类型的大数据彼此组合在一起，并对其进行综合分析以产生新的见解，然后这些见解又可应用到大数据本身的分析处理中。一旦有了这样的见解，就会有助于实现数据支持的决策和行动。下面对不同来源的这三种大数据类别分别进行阐述。

2.2 机器生成的大数据

2.2.1 最大的大数据来源

我们的生活中充斥着各种由机器生成的大数据，尤其是物联网（Internet of Things）的发展和普及，各种传感器和摄像头的使用，使得由仪器设备等机器生成的大数据无处不在，而且数量庞大。

在大数据的所有来源中，机器数据是最大的大数据来源。而且，机器生成的大数据通常非常复杂。例如大型飞机的每次飞行都产生大数据，例如波音787飞机在每次飞行中都会产生约0.5TB的数据。实际上几乎飞机的每个部分都安装有各种传感器，这些设备会不断地收集和更新来自飞行和地面团队的状态数据。这些数据可用来辅助机组成员进行飞行决策，保障飞行安全。

通常情况下，具有传感能力并具备某些特征的机器设备可以被称为智能设备。那么，是什么让智能设备变得智能？一般来说，智能设备可以基于传感器及其封装的数据内容进行自主分析和处理。智能设备通常有三个主要特性，一是可以自主收集数据，二是可以连接到其他设备或网络，三是可以自主执行任务。这意味着智能设备能够自主对环境有一些了解和反馈。例如智能手机可以追踪很多信息，包括地理位置信息和健康信息等，能把信息和相关设施相互联系，并在必要时进行提醒。

智能设备的广泛使用及其相互连接导致了一个新术语的诞生，即物联网。想象一下，智能设备遍布汽车、超市、家庭、办公室、城市、乡村、天空，甚至海洋，所有设备都连接在一起，并且都在不断生成数据。这构成了一个万物互联的时代。例如日常生活中，人们可以使用智能手表、智能手机等活动记录仪，用于监视和跟踪与健康相关的指标，如步行或跑步的距离、卡路里消耗，以及在某些情况下的心跳和睡眠质量等，这些智能设备的广泛使用为个性化医疗提供了一种新的方式。同样，飞机上的各种传感器为机组管理和飞行安全提供了新的视角。

总之，机器设备可通过其内置传感器全天候随时随地收集个人、环境和行业等方面的各种数据，因此，机器生成的大数据已经成为最大最快的大数据来源。

2.2.2 机器生成大数据的用处

为什么机器生成的大数据很有用？如果观察一下飞机上所有数据的来源，会发现其中一些来自测量湍流的加速度计，还有些来自发动机中内置的温度、压力和许多其他可测量参数的传感器。这些数据都来自飞机飞行过程中实时监测的现场数据，可用来进行持续的实时分析，有助于在离地面大约12000m的高空进行安全监控和问题检测。这称之为现场处理（In-Situation Processing）。

在传统的关系型数据库管理系统中，数据经常被移动到计算空间进行处理。在大数据场景中，现场处理意味着将计算带到数据所在的位置，例如在飞机飞行的情况下，将计算带到数据正在生成的位置。这种类型的实时响应的一个关键特征是支持实时操作。但是，使用这种功能需要采用与传统不同的数据处理方式——实时处理（Real-time Processing），执行应用程序和任务。

如果想要将大数据驱动的洞察力融入企业或组织的经济活动中，就需要定义一个新的战略或新的工作方式。大多数以大数据为中心的企业已经更新了企业文化，更加以实时决策和实时行动为导向，改进了实时流程，来高效处理从客户关系管理、欺诈检测到系统监控的各种业务。此外，要处理大量的实时数据和进行实时的分析操作，需要更多地使用可伸缩计算系统，这有必要成为企业大数据战略规划的一部分。

例如在监控与数据采集系统 SCADA（Supervisory Control and Data Acquisition）中也看到了这些变化的影响。SCADA 监控和数据采集系统，是一种工业控制系统，用于远程监视和控制工业过程，其中可能包括多个站点、多种类型的传感器。除了监测和控制之外，SCADA 系统还可用于在工业过程中通过数据分析进行节能增效。这些工业过程发生在多种领域，包括制造业、基础设施和公共服务（如水处理、石油和天然气管道以及电力系统等）。它们甚至可被应用于智能建筑中，以监视和控制供暖、通风、空调系统的操作过程和能源消耗。所有这些过程的管理和实现需要基于各种机器设备生成的大数据，进行趋势、模式和异常的实时识别和确定，从而减少浪费，提高效率。

总而言之，作为最大和最快的大数据类型，机器生成的大数据有助于在许多系统和流程中实现实时操作。然而，这样的现场计算和实时行动需要文化和思维的转变。

案例 2.1 三相电力仪表在电力系统中的应用

作为机器生成大数据的一个典型应用场景，智能设备在电力系统中的应用主要涉及智能电网管理、智能配电、智能用电等方面，旨在提高电力系统的运行效率、安全性和可靠性。随着现代电力工业的快速发展，变电站作为电力系统的核心组成部分，其自动化、智能化水平直接影响到电网的稳定运行与高效管理。三相电力仪表作为变电站自动化监测系统的关键设备之一，扮演着至关重要的角色。

三相电力仪表是一种集测量、保护、控制、通信于一体的智能设备，能够对电力系统的电压、电流、功率因数、有功功率、无功功率、频率等多种电气参数进行实时数据监控。相比传统仪表，三相电力仪表具有高精度、宽量程、数字化输出、远程通信等显著优势，是实现变电站自动化、智能化的重要基础。

变电站自动化系统主要由监控中心、通信网络、智能设备三部分构成，三相电力仪表作为智能设备的重要组成部分，其应用主要体现在以下方面。

1. 实时数据采集与监控

三相电力仪表能够连续、准确地采集电力系统的各项电气参数，并通过通信网络上传至监控中心。监控中心通过数据分析软件，实时展示电网运行状态，包括负荷分布、功率平衡、电能质量等，为调度员提供直观、全面的信息支持，便于及时发现并处理异常情况。

2. 故障预警与诊断

通过分析三相电力仪表采集的数据，监控中心可以识别电力系统中的异常现象，如过流、过压、欠压、频率偏差等，及时发出预警信号，甚至自动采取保护措施，防止故障扩大。同时，结合历史数据和趋势分析，可以预测设备寿命，提前安排检修计划，减少非计划停电。

3. 电能质量监测与管理

三相电力仪表具备谐波分析功能，能够监测电力系统中的谐波含量，评估电能质量。这对于减少谐波污染、保护敏感设备、提高系统效率具有重要意义。通过调整无功补偿装置，来改善功率因数，优化电能质量，降低电网损耗。

4. 能效管理与优化

结合三相电力仪表的电能计量功能，可以精确计算各用电区域的能耗，为能源管理提供数据支持。通过对比分析，识别节能潜力，制定节能措施，如调整负荷分配、优化运行策略等，实现能源的高效利用。

5. 远程运维与智能化管理

三相电力仪表支持远程配置、参数调整、故障诊断等功能，极大地提高了运维效率。结合大数据分析、人工智能等技术，可以实现电力系统的智能化管理，如自动调整电压水平、预测负荷变化、优化调度策略等，进一步提升电网的安全性和经济性。

总之，三相电力仪表以其高精度、多功能、远程通信等特性，在变电站自动化电力系统监测和管理中发挥着不可替代的作用。它不仅提升了电力系统的安全性、稳定性和经济性，还促进了电网向智能化、绿色化方向发展。未来，随着物联网、大数据、人工智能等技术的深度融合，三相电力仪表的应用将更加广泛，为构建更加高效、智能、可持续的现代电网贡献力量。

2.3 人类生成的大数据

2.3.1 非结构化的挑战

随着 Web2.0 的发展，人们可以通过各种途径和方式来分享和生成数据。人产生的大数据引起了非结构化数据的新挑战。人们每天通过在各种社交媒体网站（如微信、Facebook、Twitter 和 LinkedIn），或在线照片共享网站，如 Instagram、Flickr 或 Picasa，还有视频分享网站，比如小红书、哔哩哔哩、抖音或 YouTube 等各种平台上的活动生成大量数据。此外，通过博客和评论、互联网搜索、手机短信、电子邮件以及个人文档，也可以生成大量信息。这些数据中除了偶尔附带一些描述内容外，大多数都是非结构化的，这与明确定义的结构化数据模型非常不同。

如此多的活动也导致了数据的巨幅增长。令人惊讶的是，人日常活动产生的一些数据甚至在 PB 的层级上，1PB=1000TB。例如微信用户在一天内产生的数据量比一家大型图书馆所拥有的数据量要多，其他一些较大的在线平台每天也在不断产生着类似的海量数据。人类生成的数据大部分都是非结构化数据，且规模巨大，这带来了很多挑战。

非结构化数据是指没有预定义数据模型的数据，因此，它不能用关系模型来表示，也不能用 SQL 语言来操作。它可以是没能在传统关系型数据库管理系统中存储的任何东西。例如在一张从商店买东西的销售收据上会有日期、商店名称、商品名和金额，这是结构化数据的例子。而人会以文本的形式生成大量非结构化数据，并没有给定的格式。例如人手写的几乎所有文档，是人类生成的非结构化数据的一部分。事实上，世界上 80% ～ 90% 的数据是非结构化的，而且这个数字还在迅速增长。人们生成的非结构化数据包括文本、图像、视频、音频、互联网搜索和电子邮件等。除了增长迅速这一点之外，非结构化数据的主要挑战还包括数据格式的多样化，如网页、图像、PDF、PowerPoint、XML 和其他主要为人类使用而构建的格式。比如电子邮件，尽管可以用日期、发件人和主题对邮件进行排序，然而要编写一个程序，来根据这些邮件的内容进行分类并进行相应的组织管理是非常困难的。

人类生成数据的另一个挑战是生成数据的数量大和速度快。只需研究下面这张来自 Statista 公司的互联网每分钟产生的数据图（图 2-2），观察互联网上一分钟内发生的事情，并考虑不同平台产生的数据，便会发现互联网是一个迅速增长的大数据来源。

此外，非结构化数据的管理通常耗时且成本高昂。在能够从非结构化数据中获取价值之前，获取、存储、清洗、检索和处理非结构化数据的过程需要花费的成本和时间加起来可能是一个相当大的成本和投资，因此很难找到工具和人员来实现这样一个过程并最终获得价值。

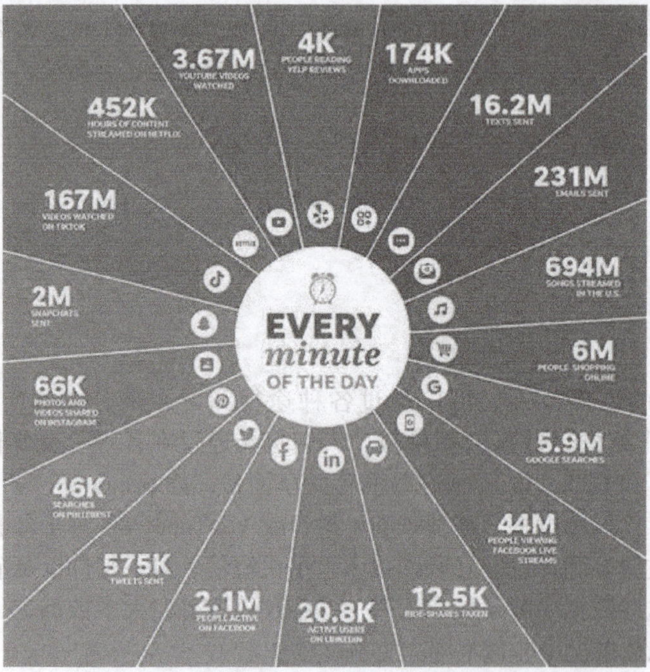

图 2-2　互联网每分钟产生的数据图（2023 Statistics）

总而言之，尽管有大量的数据是由人类生成的，但这些数据大部分是非结构化的。处理非结构化数据的挑战不应掉以轻心。下一节讨论企业应该如何应对这些挑战以获得洞察力，从而可以从人产生的大数据中获取价值。

2.3.2　如何使用人产生的大数据？

前面列出了使用由人类活动生成的非结构化数据的一些挑战，本节介绍解决这些挑战的新兴技术，以及将非结构化数据转化为价值的案例。

尽管使用非结构化数据，尤其是由人类生成的数据，存在许多挑战，但现在已经有一些创新性的技术可以应对这些挑战并充分利用这些数据。正如人们常说的，挑战是一个绝佳的机会。大数据就是这样通过挑战造就了大数据自己的科技行业。这个行业主要围绕着几个基本的开源大数据框架展开，并形成了越来越丰富的生态系统。

大数据工具的设计和实现是从管理和分析非结构化数据开始的。这些工具中的大多数都基于一个名为 Hadoop 的开源大数据框架。Hadoop 旨在支持分布式计算环境中大型数据集的处理。这表明它解决了第一个挑战，即大量的非结构化信息的存储和处理。

Hadoop 可以批量处理大量的分布式数据，但通常情况下更需要做的事情是实时处理人们生成的数据，如微信或 Facebook 的实时更新数据。对用户浏览和交易数据进行实时分析和处理，并提供个性化推荐和服务是实时处理的另一个应用。社交媒体和市场交易数据是高速数据的两种常见类型。Storm 和 Spark 是另外两个开源框架，它们可以处理快速生成的实时数据。Storm 和 Spark 都可以将实时数据与任何数据库或数据存储技术进行集成。

正如之前所强调的那样，非结构化数据没有关系数据模型，因此它通常不适合基于关系数据库的传统数据仓库模型。数据仓库是来自一个或多个数据源的集成数据的中央存储库。存储在数据仓库中的数据是从多个来源提取（Extract）的，然后被清洗转换（Transform）为通用的结构化表单，并被加载（Load）到中央数据库中，在整个企业中用来创建分析报告。这种提取转换加载的过程通常称为 ETL。如今，这种方法在企业数据系统中已经相当标准化了。

从数据仓库的描述可知，它是相当静态的，不适合当今动态的大数据世界。那么，今天的企业如何解决这个问题呢？如今，许多企业都在使用一种混合方法，例如将较小的结构化数据保留在关系数据库中，而大型非结构化数据集则存储在云中的 NoSQL 数据库中。NoSQL 技术基于非关系型数据库概念，并提供数据存储选项，通常部署在传统关系数据库之外的云计算平台上。使用 NoSQL 解决方案的主要优势在于，它们能够对数据进行可扩展访问，以适应与动态变化的大数据有关的各种问题和应用场景。NoSQL 系统中包含有许多不同类型的工具。例如如果使用大数据来分析或研究数据之间的关联性，那么最好的解决方案是图形数据库，如 Neo4j。如果使用键值对访问数据是最好的选择，则最佳解决方案可能是专用的键值数据库，例如 Cassandra。

由此可知，有一些新兴技术可以应对人类生成的非结构化数据的各种挑战。但是，如何利用这些来创造价值呢？大数据在产生价值之前必须经过一系列步骤，如数据收集、存储、清洗和分析。解决此问题的一种方法是将每个阶段作为不同的层运行，使用可用的工具应对手头的问题，并将分析解决方案逐步扩展到大数据的各个阶段。后面的章节（第五章，大数据技术）将对此进行阐述。

人产生的大数据有哪些价值呢？例如企业可以使用由人产生的大数据来倾听客户的真实声音。情绪分析技术可用来分析社交媒体和其他数据，以发现人们与企业之间是否有积极或消极的联系；利用对个人数据的处理来了解企业客户的真实偏好。例如 Twitter 公司每天分析 12TB 的数据来衡量围绕其产品的用户的不同情绪反馈。

人类生成的大数据的另一个应用领域是客户行为建模和预测。如亚马逊、Netflix 和许多其他组织机构通过数据分析来预测客户的偏好。同时，根据消费者行为，企业可以向客户推荐更适合的产品，从而拥有更高的客户满意度和利润。

人产生的大数据另一个具有社会影响力的应用领域是灾害管理。例如在有关野火防控的案例中，有许多类型的大数据可以帮助进行灾难响应。图片和推文形式的数据有助于促进对灾难情况的集体快速掌控和响应，例如基于社区的社交媒体反馈和提醒，使人们可以通过最安全的路线进行疏散。还有一些网络将人产生的大数据分析转化为集体灾难响应工具。国际危机地图绘制者网络（The International Network of Crisis Mappers），是此类网络中最大的网络，其中包括了一个活跃的国际志愿者社区。此网络使用航空和卫星图像、参与式地图和实时推特更新等大数据，利用地理空间平台、高级可视化、实时模拟以及计算和统计模型等技术来分析数据，并将分析结果以移动和网络应用程序的形式报告给快速反应组织和人道主义机构。2015年，就在尼泊尔地震危机之后，地图绘制者网络通过对推特和主流媒体的数据分析，快速获取了灾难损失和需求信息，并确定了哪里需要人道主义援助。这是个令人惊讶的案例，它展示了大数据如何在需要时对社会福利产生巨大影响。

总而言之，尽管在以所需的规模和速度来处理人生成非结构化的数据方面存在挑战，但是有越来越多的应用程序采用了新兴技术和解决方案，从而可以从丰富的信息源中获取价值。

2.4 组织生成的大数据

2.4.1 结构化的信息孤岛

组织生产的大数据是指由组织机构或企业生成的大数据，是最接近大多数企业传统拥有的数据类型。与其他类型的大数据相比，它被认为有点过时或传统，但它与其他类型的大数据一样重要。

组织机构如何生成数据呢？这由每个组织和组织所处的环境来决定。每个组织都有不同的运营方式和业务模式，从而构建了各种数据生成平台。例如银行生成的数据类型及其来源与硬件设备制造商有很大不同。一些常见类型的组织大数据来自商业交易、信用卡、政府机构、电子商务、银行或股票记录、医疗记录、传感器、用户点击等，这些事件或信息都可能被组织进行存储。

组织机构存储这些数据以供当下和未来使用，同时也用于分析过去的行为模式。例如一个收集销售交易记录的组织可以使用这些数据进行模式识别，以检测相关产品的受欢迎程度，估计对可能增加销售额的产品的需求，并识别诈骗行为。此外，当销售记录与营销记录相关联时，就可以发现哪些类型的广告对公司的产品销售真正产生了影响。能够对数据进行这样的处理和应用，就代表着该组织已经成为一个精通数据处理的组织。如果再将销售数据与其他外部的公共开放数据（例如新闻中的世界重大事件，极端天气现象等）联系在一起，或许就可以更好地判断是精明的营销，还是外部事件引发了销售的结果。同时，使用适当的数据分析方法，企业可以更好地规划库存以匹配预测得到的需求结果。此外，组织机构还可以创建和使用一些流程来记录和监视感兴趣的业务事件，例如注册客户的行为、产品生产的过程或订单处理的流程等。这些流程收集的数据往往具有高度的结构化，包括事务、各种表格及其相互依赖的关系，以及设置其上下文的元数据等。

组织生成的结构化数据往往存储在关系型数据库管理系统中。这种结构化数据是指各种以一条条的记录形式存储于具有固定字段的文件中的数据，如电子表格。通常来说，这种高度结构化的数据是IT技术在商业运营和商业智能系统中管理和处理数据的常用形式。

图2-3是某企业的销售交易数据表。

交易ID	时间	客户ID	产品ID	数量
S00001	2023/1/2 9:00:00	C0001	P012	1
S00002	2023/1/2 9:05:06	C0025	P003	2
S00003	2023/1/2 9:08:11	C0023	P015	1
S00004	2023/1/2 9:13:23	C0047	P024	3
S00005	2023/1/2 9:23:34	C0067	P017	2
S00006	2023/1/2 9:29:56	C0018	P018	4
S00007	2023/1/2 9:35:14	C0003	P005	5

图 2-3　销售交易数据表

该表使用了明确定义的结构来存储数据。每列都进行了标记，以告知该列要存储哪些数据。这就是所谓的数据模型。数据模型定义表中的每个列，并定义它们之间的关系。如果你查看产品 ID 列，你会发现它仅包含特定的标识符，如 P012，这个标识符可能将该表与其他定义这些产品的具体细节的表连接在一起。定义这种表以及表之间关系的能力被许多组织用来轻松地生成结构化数据，即与本例类似的关系型数据库。有一些常用的语言，如结构化查询语言 SQL，可以从这些表中检索感兴趣的数据，而应用程序可以通过 SQL 语言来查询关系型数据库中的数据。

然而，由于信息孤岛的存在，整合组织产生的结构化数据是一个挑战。信息孤岛是指相互之间在功能上不关联互助、信息不共享互换以及信息与业务流程和应用相互脱节的计算机应用系统。通俗而言，就是几个功能齐全的设备或系统在一个大环境里运转，各自产生的数据却没有任何交互功能。信息孤岛的产生既有技术上的原因，也有体制机制的原因。在信息技术发展初期，由于信息存储能力和传输能力的限制，组织的各个部门只能通过各自建设的方式实现分散、孤立的数据存储与使用。此外，大范围内的信息化统筹建设并不是一蹴而就的，不同地域之间的企业信息化建设也存在较大差异，这也是造成信息孤岛现象的重要原因之一。

如图 2-4 所示，一个组织机构不同部门，如生产部门、销售部门和物流部门，因为涉及的硬件和软件系统的不同，其产生的数据和数据之间被隔离存储，难以共享和集成。许多组织机构一般都是在部门级别收集数据，没有采用适当的基础结构和整体策略来共享和集成这些数据。这就阻碍了可扩展数据分析和模式识别的应用和发展，难以使整个组织从大数据中受益。因为每个数据集都是孤立的，没有一个系统可以访问组织拥有的所有数据。如果不进一步对这些孤立的数据进行集成，组织就会拥有过时、不同步甚至不可见的数据集，从而大大阻碍大数据的分析和应用。

图 2-4　信息孤岛

组织机构已经越来越意识到这种僵化孤立结构的有害后果，并尝试改变信息化建设的基本策略和基础架构，以实现对所有数据的集成处理，从而有利于整个组织的发展。基于云的解决方案被视为该领域快捷且低成本的解决方案。

总而言之，虽然高度结构化的组织数据非常有用且值得信赖，是有价值的信息来源，但组织机构必须特别注意打破信息孤岛，以充分利用其潜力。

2.4.2 组织生成大数据的益处

组织机构如何从大数据中受益呢？下面通过一些实际的案例看看组织从大数据中获得的好处。

案例 2.2 沃尔玛的“啤酒 + 尿布”

在大数据应用中，较为知名的商业案例是“啤酒 + 尿布”。20 世纪 90 年代的美国沃尔玛连锁超市，管理人员在分析其销售数据时，竟然发现了一个令人难以理解的商业现象：“啤酒”与“尿布”这两件在日常生活中看上去风马牛不相及的商品，却经常会一起出现在美国消费者的同一个购物篮中。这个独特的销售现象引起了沃尔玛管理人员的关注。

经过一系列的后续调查证实，“啤酒 + 尿布”的现象往往发生在年轻的父亲身上。在有婴儿的美国家庭中，通常都是由母亲在家中照看婴儿，去超市购买尿布一般由年轻的父亲负责。年轻的父亲在购买尿布的同时，往往会顺便为自己购买一些啤酒。年轻父亲这样的消费心理自然就导致了啤酒、尿布这两件看上去不相干的商品经常被顾客同时购买。

沃尔玛的管理人员发现该现象后，立即着手把啤酒与尿布摆放在相同的区域，让年轻的美国父亲能够非常方便地找到尿布和啤酒这两件商品，并让其较快地完成购物。这样一个小小的陈列细节让沃尔玛获得了满意的商品销售收入。这便是“啤酒 + 尿布”故事。

其后，为了证明“啤酒 + 尿布”销售的可行性，美国学者艾格拉沃（Agrawal）在 1993 年从数学及计算机算法角度，提出了一种经典的关联规则挖掘算法—— Apriori 算法，主要用于发现交易数据库中不同商品之间的联系规则，可通过分析购物篮中的商品集合，找到商品之间的关联关系，然后根据商品之间的关系，发现顾客的购买行为模式。沃尔玛尝试将 Apriori 算法引入 POS 机数据分析中，此举大获成功。

实际上，沃尔玛是最早通过分析大数据而受益的传统零售企业。在大数据这个概念提出以前，沃尔玛一度拥有世界上最大的数据仓库系统，沃尔玛通过该系统对消费者购物行为等数据进行跟踪和分析。沃尔玛无疑是最了解消费者购物习惯的零售商之一。2007 年，为了更好地利用大数据分析消费者的行为与需求，沃尔玛建立了一个超大的数据中心，其存储能力非常强大，可以达到 4Pb（Pb，petabyte）以上。《经济学人》（The Economist）杂志在 2010 年的一篇报道中高度评价沃尔玛的数据量庞大得十分惊人。该文指出，沃尔玛的数据量已经是美国国会图书馆的 167 倍。

当然，沃尔玛拥有巨量的数据并非是一蹴而就的事情，而是慢慢积累的。早在 1969 年，尽管微型计算机在当时还尚未普及，但是沃尔玛已经开始使用大型计算机来跟踪存货的相关情况。1974 年，沃尔玛就在其分销中心与各家商场运用计算机进行库存控制。1983 年，沃尔玛所有门店都开始采用条形码扫描系统。1987 年，沃尔玛完成了公司内部的卫星系统安装，该系统使得总部、分销中心和各个商场之间可以实现实时、双向的数据和声音传输。

沃尔玛正是采用在当时还是小众和超前的信息技术搜集和运营消费者的行为数据，才为其高速发展打下了坚实的基础。如今，在沃尔玛全世界最大的数据仓库中存储着数千家连锁店在65周内的每一笔销售的详细记录，这使得业务人员可以通过分析购买行为更加了解他们的客户。总之，通过利用大数据及分析，沃尔玛保持了其作为顶级零售商的地位。

案例2.3 小米的大数据分析

作为一家以手机、智能硬件和IoT平台为核心的互联网公司，小米科技有限责任公司以其独特的发展模式和迅猛的增长速度，成为一家备受瞩目的公司。对大数据进行深入分析和挖掘，用于优化产品设计、市场营销和用户服务等领域，是小米走向成功的重要原因。

1. 产品设计的优化与创新

小米在产品设计中，通过分析用户反馈、销售数据以及市场趋势等大数据，不断优化产品设计，满足用户需求。例如MIUI操作系统是小米根据用户反馈不断优化改进的成果，通过分析用户的操作习惯、使用需求等信息，不断丰富系统功能，提高用户体验。此外，小米还通过大数据技术对产品的外观、功能等方面进行创新设计，如设计出更符合人体工程学的手机外观，以及更贴心的功能设置，从而满足用户的个性化需求。

2. 市场营销的精准与高效

小米在市场营销中，也充分利用大数据技术，精准定位目标用户，提高营销效率。通过对用户的行为、偏好等数据的深入挖掘和分析，小米能够预测用户的需求，为目标用户提供个性化的产品推荐和服务。例如在小米商城App中，通过用户的购买记录和浏览行为，推荐用户可能感兴趣的产品，从而提高用户购买的意愿和可能性。此外，小米还通过大数据分析用户的地理位置和购买习惯等信息，为不同地区的用户提供更贴心的产品和服务。

3. 用户服务的贴心与智能

小米一直致力于提供更优质、更智能的用户服务。通过大数据技术，小米能够实时收集并分析用户的反馈信息和服务数据，以便快速解决用户的问题和提供个性化的服务。例如小米通过手机端的用户反馈系统，实时收集用户对产品的评价和建议，以及时改进产品。

同时，小米还通过大数据技术提供智能化的用户服务。例如通过分析用户的手机使用数据，预测用户可能需要更换手机或者更新操作系统，从而提前为用户提供相应的服务和支持。此外，小米还通过大数据技术建立了一套智能化的售后服务系统，根据用户的需求和问题类型，自动分配相应的客服资源，以确保用户能够得到最及时、最有效的解决方案。

总之，通过对大数据的深入分析和有效利用，小米不断提升产品设计和市场营销的效率与质量，同时为用户提供更贴心、更智能化的服务。这些优势不仅为小米赢得了全球用户的认可和信赖，同时也使小米在全球科技市场中保持了领先地位。大数据的强大引擎在不断推动小米的持续创新和发展。

沃尔玛和小米只是使用大数据的众多公司中的两家，大数据正在影响各行各业。研究预测，未来几年大数据技术的支出将大幅上升。贝恩公司（Bane and Company）的一项研究表明，大数据分析的早期采用者已经在业界取得了显著的领先地位。据研究，使用大数据分析的公司在其行业中进入财务业绩前四分之一的可能性是其他公司的两倍，更快做出决策的可能性是市场同行的五倍，执行预期决策的可能性是同行的三倍，在做出决策时频繁使用数据的可能性是其他公司的两倍。这意味着未来围绕或专门从事大数据应用的人员和技术的需求将持续增长。

总而言之，组织机构或企业正在通过将大数据实践集成到其组织活动中，并打破信息孤岛，而获得显著收益。对组织的一些主要好处是运营效率的提高，营销成果的改善，利润的提高和客户满意度的提高等。

2.5 数 据 集 成

应用大数据的关键是整合各种数据。无论要将大数据应用于何种场合，也无论正在使用的大数据类型是什么，大数据真正的价值将来自对不同类型的数据源进行集成，并对其进行大规模分析。

例如据报道，某邮轮公司通过集成来自各种来源的结构化和非结构化数据，并进行数据分析，来优化其定价策略，从而提高利润。报道称，该邮轮公司在其船队和多个品牌中，每年搭载的乘客及其在船上停留的时间总计大约为 8000 万天，通过数据分析进行定价策略的优化调整，使得每位乘客如果每天在船上的花费都多一元，那么该公司的年度销售额将增加 8000 万元。这是个将小数据变为大业务的故事，积跬步可至千里，小的盈利加起来就是一笔不菲的收益。

该公司的成功，来自将数据集成纳入大数据实践。当然，在尝试集成这些不同的数据源和扩展解决方案时，会存在一些挑战，但数据集成的效果是有目共睹的。数据集成意味着汇集来自不同来源的数据，并将它们转化为连贯且更有用的信息，也可称之为知识。其主要目标是更加高效地管理和控制数据，并将其转换为可以使用的资源。数据集成的过程涉及许多步骤，从对数据的发现、访问和观察开始，继而对来自各种来源的数据进行建模、转换和加载。

在进行大数据分析之前，为什么要先进行数据集成呢？首先，来自不同来源的大数据集之间存在着较大的差异，比如可能有简单文件格式的数据、关系数据库的数据、以 XML 或 JSON 格式存在的常见因特网数据等，这些不同的格式和模型可以在不同的场景下以独特的方式表达不同的数据。在某种程度上，不同的数据格式和模型使大数据更有用的同时也更具挑战性。当将不同格式的数据进行集成时，最终的大数据产品在描述数据的功能上会更加丰富。

另外，通过将各种数据集成在一起并提供对数据的可编程访问接口，可以使每个数据集更易于访问、管理和使用。

再者，不同数据集的集成显著降低了数据驱动型产品的整体数据复杂性。数据变得更加可用，并可以与自身系统更好地结合。

还有一个并不常被提起的优点，这种集成和简化的数据系统可以促进数据系统不同部分之间的协作。每个部分都可以清楚地了解他们的数据是如何集成到整个系统中的，相互之间应该如何协作，因此数据集成的过程中需要制定用户操作方案以及相关的数据安全和隐私策略等。

总体而言，通过集成各种数据源，可以在开始分析大数据之前为大数据增加价值并改善和优化业务流程。

案例 2.4 野火预测的大数据集成

在使用大数据来进行野火预测时，通过将环境传感器数据、摄像头数据与地理信息系统数据进行集成，可以将空间数据与非空间数据结合使用，以更准确地进行火灾模拟。过去虽然能够从山顶摄像头看到火灾的图像，但仍然无法自动判断火灾的确切位置。而现在当从山顶摄像头检测到火灾时，就可以通过集成多种数据来准确估计火灾的位置。该位置信息可以在检测到火灾时尽快输入到火灾模拟器中，以更准确、更快地预测下一个时间段火灾的大小和位置。

同时，也可以将社交媒体上火灾周围居民分享的信息和传感器收集的实时数据与火灾模拟器一起使用，并将火灾的探测、模拟和预测等功能结合在一起。

当各种来源、类型的大数据集成在一起用于野火预测时，可以更便利、更迅捷地提供更丰富、更精准的大数据分析结果，从而辅助灾后精准决策、及时救援，最大限度降低火灾发生后造成的损失。

案例 2.5 上海电力的大数据集成实践

国家电网上海市电力公司经过三十多年信息化的建设，积累了大量的生产、运行、销售和管理方面的数据。初步统计，截至 2018 年底结构化数据达到 35T，非结构化和半结构化数据达到 400T，并且以每年 30% 以上的负荷增长率快速增长，特别是在国网提出泛在电力物联网的建设要求后，数据呈爆发性增长。这些数据一方面源于电网内的各种信息系统，包括用电信息采集系统、负荷控制系统、营销应用系统、调度自动化系统、配电自动化系统、生产管理系统和电能质量监测系统等，另一方面包括气象数据、上海社会经济数据等外部数据，如何集成多源异构的数据并加以应用挖掘成为亟待解决的难题。

为此，国网上海电力成立电力大数据实验室，依托国家 863 课题“智能配电网大数据应用关键技术”，聚焦于产生指数级增长、海量异构、多态数据的配电网领域，搭建了以分布式计算集群为核心、高性能计算集群为辅助的混合并行计算的大数据硬件集群，采用专业的大数据平台，汇集了浦东 1210 平方千米的 236 万户的用电数据，集成了 10 个内外部数据源，台账数据有 29.14 万条，处理数据量接近 8T。通过对海量多源异构数据进行集成、关联和解析，国网上海电力实现了用电数据的快速查询，利用丰富的可视化渲染技术开发了密度图和热力图两类电力地图，直观低延时地呈现浦东的全景能耗监测。完成了对浦东 18949 个台区和 300 条线路负荷的精确预测，为电力调度管理、电网规划建设、电力市场需求分析带来便捷。此外，还实现了用户用电行为分析、节电用电预测网架优化和错峰调度等业务应用，优化电力业务流程。

基于数据集成的大数据分析研究和业务应用开发，上海电网预估减少调峰电站投资 52 亿～87 亿元、减少配电网建设投资 20.88 亿～34.8 亿元、用户电费节省支出 6.76 亿～11.27 亿元，完成大数据相关产品转化后实现了年产值 10 亿元，从而全面提高了供需两侧的能源经济、技术效率，从而为可再生能源的高效接入提供支撑，有效促进我国能源结构的绿色转型。

第3章 大数据特征

本章从多个维度来描述大数据的特征，以表征和识别大数据及其面临的挑战。

3.1 大数据特征综述

随着大数据时代的到来，大数据的管理和应用越来越受到人们的关注。大数据是一个比较笼统的术语，通常用于指代任何庞大而复杂的数据集，而且这种大数据集无法使用传统的数据管理系统和技术进行处理。大数据的应用涵盖了各行各业。如今，随着大数据相关技术的发展，我们拥有了更多的数据和分析能力，社会的各行各业都在发生着变化。虽然大数据在不同领域有不同的侧重，但普遍达成共识的是，大数据的定义和描述一般会从大数据不同的维度和特征来进行。

如何表征和识别大数据呢？大数据的特点通常使用多个V开头的英文单词来描述。最常被提及三个V是大量性（Volume）、高速性（Velocity）和多样性（Variety）。大量性，是指在数字化的世界中，每时每刻不断在生成的大量数据。多样性，是指数据以越来越多的不同形式出现，如文本、图像、语音、视频和地理空间数据等。高速性，是指生成数据的速度以及数据从一点移动到下一点的速度都很快。大量性、多样性和高速性是大数据的三个主要特征。这些特性也暗含了使用大数据时需要面对的诸多挑战。我们有大量不同格式、不同质量的数据需要快速处理。

随着大数据应用的普及和深入，新的挑战不断被发现，更多的V被引入来形容大数据。本书借鉴IBM公司以及加州大学圣地亚哥分校相关课程和研究的成果，将准确性（Veracity）和关联性（Valence）加入大数据的基本特征中。准确性是指数据中的偏差、噪声和异常。或者，更通俗来讲，它指的是数据的真实性和可信度。关联性是指数据集中数据和数据之间的通常以图的形式体现出来的相互连通的关系，就像原子通过化学键连接在一起形成化合价一样。

此外，第六个V价值性（Value）也非常重要。处理大数据必须从所获得的见解中带来价值。处理大数据之前，需要认真思考大数据如何使你和你的组织受益。如果没有对从大数据中获得的价值有着清晰的目标和策略，企业将很容易被所有这些大数据带来的挑战所左右，而无法将它们转化为机遇。

总之，通常使用大数据的特征来描述大数据。从大数据的6V特征中可以看出，每个V都呈现出大数据的一个具有挑战性的维度，即大量性（Volume）体现了大数据的大小规模、高速性（Velocity）体现了大数据产生和处理的速度、多样性（Variety）体现了大数据的复杂度、准确性（Veracity）体现了大数据的质量、关联性（Valence）体现了大数据的连通性。虽然可以根据不同的应用背景列出一些其他的 V，但将这五个 V 列为大数据的基本维度，可以帮助人们更好地进行大数据的研究学习。然而，大数据挑战的核心是将所有其他维度转化为真正有用的商业价值，也就是处理所有这些大数据挑战最重要的目的是为实际问题带来价值（Value）。图 3-1 表示了大数据的 6V 特性及其相互之间的关系。

接下来将分别对这六个 V 进行详细阐述。

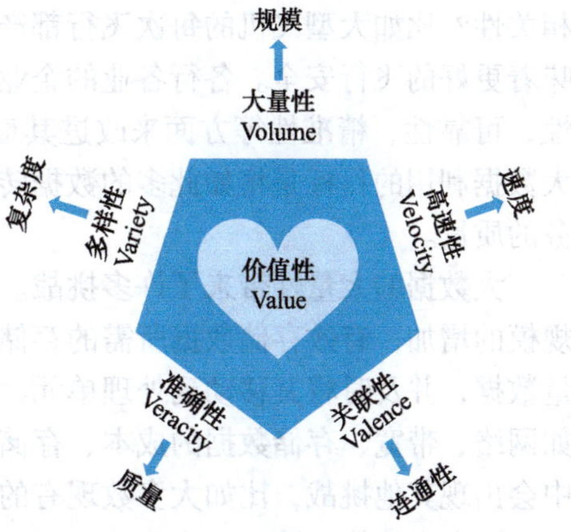

图 3-1　大数据的 6V 特性

3.2　大数据的特征——大量性（Volume）

大量性是与大数据的庞大规模相关的大数据维度。大数据的大量性可以来自共享的大型数据集，也可以来自随时间收集的许多小数据片段和事件。

在前面的互联网每分钟生成的数据图（图 2-2）中可以看到，每分钟有 2 亿多封电子邮件被发送，1000 多万条信息被发送，1 亿多个视频在抖音上被观看，超过 600 万人在网上购物。但数据量到底有多少？大数据的大小和存储规模可能是巨大的。当以 Peta、Exa 和 Yotta 开头的词来定义大小时，到底意味着什么？表 3-1 中列出了大数据中经常会遇到的数据存储的数量级单位。目前来说，数据存储量级达到 TB 级别以上，才能称之为大数据。

表 3-1　数据存储的数量级单位

数量级单位	全称	含义	是否大数据	数量级单位	全称	含义	是否大数据
B	byte	字节	否	EB	exabyte	10^{18} 字节	是
KB	kilobyte	10^{3} 字节	否	ZB	zettabyte	10^{21} 字节	是
MB	megabyte	10^{6} 字节	否	YB	yottabyte	10^{24} 字节	是
GB	gigabyte	10^{9} 字节	否	BB	brontobytes	10^{27} 字节	是
TB	terabyte	10^{12} 字节	是	NB	nonabyte	10^{30} 字节	是
PB	petabyte	10^{15} 字节	是	DB	doggabyte	10^{33} 字节	是

作为数据量级的参照，通常来说，100 兆字节（MB）可容纳两本百科全书，一个 DVD 的容量约为 5GB，1TB 可容纳 300 小时左右的高质量视频。面向数据的企业目前以 TB 为单位收集数据，但 PB 在日常生活中变得越来越普遍。CERN 公司的大型强子对撞机每年产生 15PB 的数据。据估计，全球的数据量从 2009 年的 0.8ZB 已经增长到了 2020 年的 64.2ZB。1ZB 是 10 的 21 次方字节。如此大量数据的影响将是巨大的！用于存储和理解如此大量的数据需要大量的时间、成本和精力。下一个时代将是以 YB 或 BB 来描述数据量的时代。

所有这些都表明数据量和存储呈指数级增长。这么多数据和人们生活的世界有什么相关性？比如大型飞机的每次飞行都产生大数据，作为乘客，当然都希望更多的数据能意味着更好的飞行安全。各行各业的企业和组织机构都正在收集和利用大数据，从而在安全性、可靠性、精准性等方面来改进其最终产品或服务。一般来说，尽管存在着诸多挑战，大数据利用的目标是将如此多的数据转化为某种形式的业务优势，从而提高最终产品或服务的质量。

大数据的大量性带来了许多挑战。首先，最明显的挑战和压力当然是存储。随着数据规模的增加，有效存储数据所需的存储空间也会增加。其次，还需要能够足够快地检索大量数据，并及时将其移动到处理单元，以便在需要时获得结果。这带来了额外的挑战，例如网络、带宽、存储数据的成本、存储方式的选择等。再者，在如此庞大的数据处理过程中会出现其他挑战，比如大多数现有的分析方法在内存、处理或输入输出等方面无法扩展到这样庞大的数据量。

同时，大量数据也往往意味着成本的上升和系统性能的下降。如果数据处理系统在面对数百个客户时可以获得良好的性能，但是，当该系统扩展到 1000 或 10000 个客户呢？随着容量的增加，性能和成本开始成为一项挑战。企业需要一个整体策略，以最具成本效益的方式来处理大规模数据。因此，当数据量不断增加时，需要从各个维度来进行评估选择。

总而言之，大量性是大数据的一个重要维度，与其规模和指数级增长有关。处理大量数据的挑战包括成本、可扩展性以及与存储、访问和处理相关的性能。

3.3　大数据的特征——多样性（Variety）

大数据的多样性是指数据以各种各样的形式产生，这意味着需要存储、处理和组合多种多样的数据所带来的额外复杂性。传统的数据管理中，数据通常位于电子表格文件或数据库中的表格中，一般被建模和表示为表的行和列。直到现在，数据表的形式仍然非常重要且占主导地位。但是如今，收集、存储和分析的数据种类多种多样，用以表达和解决现实世界的各种问题。图像数据、文本数据、网络数据、地理地图、计算机生成的模拟结果等只是每天遇到的数据类型中的几种而已。

大数据的多样性可以通过各种维度来表征，常用的四种维度是：

（1）结构多样性，是指数据表示格式或模型的差异。例如心电图信号与报纸文章非常不同。宇航局的野火卫星图像与看到大火蔓延的人发出的博文也很不同。

（2）媒体多样性，是指传递数据的媒体的差异。演讲的音频与演讲稿在两种不同媒体中可能代表相同的信息。新闻视频等数据对象可能具有多个媒体，如图像序列、音频和字幕文本应该始终彼此同步。

（3）语义多样性，与数据的解释和操作有关。一般有两种语义变化：一种是不同的表达代表相同的语义，例如使用不同的单位来衡量测量的数量，就像公里和米都可以表示长度。有时也使用定性或定量的不同衡量标准，例如年龄可以是一个数字，也可以用婴儿、少年或成人等术语来表示；另一种语义变化来自对数据背景条件的不同假设，会代表不同的语义。例如如果对两组不同的人群进行了两次收入调查，如果不更多地了解两组人群本身的特征，可能无法比较或整合收集到的数据。还有一个例子是“苹果”这个词，在表达水果和电子设备这两个不同的背景时，将具有不同的含义。

（4）可用性多样性。首先，数据可以是实时可用的，如传感器数据，也可以延时存储，如患者记录。同样，数据可以是连续的，例如交通摄像头的数据，又可以是间歇的，例如仅当卫星在感兴趣区域上空时才会收集数据。这使得可以对数据执行的操作有所不同，尤其是在数据量很大的情况下更是如此。

不仅不同的数据可能属于不同的类型，而且单个数据对象或相同数据类型的数据本身都可能包含多样性的数据。例如电子邮件就是一种混合实体。电子邮件中通常包含多种类型的数据，如下所示。

（1）结构化数据：电子邮件的收发地址、日期和标题等信息是类似电子表格的结构化数据。

（2）非结构文本数据：电子邮件正文通常是非结构化的文本数据，其中一些文字还可能会被修饰或标记，例如部分文本会以黄色高亮显示或加黑加粗，这种情况通常被称为文本标记。

（3）多媒体数据：电子邮件也可以包含附件，即一些文件、嵌入式图像或邮件程序允许的其他多媒体对象等，手写便条也可以通过电子版的扫描件来储存在邮件中。

（4）通信网络：从邮箱或组织机构中收发各种电子邮件时，将看到发件人和收件人构成了一个通信网络。2001 年，美国安然（Enron）公司发生了一起著名的丑闻，该公司从事欺诈性财务报告活动。数据科学家对他们的电子邮件通信网络进行了研究，以发现组织内人员之间正常和不寻常的联系模式。

（5）语义系统：电子邮件有自身的一套语义系统，即可以创建一个新邮件，或单线转发已有邮件，但新邮件不能引用或复制过去的邮件。

（6）实时数据：电子邮件服务器是一个实时数据源。但电子邮件存储库并非如此。

显而易见，电子邮件和电子邮件的收集在结构、媒体、语义和可用性方面表现出了显著的内部差异。

总而言之，大数据的多样性体现在数据的结构、媒体、语义和可用性等很多方面，也因此使得大数据在存储、处理和分析等方面更加复杂。

3.4 大数据的特征——高速性（Velocity）

高速性是指创建大数据的速度越来越快，需要存储和分析数据的速度也越来越快。在某种场景下，对数据进行实时处理，以匹配其生成时的产生速度是大数据分析的一个特定目标。例如个性化广告可以根据用户最近的搜索、浏览和购买记录，在用户访问的网页上进行个性化的广告设置。在很多时候，如果企业无法在数据生成的当下利用数据，或者无法以需要的速度进行数据分析，通常会错失机会。

为了证明大数据这一特征的重要性，可以想象一下你正要进行一次自驾游。那么，你需要寻找相关的信息以便开始准备和打包行李。在这种情况下，信息越新，与你决定打包内容的相关性就越高，对你的帮助就越大。比如，使用本周、昨天或今天的气象信息肯定比使用上个月或去年的气象信息要好。获取有关天气、地图等信息的最新数据，并以一种简单的方式进行决策对你的自驾游是很重要的。这种情况下，如果信息是旧的，无论它有多准确也没用。

如果对大数据的分析速度能够跟上大数据的生成速度，甚至可以影响人类的生活质量。例如监测人体健康状况的传感器和智能设备如果可以实时检测异常并立即触发行动，就可能挽救生命。这种类型的处理就是所谓的实时处理。实时处理（Real-time Processing）与批处理（Batch Processing）有很大不同。直到几年前，批处理还是一种常态。大量的数据被输入到大型计算机，一次处理可能需要数天时间。虽然这种类型的处理应用在今天仍然非常普遍，但是，在企业使用大数据进行决策时，即使是基于只是几天前的信息进行分析和决策，有时也可能是灾难性的，而根据最新数据做出决策的企业更有可能实现目标。因此，将数据处理速度与数据生成速度相匹配，并获得实时决策非常重要。

此外，当今由传感器驱动的社会经济环境需要更快的决策。因此，不能等待所有数据先产生，然后再批量输入到计算机中进行存储和处理。在许多应用中，新数据正在源源不断地产生称之为流数据，这些数据需要与现有数据集成并迅速产生决策，例如龙卷风中的应急响应计划，或实时决定交易策略，又或者获取广告估计值。必须在生成大量数据的同时进行分析，并给出有意义的结果。随着更多新数据的传入，分析的结果应该进行及时调整，以反映输入的变化。而基于对已获取的历史数据进行处理（如批处理）的决策可能会给出不够全面的结果。因此，应用程序需要获取当前环境的实时状态，并采用流式分析的方法以实现实时处理。

幸运的是，随着价格更低廉的传感器技术以及手机和社交媒体的出现，与过去相比，人们可以更快、更加实时地获取最新信息。那么，要如何确保以符合期望的速度从大数据中获取信息呢？大数据的速度是变化的，数据的生成、检索或处理速率因应用程序而异。在实际案例中对实时数据驱动操作的需求最终决定了对大数据的分析速度。有时需要一分钟的分析速度，有时需要半天。图 3-2 表示了大数据分析的四条路径，可以根据实际情况来选择正确的分析路径。

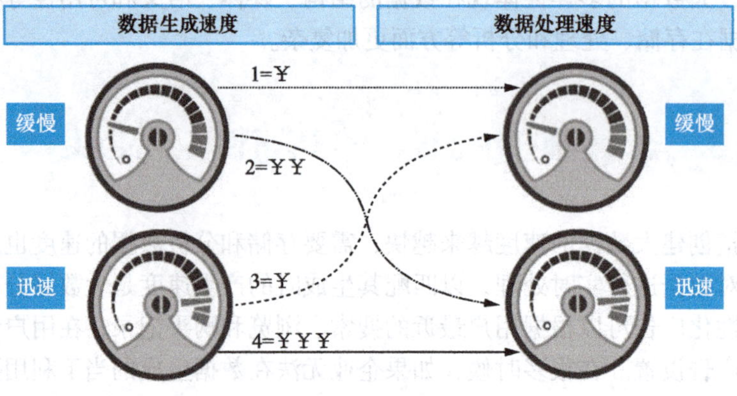

图 3-2 大数据的分析路径

图 3-2 中的￥符号表示操作的成本。￥符号越多，成本越高。当处理信息的及时性在决策中不起作用时，数据生成的速度就变得无关紧要。也就是说，等待数据处理所需的时间，不管是几天、几周，又或是几月，对于解决问题来说都无关紧要。可以等数据处理结

束后，再查看或共享结果。当及时性不是问题时，可以选择四条路径中的任何一条，或许会考虑选择最便宜的一条。然而，当最终结果涉及及时性时，决定选择四条路径中的哪一条并不是那么简单的。必须根据硬件成本、信息的时间敏感性和未来方案要求作出决定。换句话说，这变成了一个业务驱动的问题。例如如果不惜一切代价也要追求速度，那么将会选择路径4。

综上所述，需要关注大数据的高速性。流数据提供了有关当前正在发生的事情的信息。流数据具有速度，这意味着它以不同的速率生成。对此类数据的实时分析可以提供具有高度敏捷性和适应性的解决方案，从而实现收益最大化。但是，大数据的高速性也对数据存储和处理分析的效率、成本、软硬件性能、算法性能等提出了更高的要求。

3.5 大数据的特征——准确性（Veracity）

大数据的准确性是指数据的质量，有时被称为有效性或波动性。准确性对于保证大数据的有效利用和系统正常运行都非常重要。因为大数据可能是杂乱和不确定的，可能充满偏差和异常，并且可能不真实。数据如果不真实就没有价值，大数据分析的结果就没有意义。这在分析中经常被描述为“垃圾输入等于垃圾输出（Junk in equals junk out）”。

因此，尽管大数据提供了许多机会来做出基于数据的决策，但只有当数据具有令人满意的质量时，数据提供的证据才有价值。有许多不同的定义数据质量的方法，在大数据环境下，数据质量通常由两个因素来衡量，即数据的准确性和数据源的可信度或可靠性。而数据的各种生成方式也是影响数据质量的重要因素。此外，对于分析数据的程序来说，数据所具有的意义也是一个重要因素，并使其成为数据质量的一部分。

在2005—2015年的这张全球数据分布图（图3-3）中，可以看到数据量在不断增加，从少量企业数据，到更多的人通过网络和社交媒体生成的语音等多媒体数据，再到比这些都多得多的机器生成的传感器数据。还可以看到，正如预想中的那样，从企业数据到传感器数据，数据的不确定性不断增加。数据仓库中的传统企业数据具有标准化的质量解决方案，例如用于提取、转换和加载数据的ETL流程，因此在一定程度上保证了这些数据的高质量。但随着企业开始将结构化程度较低和非结构化的机器数据，以及人产生的数据整合到其大数据解决方案中，数据变得混乱和不确定。造成这种情况的原因有很多，首先互联网上的非结构化数据是不精确和不确定的，此外，高速产生的大数据很少或根本没有时间进行ETL，这反过来又阻碍了数据的质量保证过程。

案例3.1 淘宝的无意义点评

来自淘宝网站的数据质量是影响分析结果的一个案例。淘宝作为中国最大的电子商务网站之一，用户可以发布自己对于各种商品的评价，而大数据分析可以利用这些用户评价信息进行用户兴趣偏好分析。然而，淘宝中用户发布的评价存在很多无意义点评。无意义点评是指，谈论内容不含与本次买卖的产品、服务、物流相关的任一感受的相关点评。比如评论内容为随机中文、乱码、图片，或者荒谬的段子、歌词、诗歌、新闻等与产品、服务、物流无关的内容；或者点评内容为“买A评B”，即用户购买的是A产品，可是点评内容与A产品彻底无关，纯粹在描绘B产品内容；还有时，用户发表评论只是为了“蹭淘气值”或凑字数，以获得某种分值等，而发布一些与产品、服务、物流无关的点评内容。想象一下，在产品评估自动化（也就是机器无法识别真假好评）的情况下，面对如此“无意义”的评论，某些产品可能被系统错误地估计会有大量销售额，然后建议增加库存，而这种错误的结论将会导致商家面临一些问题。

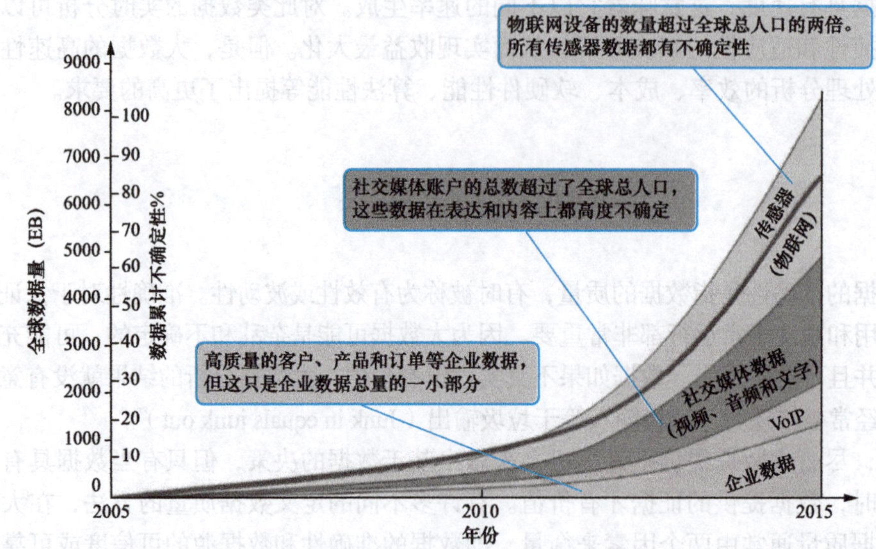

图3-3 全球数据分布图

案例3.2 谷歌流感趋势预测

2013年的谷歌流感趋势预测是一个因为大数据的不确定性而导致预测不准确的典型案例。2013年1月，Google使用大数据分析估计的流感病例数量几乎是疾病控制和预防中心报告的两倍。这种高估背后的主要原因是谷歌流感趋势使用了大量的互联网大数据，却并没有仔细考虑数据的不确定性。也许是新闻和社交媒体对当年特别严重的流感水平的关注影响了这一估计，导致了所谓的高估结论。

这是一个很好的例子，说明了如果在分析中仅使用大数据，结果可能会多么不准确。想象一下，为两倍的流感病例进行医疗保健准备的经济影响将会有多大。谷歌流感趋势的例子也反映了对所用大数据的确切来源进行识别的必要性。在用于分析之前，需要识别大数据来自哪里，思考数据的可靠性如何，数据在用于评估之前经历了什么样的转变，数据的真实性和准确性怎样。

总而言之，不断增长的大数据洪流推动了快速处理方案的发展，已将其用于分析解决实际问题。对数据质量的跟踪，如识别收集数据的内容、来源以及使用前的分析方法等，是保证数据分析结果质量的必要步骤，这也带来了很多挑战。随着大量数据以各种形式和速度出现，要保证数据的质量变得更加复杂。

3.6　大数据的特征——关联性（Valence）

本节将讨论大数据的另一个特征关联性（Valence）。简单地说，关联性指的是数据之间的连通性，连接的数据越多，数据的连通性就越高。“Valence”这个英文单词来自化学，本意是化合价。在化学中，当谈论原子的核心电子和价电子时认为，价电子位于最外层的壳层中，具有最高的能级，并负责与其他原子结合，并形成化学键。化学键具有更高的化合价导致更大的博弈，即更大的连通性。这个想法被挪用在大数据背景下，用于对数据连通性进行定义。关联性用来指大数据以图的形式表达的连通性，就像原子通过化学键连接在一起形成化合价一样。

在大数据集中，数据项通常直接相互关联。例如城市与它所属的国家相连；两个社交媒体用户之所以有联系，是因为他们是朋友；员工与其工作场所相连。同时，数据项也可以间接关联。例如两位科学家之间是有联系的，因为他们都是物理学家，或者他们曾经合作进行科研。对于大数据，关联性可用来衡量实际关联的数据项与数据集合中可能发生的关联关系的比率，即数据的连通性。

关联性最重要的方面是数据连通性随着时间的推移而增加，如图 3-4 所示。

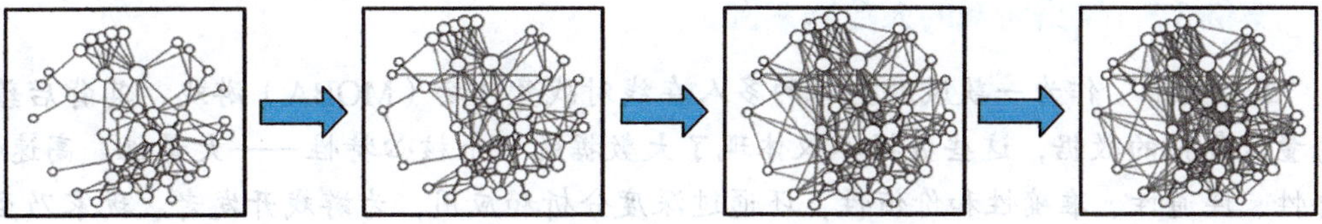

图 3-4　数据连通性随着时间推移而增加

图 3-4 中这一系列连通图来自一个社会实验，记录了某个连续开展的学术会议对科学家之间建立合作的影响。参加会议的科学家们会通过会议提供的机会与他们以前不认识的其他科学家见面、沟通和交流，从而促进合作的发生。图 3-4 中的结点代表参会的科学家，结点之间的连线代表科学家之间的合作。会议每年会根据科学家们的合作绘制一张新的连通图，其中红色连线代表每年新增的合作关系。从图中可见，经过几轮会议后，他们发现新联系逐渐增多，表示科学家们随着会议的开展，开始有越来越多的合作。

在社交媒体等应用场景下，大数据集中数据之间连通性可用来表示人与人之间的关系，而连通性的增加可能会导致人际网络中出现群体行为，例如创建具有共同价值观和目标的新群体和新联盟。这种连通性分析对舆论监控、群体行为分析等都很有意义。

高关联性的数据集信息密度更大，关系更复杂，这使得许多常规的、分析性的算法非常低效或难以处理，必须采用更复杂的分析方法来解释分析数据的连通性。同时，由于数据关联性的动态变化，出现了更大的挑战，这种情况下需要使用更复杂的模型来描述和预测数据集的关联性如何随时间和数据的数量而变化。这种动态行为还会导致群体事件检测问题，例如部分数据中的局部内聚爆发，以及整个数据集中的紧急行为分析，例如社区中的两极分化加剧等。

总之，大数据的关联性使得数据分析更具有挑战性，需要使用特殊的更复杂的方式来存储和处理动态变化又相互关联的大数据。

3.7　大数据的特征——价值性（Value）

前面描述了表征大数据维度的五个 V。每个 V 都呈现出大数据的一个具有挑战性的维度，即大量性（Volume）描述了大数据的规模、多样性（Variety）描述了大数据的复杂度、高速性（Velocity）描述了大数据的速度、准确性（Veracity）描述了大数据的质量，而关联性（Valence）描述了大数据的连通性。同时，每一个维度也对应着大数据存储和处理分析所面临的挑战。但是，各种大数据挑战的核心是要将所有其他维度转化为真正有用的商业价值，也就是处理所有这些大数据挑战最重要的目的是为实际的问题带来价值。本节讨论大数据的价值性（Value）。

大数据的价值性在不同的应用领域基于不同的研究目标而有不同的体现。在各种丰富的大数据应用场景下，如何集成各种数据源，并通过恰当的分析方式来获得对公司有益的价值，具有很大的挑战。

基于下面这个案例可以看到大数据在游戏公司中所具有的价值和意义。

案例 3.3　网络游戏的大数据案例。

“王者荣耀”作为一款风靡全球的多人在线对战竞技场（MOBA）游戏，其背后蕴含着海量且复杂的数据，这些数据不仅体现了大数据的六个核心特性——大量性、高速性、多样性、连通性、准确性和价值性，还通过深度分析和应用，为游戏开发者、玩家乃至整个电竞行业带来了巨大的经济效益。

1. 大量性

“王者荣耀”每日进行上亿场对局，每场对局都涉及玩家行为、英雄选择、装备购买、技能释放、经济分配、胜负结果等多维度数据。这些数据累积起来，形成了庞大的数据集。全球的数据量每 18 个月就会在原有的基础上增加一倍，数据存储单位由 TB、PB 提升至 EB、ZB 级别。这种量级的数据，正是大数据技术得以发挥威力的基础。

2. 多样性

“王者荣耀”的数据类型丰富多样，包括但不限于玩家基本信息（如年龄、性别、地区）、游戏行为数据（如登录时间、游戏时长、英雄选择偏好）、对战结果数据（如胜率、KDA、MVP 次数），以及游戏内经济、装备、技能使用等详细数据。玩家基于社交媒体进行沟通、讨论战略战术、组队等也提供了丰富的关于游戏的信息。这些数据的多样性为游戏分析提供了多角度、全方位的视角，有助于更深入地理解玩家行为和游戏机制。

3. 高速性

在“王者荣耀”中，数据的产生和处理速度极快。从玩家单击匹配按钮开始，到游戏结束，整个过程中产生的数据（如玩家操作、游戏状态变化等）需要被实时采集、传输、存储和分析。现代大数据技术通过分布式计算框架和实时流处理技术，能够实现对这些数据的秒级甚至毫秒级处理，确保游戏运行的流畅性和数据分析的时效性。例如游戏中的实时胜率计算，就是基于当前对局的经济、人头数、防御塔数等多维度数据，快速综合评估得出的结果。

4. 准确性

游戏收集的玩家数据中由玩家输入的人口统计数据的质量可能不准确，玩家分享的社交媒体信息可能噪声较大，这涉及大数据的准确性问题。其他数据如手机应用程序自动生成用于分析用户活动的数据、服务器保留的游戏记录等是游戏公司收集的比较高质量的可靠数据。同时，大数据技术的准确性也可体现通过数据治理和机器学习算法，可以对海量数据进行精确处理和深度挖掘，从而进一步挖掘大数据中的隐藏规律和模式，提高分析的准确性和预测能力。在"王者荣耀"中，通过对大量对局数据的分析，可以得出英雄胜率、出场率、ban 率等关键指标的精确值，这些指标能够真实反映英雄的强度和玩家的偏好。

5. 关联性

在"王者荣耀"中，数据之间存在着紧密的关联性和相互影响。例如英雄的胜率不仅与英雄本身的强度有关，还与玩家的操作水平、队友的配合程度、对手的实力，以及游戏版本更新带来的变化等因素密切相关。而且玩家和玩家之间组队、对抗等信息也体现了玩家数据之间的关联性，从而构成了一个玩家网络。通过大数据分析，可以揭示这些复杂关系，为英雄平衡性调整、玩家匹配策略优化等提供科学依据。

6. 价值性

大数据在"王者荣耀"中的价值性体现在多个方面。其一，游戏优化。通过分析玩家行为数据，可以发现游戏设计中的问题和不足，及时进行优化和改进，提升游戏体验。其二，英雄平衡性调整。基于大数据分析的结果，可以对英雄进行平衡性调整，确保游戏的公平性和竞技性。其三，个性化推荐。根据玩家的游戏行为和偏好，提供个性化的英雄推荐、皮肤推荐和装备搭配建议，增加玩家的黏性和满意度。其四，电竞分析。在电竞领域，大数据可以帮助教练团队分析对手战术、预测比赛结果，为制定比赛策略提供重要参考。

总之，"王者荣耀"作为大数据应用的典型案例，充分展示了大数据技术的六个核心特性及其在游戏行业的巨大经济效益。随着技术的不断进步和应用场景的拓展，大数据将在更多领域发挥重要作用，推动社会经济的持续发展和创新。

第4章 大数据研究策略

大数据时代，面对大数据的6V特性及其带来的挑战，应该使用什么策略来研究大数据以挖掘其内在价值呢？本章将首先解释数据科学的相关概念，然后描述怎样在大数据场景下，使用数据科学的相关理论来对大数据进行分析研究，从而获得真正有用的价值。

4.1 数据科学

数据科学是一个跨学科的领域，旨在从数据中提取知识、洞察和价值。

数据科学的发展历史可以追溯到统计学和计算机科学开始兴起的时期。以下是数据科学发展的主要里程碑：

（1）统计学的兴起：统计学出现在19世纪末和20世纪初，是处理和分析数据的重要学科。统计方法在实验设计、数据收集和推理中得到广泛应用。

（2）计算机科学的进步：计算机科学的快速发展为数据科学奠定了基础。计算机的出现使得存储和处理大规模数据成为可能，从而推动了数据科学的发展。

（3）数据仓库和商业智能：在1980年代和1990年代，数据仓库和商业智能技术的兴起为数据科学的应用奠定了基础。这些技术实现了高效的数据集成和分析。

（4）机器学习的出现：随着计算能力的提高和机器学习算法的发展，机器学习在数据科学中发挥着重要作用。机器学习算法可以从数据中学习模式和规则，用于预测、分类和聚类等任务。

（5）大数据时代的到来：21世纪初，大数据的概念应运而生。随着互联网、物联网和社交媒体等技术的进步，数据量呈爆炸式增长。大数据的出现促使数据科学家采用新技术和新方法来处理和分析这些海量数据集。

在大数据时代，数据科学经历了以下变化和新特点：

（1）数据量爆炸：大数据时代最突出的特征是数据呈指数级增长。数据科学家面临着处理和分析海量数据的挑战，需要使用分布式计算、并行处理和云计算。

（2）多样化和复杂的数据类型：大数据时代带来了多样化和复杂的数据类型，包括结构化数据（如关系型数据库）、非结构化数据（如文本、图像、音频和视频）和实时流数据等。数据科学需要处理不同类型的数据，并探索处理和分析它们的有效方法。

（3）实时数据分析：传统的数据分析往往依赖于历史数据，但在大数据时代，实时数据分析变得更加重要。数据科学家需要开发实时处理和分析技术，以从快速生成的数据流中提取有用的信息和见解。

（4）机器学习和深度学习的广泛应用：大数据的海量性和复杂性为机器学习和深度学习算法的训练和建模提供了更多机会。数据科学家越来越多地使用这些算法来发现数据中的模式和相关性。

（5）数据隐私和安全的挑战：随着大数据应用的扩展，数据隐私和安全已成为人们关注的重大问题。数据科学家需要采取适当的措施来保护敏感数据，并遵守相关法规和道德准则。

所以，大数据时代的数据科学涵盖了数学、统计学、计算机科学、机器学习、特定领域的业务知识等领域，并应用这些领域的方法和技术来处理和分析数据。数据科学的目标是深入了解数据，发现数据中的模式和趋势，并构建预测模型或决策支持系统，提供有意义的信息和见解，帮助企业和组织采取行动，实现规划和决策，解决面临的问题，以及进行创新。

既然数据科学能将数据转化为见解甚至行动，这到底意味着什么呢？数据科学可以被认为是实证研究的基础，在实证研究中，数据被用来表示信息并用来观察和探索，以得到有益的见解。在大数据时代的很多案例中，数据科学观察和研究的对象就是大数据，通常是与商业或科学领域有关的大数据。

见解（Insight）是一个常用来指代数据科学的数据产品的术语，它是通过探索性数据分析和建模相结合，从各种数据中提取的。这些见解有时很具体，有时很隐晦，需要查看其中涉及的数据和模式才能提出具体的内容。还需要认识到的一点是，数据科学不是静态的，不是仅仅通过一次性分析就能完成。它需要一个过程，即需要不断地通过进一步的经验证据（也就是数据）来对能够生成见解的模型进行改进。

例如像当当网（Dangdang.com）这样的网上图书零售商可以使用客户人口统计数据、客户以前的购买次数及其书评来不断改进客户图书偏好模型。然后，图书零售商使用这些客户图书偏好模型等信息来预测哪些客户可能想要买哪些新书，并采取行动向这些客户推销图书。这就是一个将见解转化为行动的案例。

正如在图书营销案例中所看到的，使用数据科学对过去和当前信息进行分析，得到见解，由此产生了行动。数据科学不仅是对过去进行分析，而且可以为未来生成可操作的信息，即预测。例如根据当天的天气预报来决定当天的穿着，就是根据数据科学提供见解（天气预报）采取行动。同样，企业领导者和决策者可以根据数据科学团队提供的证据或见解采取行动。

为什么需要一个数据科学团队？因为实现数据科学的目标所需的知识和技能的广度是单独一个人难以具备的。数据科学家通常需要采用数据分析和挖掘技术来处理和解释数据，包括统计分析、数据可视化、机器学习、深度学习、自然语言处理等各种技术。同时，数据科学的生命周期包括业务理解、数据采集、数据理解、数据准备、数据探索、数据建模、模型评价，获得新的业务见解等，而且，这是一个循环迭代的过程。这个过程需要数据科学家具备数学和统计学知识，并采用编程语言和各种数据科学工具来进行数据处理和建模。此外，领域知识，如营销推广、医药健康、电力系统等领域的专业知识，对数据科学家也至关重要，因为这有助于理解数据研究的背景、上下文以及数据的含义，也才能够更好地解释和应用数据。

如图 4-1 所示，数据科学是由计算机科学、数学统计和领域业务知识相互交叉而形成的一门学科，其中涉及数据工程、科学方法、数学、统计学、高性能计算、可视化、黑客技能和专业领域知识等领域，而且所有这些领域都需要高深的知识和技能。具备这些技能使你可以对数据进行深入的分析，将引导你探索机器学习、统计建模、关系代数、问题解决和数据可视化等技术在数据科学中的深入应用。要掌握这么多的技能，对仅仅一个人来说相当困难。

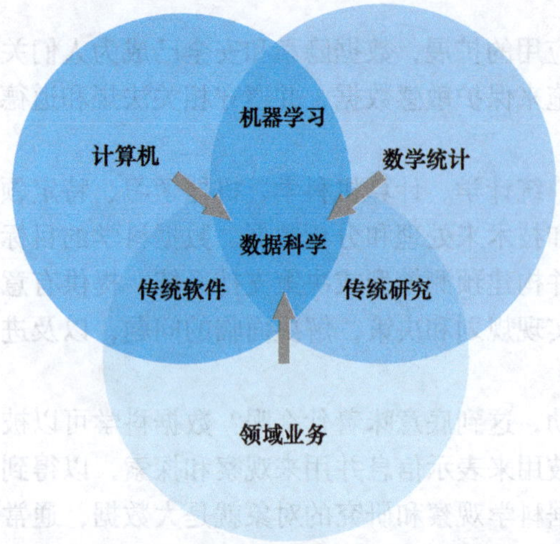

图 4-1　数据科学是一个交叉学科

既然数据科学家需要具备如此广泛的技能，这就使得一个真正意义上的完美数据科学家理论上是不存在的。当然，有些数据科学家可能掌握不止一种专业知识，但这种人相对较少，在某些领域可能仍需要其他专家的帮助。所以，在现实中，数据科学家是表现得像一个人的一群人，是一个数据科学研究团队。团队中的每个人都具备这样的特点或素质，即他们都热衷于挖掘问题和数据背后的意义；积极了解他们试图解决的问题，并致力于找到解决该问题的正确分析方法；他们都对解决问题的工程解决方案感兴趣；他们对彼此的工作也有好奇心；具有与团队互动的沟通技巧；并能够向他人展示他们的想法和结果。所谓“众人拾柴火焰高”即是这个道理。

总而言之，数据科学的研究通常需要一个团队经常聚集在一起分析情况、业务或案例，而这些不是单独一个人可以解决的。数据科学团队提出的解决方案中可能有很多部分，但最终所有这些部分应该结合起来，提供基于大数据的可采取行动的见解，从而获取价值。如今，能够在业务决策中使用基于数据证据的见解比以往任何时候都更加重要。数据科学家通过将数据处理技术、商业领域知识和合作沟通等技能进行结合，从而实现从大数据中获取价值。

数据科学在各行各业有着广泛的应用，包括商业、金融、医疗保健、社交媒体、能源等。各个行业通过数据科学的应用，组织或机构可以提取有价值的信息和见解，从而支持决策，优化业务流程，改进产品和服务，甚至推动创新，并发现新的商机。

4.2　建立大数据研究策略

在大数据时代，如何使用数据科学的技术和工具从大数据中获取价值？本节阐述应该如何进行大数据研究。

在关注大数据研究策略之前，先来看看策略意味着什么。策略旨在围绕某个目标，通过约定某些规则，制定实施计划，继而采取行动，来达成预先设定的目标。这指出了任何策略中需要包含的四个主要部分，即目标、规则、计划和行动。这四个部分对大数据研究策略意味着什么呢？在制定大数据研究策略时，要考虑拥有什么，想要实现哪些高层次的目标，需要做些什么来实现目标，以及从始至终围绕数据的规则是什么。

大数据研究策略始于目标，而不是始于收集数据。因为在研究大数据的过程中，实际上是通过关注目标来确定哪些数据有用以及为什么有用。

每个组织或企业都是独一无二的，不同的大数据项目会有不同的目标。因此，先对大数据研究的目标进行定义非常重要。比如，你关注天气报告上的温度，而有些人却强调湿度。要找到需要解决问题的答案和相关数据，就需要从确定目标开始。一旦确定了目标，或者说，确定了要将大数据转化为何种业务优势的问题，就可以考虑自己拥有什么，并分析与实现目标的差距，而后采取行动。在这个过程中，必须同时注重短期目标和长期目标。这些目标还应与具体的大数据分析相关联。为了充分利用大数据，企业需要评估数据科学或大数据分析是否能或者如何能帮助其实现业务目标。

一旦确定了大数据分析可以帮助企业创造价值，就需要创建一种文化来让企业成员接受它。成功的大数据研究策略的首要要素是组织机构的支持，尤其是大数据研究策略必须得到公司领导层的认可和资助。大数据研究策略的目标应该与所有利益相关者一起制定，并清楚地传达给组织中的每个人，从而让它的价值被所有人理解和认同。

下一步是建立数据科学团队。一个由数据科学家、信息技术专家、应用程序开发人员、企业主组成的多元化团队，以及每个人作为具有共同目标的合作伙伴一起工作的心态，是有效工作的必要条件。这是一个整体，每个人都一起工作，并作为一个团队交付研究成果。由于大数据是一个团队工作，而且是多学科的，因此大数据研究策略的很大一部分是不断培训团队成员使用新的大数据工具、分析方法，以及了解商业惯例和业务目标。如果企业依赖于领域专家们来利用大数据解决问题，而这些问题涉及一个或多个主题领域的深厚专业知识，这一点就会变得更加重要。企业的这些领域专家可以通过接受培训，来增加大数据技能。类似地，任何项目成员都将接受培训，以了解业务目标和产品是什么，以及如何利用大数据和自己的技能来实现这些目标。

许多组织或企业可能会受益于拥有一个小型数据科学团队，其主要工作是在全面部署新想法之前进行小规模的数据实验和测试。他们可能会根据自己的分析提出新的想法，承担更多的研究层面的角色。然而，他们的发现却可能极大地影响企业的业务战略。随着时间的推移，这些团队的影响会变得越来越明显，因为企业的其他部分开始看到他们的发现和分析结果所带来的影响，于是，他们成为企业业务中所有领域的战略合作伙伴。一旦看到某些研究成果起作用了，就可以开始收集更多数据，以便在更大的组织规模上看到类似的结果。所以数据科学的研究工作是一个不断实验、验证和扩展的过程。

由于数据是任何大数据计划的关键，因此在整个组织机构中轻松访问和集成数据至关重要。众所周知，数据孤岛就像是有效分析的丧钟。因此，为了促进组织机构的数据共享，必须设法打破信息孤岛，消除数据访问的障碍。

定义大数据研究策略的另一个方面是制定围绕大数据的政策或规则。尽管大数据在业务实现中有着惊人的潜力，但在长期数据规划中，应该关注大数据的使用规则。这是一个非常复杂的问题，以下是一些围绕规则制定应该考虑的问题，如数据中涉及的安全和隐私问题是什么？谁应该访问或控制数据？数据的生命周期是多久？什么数据有波动性？如何对数据进行整理和清洗？从长远来看，如何确保数据质量？组织的不同部分如何使用这些数据进行通信或互操作？是否有任何法律和监管标准？

培养由分析驱动的大数据文化对于大数据研究策略的成功至关重要。要事先充分认识到，大数据分析是开展业务不可或缺的一部分。分析活动必须与业务目标挂钩，并且组织机构必须愿意使用大数据分析来推动业务决策。数据分析和业务决策将会一起为组织机构的大数据研究策略带来令人振奋的机遇和增长。

最后，一种模式并不适合所有情况。因此，大数据技术及其分析正在迅速发展。因为组织机构的业务是一个不断发展的实体，必须时不时更新大数据策略，从而利用新的技术进步来使组织机构的业务在面对变化时更具活力。

总而言之，在制定大数据研究策略时，将大数据分析与业务目标相结合非常重要。组织机构需要围绕大数据目标进行沟通并为大数据分析项目提供支持。同时，还需要打造多元化人才的团队，树立团队合作精神，以及消除数据访问和数据集成的障碍。最后，需要对这些策略进行更新迭代，以应对新的业务目标和技术进步。

4.3　大数据研究策略框架和工作流程

前面章节已经讨论了什么是数据科学，以及组织机构如何设置业务目标，并围绕目标制定大数据研究策略。那么如何根据既定目标或问题，使用数据科学从大数据中获取价值呢？本节将讨论大数据研究策略框架的六个组成部分及其工作流程。

根据以往观察和构建成功的数据科学项目的经验，大数据研究策略逐渐形成了一种由六个不同组件（6P）构成的研究框架，这些组件也是数据科学的重要组成部分。数据科学是一种多学科交叉的学科，使人们（People）围绕特定的目标（Purpose）进行团队合作，这些目标可以通过流程（Process）、大数据计算平台（Platforms）和编程（Programmability）来实现。所有这些都会使最终产品（Product）真正关注大数据研究策略所定义的问题或目的。围绕这些组件，有许多技术、数据和分析研究以及开发等活动展开。需要关注的是，在这个过程中所做的一切都是围绕目标来获得最终产品。因此，从目标开始，围绕如何实现最终产品来建立一个过程是很有意义的。

大数据研究策略框架的六个组成部分及其工作流程如图 4-2 所示。

例如关于野火预测的大数据案例中，其中的一个产品是能够预测持续火灾的蔓延速度和方向。这是一个确定目标和问题、提出解决问题的方案，并最终生成产品的过程。这个过程中，聚集了一批火灾建模、数据管理、时间序列分析、可扩展计算、地理信息系统和应急响应方面的专家。在专家们深入研究技术之前，需要先一起讨论存在哪些问题，以及对解决这些问题有什么想法？从这个问题开始讨论，再深入到许多专业领域。在整个过程中，各个步骤之间的界限通常是模糊的。野火专家团队在整个项目过程中，会遇到许多问题，例如没有集成系统，无法以编程方式实时访问数据从而无法即时分析火灾，或者不能将传感器数据与卫星数据集成等。所有这些都让团队面临挑战，随后根据这些挑战，来定义出问题和目标。

在大数据研究策略的整个工作流程中，需要考虑数据科学的许多方面。从最基本的人员和目标开始。人员（People）是指数据科学团队或项目相关人，如前所述，他们是数据分析、商业领域、计算机科学或大数据管理方面的专家，就像在野火案例中列出的所有专家一样。目标（Purpose）是指由大数据策略定义的挑战或挑战集，如野火案例中解决与火势蔓延速度和方向相关的问题。有了既定的团队及其目标后，对于这个团队来说，就可以开始进行一个可迭代的过程（Process）。简单来说，就是有目标的人会定义一个协作和交流的过程。这个过程从一开始就是概念性的，它定义了一系列步骤，以及每个人如何为之作出贡献。作为构建大数据研究策略的一部分，另外两个 P 也是很重要的。一个是大数据平台 (Platforms)，比如 Hadoop 框架中的平台，或者其他可扩展的大数据计算平台。此外，可扩展过程应通过利用可重用和可复制的函数库或编程接口（如系统中间件、分析工具、可视化环境和最终用户报告环境等）进行编程（Programmability）。而这五个 P 的工作流程，最终需要引出第六个 P，即数据产品 (Data Product)。由这六个组件构成大数据研究策略框架的整个工作流程，可以有助于组织大数据研究工作，并确保采取的所有关键步骤都符合预先定义和商定的目标，从而为实施大数据解决方案提供了指南。

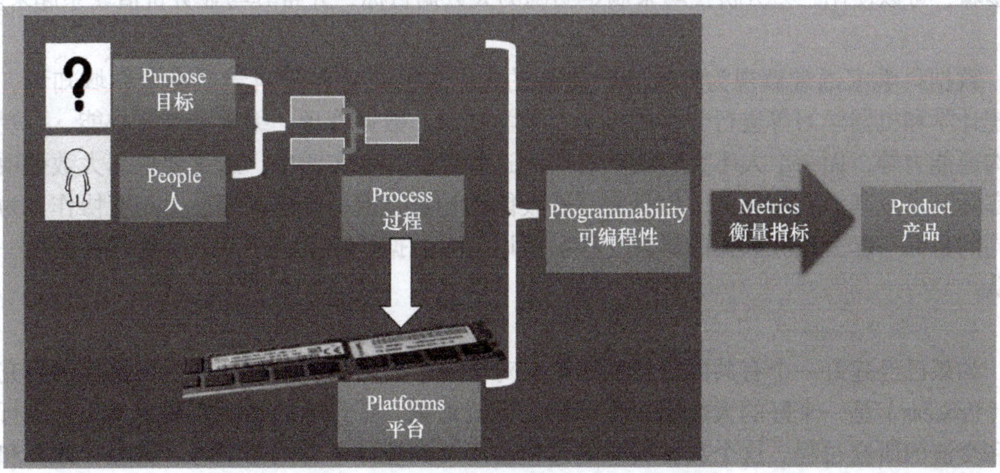

图 4-2 大数据研究策略框架及工作流程

下面就大数据研究策略框架中包含的六个组件（6P）分别进行阐述。

1. 目标 Purpose

目标，是指大数据策略中定义的研究目标。目标可能与科学分析或商务应用等有关，具有一定假设或业务指标。这些假设和指标需要基于大数据研究策略的目标进行分析和确定。目标确定是大数据研究开展之前的首要任务。

任何大数据工作流程的第一步都是定义要解决的问题，或确定目标（Purpose），明确需要解决的问题是什么，或者可能的机会是什么。否则，没有明确的目标，解决问题也就无从谈起。那么，如何提出正确的问题？提出问题的示例如：在产品营销时，如何将销售数据和呼叫中心的日志结合起来评估新产品？在工厂的生产车间，如何使用来自仪器中多个传感器的数据来检测仪器故障？在市场调研中，如何更好地了解客户和市场，以实现高效的营销目标？

接着，需要进行环境评估，分析与问题或目标有关的情况。在这一步中，需要谨慎分析当前环境下的风险、成本、收益、意外事件、法规、资源和需求等。比如，问题或目标的需求有哪些？有哪些假设和约束条件？有哪些资源可用？人员和资本方面有哪些问题？

软硬件设备如计算机系统、仪器等是否存在问题？与此项目相关的主要成本是什么？有哪些潜在好处？开展该项目有哪些风险？潜在风险的应急措施是什么等。这些问题的答案将有助于更好地了解环境，并更好地了解项目涉及的内容。

然后，需要根据这些问题的答案来定义大数据项目的目标和目的（Purpose）。在明确目标的同时，定义项目成功的衡量标准（Metrics）也非常重要。拥有明确的目标和成功标准将有助于在大数据项目的整个生命周期内有效地评估项目。一旦知道了想要解决的问题，并明确了约束和目标，那么就可以制订计划提出项目问题的解决方案。

关于野火预测的大数据项目，要解决的问题和目标是预测持续火灾的蔓延速度和方向。大数据团队在实现这个目标的过程中，会遇到许多问题，而由这些问题带来的挑战，可帮助团队明确目标和最终产品的衡量标准。

总而言之，定义出要找寻答案的问题是促进大数据项目成功的重要因素。通过遵循上述步骤，可以使用一些分析技巧来制定明确的大数据目标，并将其与业务价值联系起来。

2. 人 People

数据科学家通常被视为拥有各种技能的人，包括具备各种科学或商业领域知识、使用统计学和机器学习等进行分析的技能、数学知识、数据管理、编程和计算技能、可视化和沟通能力等，而一个人不大可能具备所有这些技能。在实践中，通常要根据大数据项目的实际需求及其涉及的领域，由具有互补技能的专家组成一个研究团队，相互协作，为了共同的目标一起完成大数据的研究工作。所以，大数据研究策略中的人，通常指的是一个团队。

3. 过程 Process

如果已经建好一个有共同目标的团队，对于这个团队来说，设计一个可迭代的研究过程（Process）是一个好的大数据研究开端。也就是说，有目标的团队需要定义一个进行协作和交流的研究过程。这个数据科学的过程会涉及到统计学、机器学习、编程、计算和数据管理等各种技术。

数据科学的过程在开始时是概念性的，并定义一些步骤集，以及团队中的每个人如何为此作出贡献。请注意，类似的过程可以适用于许多具有不同目标的大数据应用项目，并在不同的工作流程中使用。在数据科学中，以过程为导向的思维是一种变革性的方式，这将人和技术与应用联系起来。执行这样的数据科学过程，需要访问大大小小的很多数据集，为数据科学带来新的机遇和挑战。

一般来说，数据科学的过程由许多步骤或任务构成，如数据收集、数据清理、数据分析、结果可视化、结果汇报和实施等，而这些步骤形成了数据科学的过程工作流。数据科学的研究过程中可能需要通过用户交互和其他手动操作来输入信息或进行系统设置，或者完全自动化执行。数据科学的过程也面临着一些挑战，包括如何通过轻松集成所有需要完成的任务，来建立这样一个过程；如何找到最优的计算资源并考虑各种因素来有效地安排整个过程的执行，这些因素包括过程定义、参数设置和用户偏好等。

看待这个过程（Process）的角度有很多。一种角度是将其视为由两种不同的活动，即大数据工程和大数据计算，构成的五个步骤，因为这里正在执行的步骤不仅仅是简单的分析。如图 4-3 所示，从更详细的角度揭示了大数据研究策略中过程（Process）的五个不同步骤或阶段，即获取（Acquire）、准备（Prepare）、分析（Analyze）、报告（Report）和行动（Act）。简单来说，数据科学发生在所有这些步骤的推进过程中。其中，在获取阶段，根据大数据项目的目标来收集和获取数据，主要面临数据多样性带来的数据集成的问题；在准备阶段，可以通过各种数据预处理和数据可视化工具来观察和探索数据，以充分了解数据，为下一步数据分析做好准备；在分析阶段，可以使用各种机器学习或人工智能的算法来对数据进行分析，并得到一定的结果；在汇报阶段，将数据分析的结果使用数据可视化工具进行展示和汇报，以促进与组织各部门以及决策者的沟通，并尝试获得认可；最后，大数据研究的结果在得到认同后，需要采用行动应用于实际的商业或其他社会活动中，以获得收益和进步，使得大数据研究的价值得以体现。

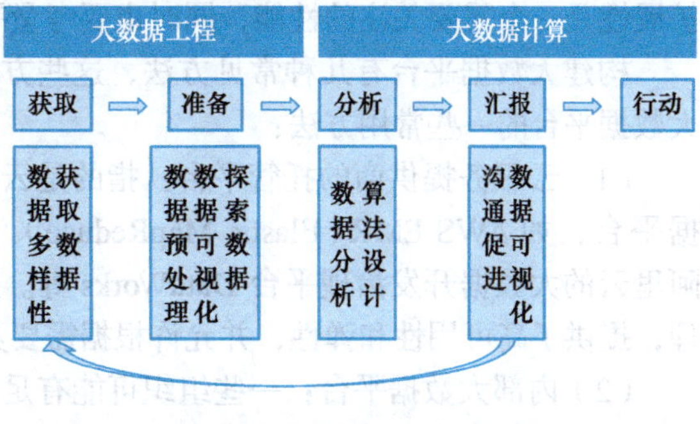

图 4-3 大数据研究过程的步骤

另一种角度是大数据研究过程的可扩展性。理想情况下，此过程应支持大数据和计算平台上的实验性工作和动态可扩展性工作。如果将不同步骤之间的依赖关系添加到其中，那么这五个步骤可以在现实生活中的大数据应用项目中以各种方式使用。大数据时代的影响促使该过程的每个步骤都产生了可替代的扩展性方案。就像每个步骤都可以扩展一样，最终也可以将整个过程作为一个整体进行扩展，如图 4-4 所示。可扩展性是大数据研究过程中的一个必要特征。大数据研究过程需要各种可替代的数据管理技术、系统、分析工具和方法。基于动态数据和计算负载，需要多种可伸缩性模式。此外，物理基础设施的变化、特殊事件引起的流式数据的特定紧急情况也可能需要多种可扩展模式。

还有一种角度是将大数据研究策略的过程看作一个迭代的过程。大数据研究策略过程的基本所有步骤都有不同形式的报告（Report）需求，可以将所有这些活动绘制为一个迭代过程，包括创建（Build）、探索（Explore）和扩展（Scale）大数据等各个步骤，如图4-5 所示。在大数据研究过程的每一个阶段，都是先创建一个数据模型；然后通过各种方式来探索和观察数据，根据探索的结果来不断反馈完善模型，直到得到一个比较好的数据模型；接着对数据规模不断进行扩展，以接近或满足实际应用场景的需要；在得到较好的研究结果后，形成报告，以进行交流来获得下一步行动的资源，整个过程中也可能要根据反馈不断迭代调整数据模型和研究结果；最后根据研究结果采用实际行动，以获得价值。

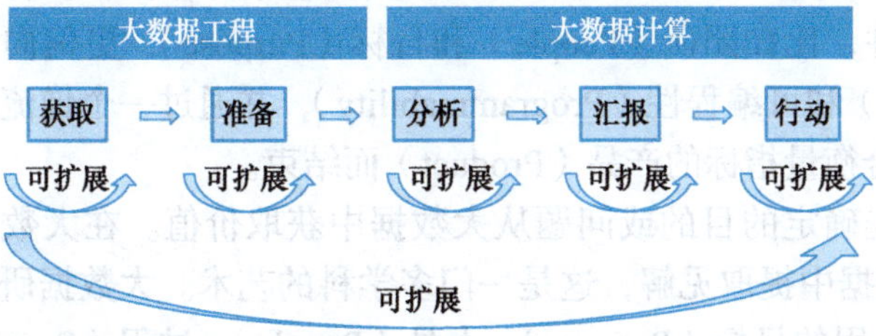

图 4-4 大数据研究过程的可扩展性

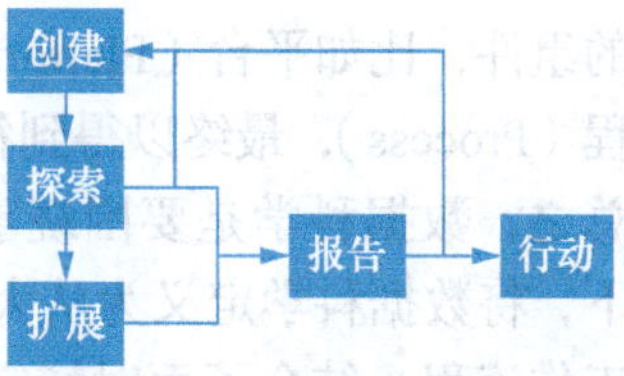

图 4-5 大数据研究过程的迭代性

4. 平台 Platforms

作为构建大数据研究策略框架的一部分，值得一提的是大数据平台（Platforms），比如

Hadoop 平台框架或其他的计算平台，部署和执行大数据研究过程中的不同步骤。平台的可扩展性是一个需要关注的性能，同时也要考量平台是否能满足大数据研究项目的期望值。

构建大数据平台有几种常见方法，这些方法因组织需求和技术偏好而异。以下是构建大数据平台的一些常用方法：

（1）云服务提供商的托管平台：指的是云服务提供商通过公共云服务提供的托管大数据平台，如 AWS EMR（Elastic MapReduce）、Azure HDInsight 和 Google Cloud Dataproc、阿里云的大数据开发治理平台 DataWorks 等。这些托管平台简化了大数据框架的部署和管理，提供了高可用性和弹性，并允许根据需要灵活调整计算资源。

（2）内部大数据平台：一些组织可能有足够的资源和技术团队来建立自己的内部数据中心，从而搭建自己的大数据平台。这通常涉及购买硬件、配置网络以及安装和配置分布式存储和计算软件等，例如 Hadoop 生态系统、Spark 计算框架和 NoSQL 数据库等。

（3）混合云解决方案：一些组织可能会采用混合云策略，将某些大数据处理任务部署在公共云上，同时将其他任务保留在私有云或本地数据中心。

无论选择哪种方法，构建大数据平台都需要仔细考虑组织需求、数据量、预算和技术能力、安全等方面。此外，保持平台的可扩展性和灵活性以适应未来需求和技术进步也至关重要。

5. 可编程性 Programmability

大数据研究策略中的可编程性是指使用编程语言、工具和框架对大规模数据集进行数据处理、分析和操作的能力。它涉及编写自定义代码或程序，以从大数据中提取有意义的见解、模式和知识。

实现可扩展的大数据研究过程需要使用编程语言，例如 Python、R、Java 等，以及建模工具，例如 MapReduce 等，来对大数据进行管理和处理，才有进行研究的可行性。对编程技术的实施而言，具有访问权限的编程工具，是在各种平台上使数据科学过程可编程化的关键。

6. 产品 Product

大数据研究策略框架的第六个组件是大数据产品。将大数据研究视为一个包括一系列活动的过程，这些活动中团队成员相互协作，需要建立衡量指标（Metrics），将问责制纳入其中，以保障研究的进展和预期成果。同时，从大数据研究过程的一开始就要通过团队成员之间的讨论，对成本、时间、可交付成果等制定衡量标准，制定任务阶段性时间表。很多情况下，这可能无法一步到位，这时使用过程性探索就变得非常重要，如对中间结果进行统计评估等。大数据研究项目最后的产出应该是一个产品或符合衡量指标的研究结果。

由此可见，大数据研究策略可以使用 6P 组件进行构建和实施整个工作流程。在这个过程中，有更偏向业务驱动的组件，比如团队（People）和目标（Purpose），更偏向技术驱动的组件，比如平台（Platforms）和可编程性（Programmability），并通过一个像流水线的过程（Process），最终以得到符合衡量指标的产品（Product）而结束。

总之，数据科学是要围绕事先确定的目的或问题从大数据中获取价值。在大数据的背景下，将数据科学定义为从大数据中提取见解，这是一门多学科的艺术。大数据研究策略的工作流程，结合了面对特定应用的目标（Purpose）、人员（People）、过程（Process）、大数据平台（Platforms）、可编程性（Programmability），以及获得的产品（Product）等方面的内容或环节，这些环节可称之为大数据研究策略的 6 个组件。研究者可使用数据科学的相关知识和技术，实施大数据研究策略，从大数据中获取价值。

第5章 大数据技术

大数据的 6V 特性可以从不同的维度来观察大数据及其带来的挑战。那么，处理大数据时应该如何应对这些挑战，以及如何解决由此带来的问题呢？通过采用新技术或有用的工具，可以解决可能发生在大数据处理中的问题。

本章将介绍大数据技术的三个方面，即大数据技术架构，大数据的两大关键技术，以及大数据的常用平台 Hadoop。

5.1 大数据技术架构

大数据挑战所带来的技术上的进步和创新，经过一段时间的发展，日臻完善和成熟。大数据从生产开始经过各种处理过程，即数据收集获取、存储管理、处理分析和应用，它们相互关联，形成一个完整的大数据架构。一般而言，最终查看数据报告或使用数据进行预测之前，大数据将经过以下处理步骤：数据获取、数据存储、数据处理和数据应用。大数据技术的层次结构通常可以分为以下几个层次，如图 5-1 所示。

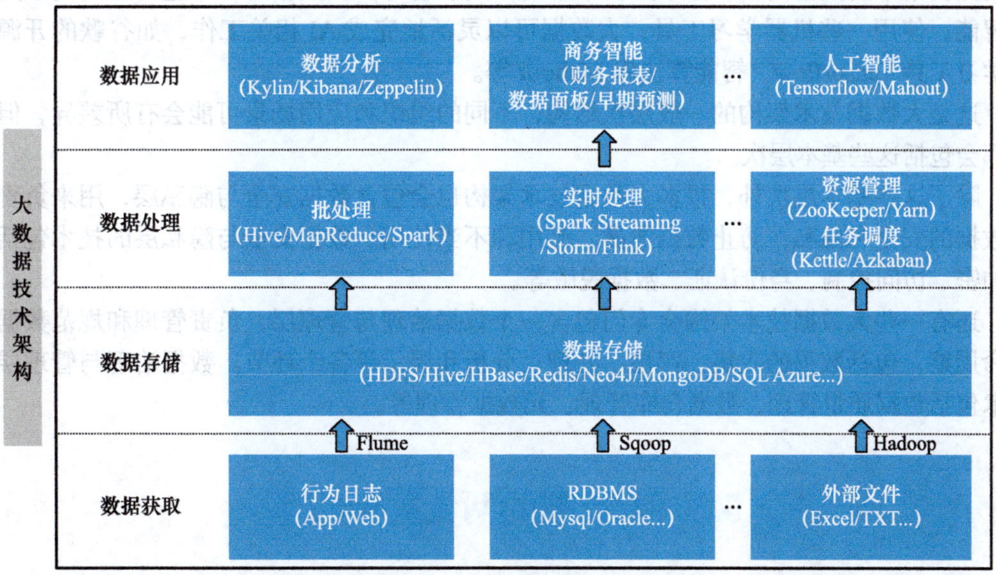

图 5-1 大数据技术架构

1．数据获取层

这是大数据技术的基础层，负责收集各种来源的数据，如结构化数据、半结构化数据和非结构化数据等。数据获取层的技术包括数据抓取、数据提取、数据传输等。大数据通常存在于 App 或网站，由人、机器或组织创建的业务系统或外部文件中。需要从这些不同的场景中收集数据时，就需要使用各种数据采集技术，其中包括用于对关系数据库管理系统（RDBMS）进行数据库同步的 Sqoop，用于收集行为日志的 Flume，用于获取各种外部文件的 Hadoop 相关组件，以及用于数据传输的 Kafka 等。

2．数据存储层

这一层负责将采集到的数据进行存储和管理，以便后续的处理和分析。数据存储层的技术包括关系型数据库、分布式文件系统 HDFS、类似 SQL 的查询工具 Hive、列族数据库 HBase，以及其他 NoSQL 系统，如 Redis、Neo4J、MongoDB、或云数据库，如 SQL Azure 等。

3．数据处理层

这一层负责对存储在数据存储层中的数据进行处理和分析，以发现数据中的模式、趋势和关联性。数据处理层的技术包括数据整合、资源管理、统计分析、数据挖掘、机器学习、人工智能等工具和算法，具体有数据处理技术，例如批处理和实时处理，用于加工、计算或分析数据；以及资源管理和任务调度技术，例如 Zookeeper、Yarn 和 Kettle 等。

4．数据应用层

这一层负责将处理和分析得到的数据以可视化的形式呈现给用户，并辅助用户更好地理解数据并做出决策。许多建模和可视化工具可以有助于大数据应用，包括数据分析工具、商业智能工具、机器学习工具。数据分析工具提供分析支持，比如 Kylin 和 Zeppelin。大数据在商务智能中的应用更加广泛，如自动化生产，以及财务报表分析、用于实时显示数据分析结果的数据面板、基于分析结果的早期预警等。大数据的一个重要应用场景是人工智能，使用一些机器学习工具，大数据可以灵活地完成 AI 相关工作，如谷歌的开源深度学习工具 Tensorflow，智能算法库 Mahout 等。

这是大数据技术架构的一般层次结构，不同的组织和应用场景可能会有所差异，但通常都会包括这些基本层次。

除了这些基本层次外，很多大数据技术架构也会包含数据安全与隐私层，用来负责保护数据的安全和隐私，防止数据泄露、滥用和不当使用。数据安全与隐私层的技术包括数据加密、访问控制、身份认证、数据脱敏等。

还有一些大数据技术架构会专门包含一个数据治理与管理层，负责管理和规范数据的生命周期，包括数据的收集、存储、处理、分析和展示等各个环节。数据治理与管理层的技术包括数据质量管理、数据仓库管理、元数据管理等。

5.2　大数据的两大关键技术

重新审视大数据技术架构时，会看到从不同来源收集大数据后，在具体应用之前，如何存储和分析大数据是整个过程中的两个核心步骤。

大数据的大量性、多样性和高速性，让我们不可能仅使用一台计算机或传统方法来操作大数据。因此，分布式系统（包括硬件和软件）通常用于存储和分析大数据。因此，大数据的两大关键技术是分布式数据存储技术和分布式数据处理技术。

首先来了解一下什么是分布式系统。

1. 分布式系统

为了长期存储信息，常将数据存储在计算机硬盘的文件中。这些文件有很多种，它们由操作系统管理，常见的操作系统如 Windows 或 Linux 等。操作系统管理文件的方式称为文件系统。这些信息在磁盘驱动器上的存储方式对数据访问的效率以及速度有很大影响，尤其是在大数据的情况下。大多数计算机用户在个人笔记本电脑或具有单个硬盘驱动器的台式计算机上工作，此模式中用户受限于其硬盘驱动器的容量，不同设备的容量各不相同。例如虽然一部手机或平板电脑的存储容量可能为 GB，笔记本电脑可能有 TB 的存储空间，但是，如果有更多数据该如何存储和管理，这就会出现硬盘空间不足的问题。

硬盘空间不足的问题可以通过分布式系统处理。当多台计算机通过网络连接在一起时，我们称之为集群。在集群中，多个计算机节点聚集在机架中，可能有许多可扩展数量的此类机架，节点和节点之间以及机架和机架之间通过快速网络相互连接。这样的集群就构成了一个分布式系统，把数据或文件存储在集群中可构成一个分布式文件系统，在跨局域网或者互联网上的一个或多个集群中的计算被称为分布式计算。

分布式计算架构可实现数据的并行操作。数据并行操作中许多不共享任何内容的作业可以同时处理不同的数据集或数据集的一部分。这种类型的并行性有时被称为作业级别并行性。在大数据计算的背景下，将其称为数据并行性。使用这种并行模式，可以分析大量和种类繁多的大数据，从而实现可扩展性、性能提升和成本降低。

2. 分布式数据存储技术

基于分布式集群，大数据被切片并存储在分布式节点中。为了使数据易于检索和处理，可以根据不同的情况选择不同的技术。大数据常用的存储技术包括分布式文件系统、NoSQL 数据库、云数据库等。

（1）分布式文件系统（DFS：Distributed File System）。分布式系统由多个处理单元组成，通过网络互联协作完成分配的任务。分布式文件系统基于分布式系统进行部署，其中有两个重要的系统，即 GFS 和 HDFS。GFS（Google File System），是一个可扩展的分布式文件系统，适用于访问大量数据的分布式应用程序。它可以运行在廉价的普通硬件上并提供容错功能，也可以提供高整体性能的服务给大量用户。在 2003 年关于 GFS 的文章发表后，Apache 社区实现了它的开源版本，称为 HDFS，即 Hadoop Distributed File System。HDFS 也是大数据常用平台 Hadoop 的基本底层组件，用于实现大数据的分布式存储。

（2）NoSQL 数据库。大数据时代，关系数据库管理系统，例如 SQL Server、MySQL 和 Oracle，在许多应用中不再能够满足要求，尤其是在需要存储海量数据，并以高并发的速度进行快速分析的情况下。NoSQL 数据库的优势是可以支持大规模的数据存储，拥有大量灵活的数据模型以及强大的横向扩展性。典型的 NoSQL 数据库可能属于以下四种类型之一，即列族数据库（例如 HBase）、文档数据库（例如 MongoDB），键值数据库（例如 Redis）、图数据库（例如 Neo4J）。不同的 NoSQL 数据库，具有不同的数据模型，可适用于不同的应用场景。

（3）云数据库。云数据库是一种共享的基础架构方法，基于云计算技术的发展，用于部署和虚拟化云计算环境中的数据库。例如 Microsoft 的 SQL Azure。云数据库具有高扩展性、高可用性、多租户、使用成本低、易用性、免维护、安全性高等特点。从数据模型的角度来看，云数据库并不是一项全新的数据库技术，只是以云平台的方式提供数据库服务功能。云数据库使用的数据模型可以是关系数据库使用的关系模型，如 Microsoft 的 SQL Azure 云数据库，也可以是非关系型数据库，如亚马逊的 SimpleDB 数据库等。同一家公司也可能使用不同的数据模型，来提供多种云数据库服务。

3. 分布式数据处理技术

分布式数据处理技术主要包括批量处理和实时处理。

（1）批量处理。批量处理，是指具有明确的开始和结束节点的批量数据处理。常见技术包括 Hadoop 内置的 MapReduce 和 Spark。

MapReduce 通过定义 Hadoop 的 Map 和 Reduce 函数，先将大数据处理任务分为分布式的计算任务，然后移交给大量的机器节点进行分布式处理，最后组装成想要的结果。这是一种批处理的逻辑。

Spark 是一种高速、通用的大数据计算处理引擎。具有 Hadoop MapReduce 分布式处理的特点，同时采用了内存计算和优化技术，使得作业的中间输出结果可以保存在内存中，无需读取和写入 HDFS，从而显著提高了批处理计算的效率。而且，Spark 更适合迭代的 MapReduce 算法，例如很多数据挖掘和机器学习相关的算法。

（2）实时处理。实时处理，也称为流数据处理，常用技术有 Spark Streaming、Storm 和 Flink 等。对于需要实时、不间断处理的数据，因为等待 MapReduce 缓慢处理，反复保存到 HDFS 中，再从 HDFS 中检索文件，这显然太耗时了。一些新的流数据处理工具已经开发，并且它们的加工过程与批处理有很大不同，如图 5-2 所示。在实时处理中，数据会以秒级或毫秒级的速度被实时处理，并可快速响应多个用户提交的持续不断的查询或处理请求，提供实时的查询处理结果。同时也可快速判断数据的可用性和价值性，决定数据是否存档或抛弃。

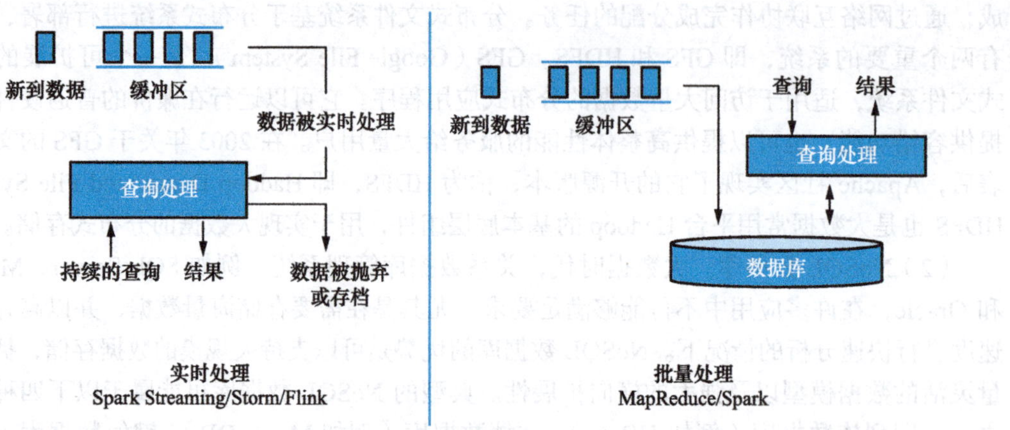

图 5-2 分布式数据处理技术

5.3 大数据平台 Hadoop

大数据时代是伴随着新技术的发展而到来的。为了应对大数据的海量性、高速性和多样性等带来的挑战，许多新技术应运而生。其中 Hadoop 生态系统，包括 Hadoop HDFS、MapReduce 等相关项目，是大数据中最关键的进展之一，也标志着大数据时代的来临。Hadoop 生态系统提供了一系列用于大数据存储和分析的工具，以及完整的企业开发应用程序的框架，是大数据领域最常用的开源开发平台之一。

本节将从 Hadoop 生态系统简介、Hadoop 生态系统的主要组成部分和 Hadoop 生态系统的特点三个方面进行简要阐述。本书后面章节还将对 Hadoop 生态系统的功能和应用进行更为详细的描述。

1. Hadoop 生态系统简介

Hadoop 是一个由 Apache 基金会所开发的分布式系统基础架构，使用户能够在计算机集群上存储并处理大量数据。Hadoop 生态系统是指基于 Apache Hadoop 的工具包、库，以及辅助构建工具等应用程序的框架。这些工具可以协同工作以处理并分析大数据。作为一个开源框架，Hadoop 生态系统有超过 100 个的大数据开源工具，而且这个数字还在继续增长。其中有许多基于 Hadoop，但也有些是独立的。

Hadoop 起源于 Apache Nutch 项目，始于 2002 年是 Apache Lucene 的子项目之一。2004 年，Google 公开发表了一篇关于 MapReduce 的论文之后，受到启发的 Doug Cutting 等人开始尝试实现 MapReduce 计算框架，并将它与 NDFS（Nutch Distributed File System）结合，用以支持 Nutch 引擎的主要算法。由于 NDFS 和 MapReduce 在 Nutch 引擎中有着良好的应用，所以它们于 2006 年 2 月被分离出来，成为一套完整而独立的软件，并被命名为 Hadoop。到了 2008 年年初，Hadoop 已成为 Apache 的顶级项目，包含众多子项目，被应用到包括雅虎在内的很多互联网公司。

2. Hadoop 生态系统的主要组成部分

在 Hadoop 生态系统中有很多的框架和工具可用，为了更好地表达不同工具或组件的功能和相互之间的关系，通常使用层次关系图进行组织。Hadoop 生态系统的层次关系图如图 5-3 所示。

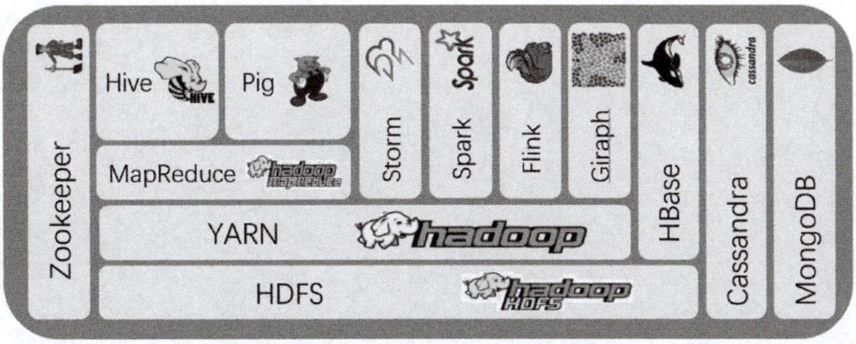

图 5-3 Hadoop 生态系统的层次关系图

在 Hadoop 生态系统的诸多组件中，有三个核心组成部分，即分布式文件存储系统 HDFS 资源调度器 YARN 和批处理框架 MapReduce。

（1）HDFS：Hadoop 分布式文件系统，是许多大数据框架的基础，因为它提供了可扩展且可靠的存储。随着数据量的增加，用户可以将通用硬件添加到 HDFS 中来增加存储容量，从而实现资源的横向扩展。

（2）YARN：Hadoop YARN 提供基于 HDFS 存储之上的灵活调度和资源管理功能。如雅虎公司使用 YARN 在 40 000 台服务器上进行资源和任务的调度工作。

（3）MapReduce：MapReduce 是一个简化并行计算的分布式批处理编程模型。不需要处理同步和调度的复杂问题，而是只需要设计 Map 和 Reduce 这两个函数即可。这个编程模型非常强大，以至于谷歌 Google 可以用它来对网站进行索引操作。

3. Hadoop 生态系统的特点

（1）免费开源：Hadoop 生态系统是免费和开源的，允许用户以分布式方式处理大型数据集。这些项目可以免费使用，并且易于找到支持。该生态系统包括广泛的开源项目，并由一个大型活跃的社区提供技术支持。

（2）高扩展性：能够存储大量数据在分布式系统上，可根据需要进行灵活的扩展。

（3）高容错性：随着系统数量的增加，系统崩溃和硬件故障的可能性也随之增加。Hadoop 生态系统中的大多数工具或框架都支持的特性是从这些问题中恢复的能力。

（4）多样性：大数据有多种类型，例如文本文件、社交网络图谱、流式传感器数据和光栅图像等。因此，Hadoop 生态系统具备多样化的模块或工具，可用来处理不同类型的大数据。对于任何给定类型的数据，用户都可以在 Hadoop 生态系统中，找到若干项目来支持和处理它。

（5）高利用率：Hadoop 生态系统具有充分利用共享环境的能力。由于即使是中等规模的集群也会有许多内核，因此，Hadoop 生态系统允许多个作业被同时执行，这样可以充分利用资源，避免闲置和浪费。

总之，Hadoop 生态系统作为一个开源的大数据平台，提供了一系列用于大数据存储和分析的工具，具备良好的系统性能，是大数据领域最常用的开发平台之一，也极大地推动了大数据技术和应用的发展。

第6章 大数据应用

处在大数据时代，大数据几乎无处不在。大数据及其相关技术的发展，允许用户建立更好的模型，从而产生更高精度的结果。大数据在各行各业的应用可以使数据发挥更大的价值，更好地服务于人类需求，因此备受关注。本章从大数据的价值、应用领域和典型案例对大数据的应用进行介绍。

6.1 大数据的价值何在

大数据正在产生并不断影响着人们的生活。大数据使人们能够建立更好的模型，从而产生更高精度的结果。企业可以利用大数据产生大量新的营销和销售方法，并能够更好地管理人力资源。大数据也有助于更好地预测和应对灾难，以及更好地辅助或影响决策。

基于实际消费者产生的数据，企业可以利用大数据和人工智能等技术做出更明智的决策。大数据使企业能够听到每一个消费者的声音，而不是一部分消费者的声音，也就是，大数据可以帮助企业进行全样分析，而不仅仅是抽样分析，从而得到更全面准确的结果。例如许多公司都在使用大数据与客户进行个性化沟通，可以更好地满足消费者的期望，使客户更加满意。移动互联网的发展，使得消费者可以通过社交媒体网站生成大量可公开访问的数据，包括消费者的喜好、购买历史、搜索记录、浏览历史、旅行路程等信息。通过这些数据，企业能够分析消费者的喜好，进行个性化的精准营销。也就是说，大数据能够帮助企业实现个性化营销。

企业如何利用大数据来设计更好的营销活动并吸引合适的客户呢？例如电子商务领域的个性化推荐。在淘宝、京东等的电子商务平台，会记录和保留用户关注、浏览、加入购物篮以及购买商品的行为和数据，利用大数据理论和技术来搭建用户兴趣模型，然后结合商品信息来预测最佳匹配的商品推荐给用户，从而丰富用户体验。这不仅有利于电子商务平台提高销量，也能帮助用户快速便捷地找到感兴趣的商品，而不用进行全站搜索，从而提高用户购买效率和满意度。如果曾经在淘宝等电子商务平台上购物，就会体验到网站会根据购买情况来给予个性化推荐之类的个性化服务。同样，影视平台也会根据历史观看记录推荐新节目。

企业使用的另一种大数据分析技术是情感分析，也就是分析用户对于事件和产品的感受。比如，用户要在京东上买一个杯子，不仅可以在购买之前阅读其他用户的评论，还可以在收到杯子后撰写产品评论。这样其他客户就可以获得相关的评论信息。但更重要的是，京东可以密切关注特定产品的产品评论和趋势，从而判断用户对产品的评论是正面还是负面的。可能有些评论是负面的，有些评论是正面的。由于这些评论是自然人使用自然语言撰写的，因此企业需要使用一种称为自然语言处理的技术和其他分析方法来分析个人或公众对产品的一般意见。这就是为什么情感分析通常被称为意见挖掘。企业利用情绪分析来了解客户与其产品的关系，或对产品的看法是积极的、消极的还是中立的。情感分析，还可以用来进行舆情分析，来挖掘人们对重要事件的看法。

移动互联网的发展使得移动设备无处不在，人们几乎总是随身携带手机。实时移动广告对企业来说是一个巨大的市场。电信运营商或嵌入平台利用移动设备中的传感器（如 GPS），提供基于用户位置的实时广告，并根据大量用户数据提供实时的个性化折扣，这里存在着巨大的商机。例如某个人买了一套新房子，而新居恰好在某个家居商城几公里的范围内。那么，如果这个商城能够及时捕获利用这些信息，并给这个人发送有关油漆、家具或其他与房屋装修装饰相关的手机优惠券，会让这个潜在用户想起附近的这家家居商城，并很有可能会前去采购。这就是实时移动广告的优势。那么需要什么样的大数据来实现这种实时的移动广告呢？需要将用户的消费信息与在线和离线数据库进行集成，其中包括用户最近购买的商品等信息。更重要的是，需要描述地理位置的大数据信息，即空间大数据。将用户最新信息与空间大数据整合在一起，对用户可能会发生的消费行为进行预测，才可能实施有效的实时移动广告。

对于企业来说，大数据除了能够帮助实现个性化服务之外，还能够利用消费者的集体行为，来促进产品销量增长。每个企业都希望了解消费者的集体行为，以便捕捉不断变化的市场行情。一些大数据项目通过开发模型来捕获用户集体行为并进行分析，可以帮助企业为其产品定位正确的用户群，从而实现这一目标。

通过对集体行为进行分析，大数据还有助于在未知领域开发新产品。例如航空公司在对工作日的机票销售情况进行分析后，可能会注意到，早上的航班总是售罄，而下午的航班销售情况则低于运力。根据此分析结果，该公司可能会决定增加更多的早晨航班。请注意，这里考虑的不是每个消费者的选择，而是在不考虑是谁购买的情况下，考虑所有航班的售出情况。需要注意的是，当使用大数据的分析结果，考虑在不同的地理区域来添加早晨航班时，航空公司可能还需要密切关注当地的消费者人口统计数据、经济发展状况、地理位置特征等信息。

随着基因组测序技术的快速发展，生命科学行业正在体验生物医学大数据的巨大吸引力。这种生物医学大数据正在被学术研究和个性化医疗领域的许多应用所使用。基因组学数据是如今增长最快的大数据类型之一。令人惊叹的是，到 2025 年将会达到对 1 亿～ 20 亿个人类基因组进行测序。如此多的序列数据需要 2EB ～ 40EB 的数据存储空间。相比之下，某视频网站上的所有数据每年只需要 1 ～ 2EB 的存储空间。1EB 是 10 的 18 次方字节，也就是说，40EB 是 40 之后有 18 个零。当然，分析如此大量的序列数据是昂贵的，可能需要多达 10 000 万亿个 CPU 小时。

如此多的生物医学大数据在生命科学领域的应用之一是个性化医疗。在个性化医疗之前，大多数不同特定类型和处在不同阶段的癌症患者接受了相同的治疗，其中一些患者的治疗效果优于其他患者。该领域的研究正在考虑充分利用大数据的理论和技术，以开发出针对每个人进行量身定制的医学解决方案。而这在治疗癌症方面将会变得更加有效。癌症患者现在可能仍然在接受标准的治疗计划，例如手术切除肿瘤，但将来医生也许能够根据大数据分析结果，来推荐某种类型的个性化癌症治疗方案。与许多其他领域一样，生物医学大数据应用中的一大挑战是如何集成多种类型的数据源以进一步了解问题。科学家正在尝试使用来自各种来源的大数据进行个性化的患者干预。

大数据的另一个应用来自智能城市中植入的有着大量传感器的互联网络，也就是所谓的物联网（Internet of Things）。实时分析传感器生成的数据使城市能够为居民提供更好的服务，并以最优成本来治理城市存在的顽疾，如环境污染、交通拥堵等。比如北京，作为超大型城市，有着遍布城市的各种传感器网络来生成大量数据，如交通传感器、卫星、摄像头网络等。如果能够整合这些数据流，为社区做更多的事情，那会怎么样？利用这样的大数据，可以努力使北京成为数字城市的原型，不仅可以应对危及生命的灾祸，而且可以改善人们的日常生活，例如更有效地管理交通或最大限度地节省能源等。

总而言之，大数据具有巨大的潜力，可以在许多应用领域实现更高精度的模型。这些高度精确的模型正在影响和改变着人类社会。

6.2 大数据应用领域

本节从以下大数据应用最广泛深入的领域分别阐述大数据的应用。

1. 电子商务领域

电子商务领域是大数据应用最早、最广泛的领域之一。通过大数据分析来优化客户购物体验、个性化营销、支付安全和保障、实时个性化推荐、实时价格调整等方式促进了电子商务的发展。随着云计算、物联网、人工智能等先进技术与大数据的结合，电子商务领域将迎来更多机遇和挑战，如深化数据分析、自动化工作流程、情绪分析等。同时，加强用户数据保护也是需要关注的重要方向。

2. 金融领域

大数据在金融行业中的应用具有广泛的前景和深远的影响。通过对大数据的分析和挖掘，金融机构可以更好地进行风险管理、投资决策、客户关系管理、拓展创新业务、提高服务质量、监控金融市场的稳定性和满足监管要求，同时使用大数据也可以帮助金融机构不断降低成本，提高效率。然而，随着数据的不断增长和技术的不断进步，金融机构也需要不断升级和完善其数据分析和处理能力，以更好地应对市场挑战和机遇。

3. 运输领域

大数据在交通领域发挥了重要作用。大数据在交通规划方面，通过分析道路交通流量、车辆行驶轨迹等数据，可以预测未来的交通状况，制定更为科学的交通规划方案；在交通拥堵方面，通过实时分析道路交通数据，可以及时发现交通拥堵情况，并采取相应的措施进行缓解。例如某些导航软件可以利用大数据技术分析道路交通数据，为用户提供更为准确的交通拥堵情况，从而帮助用户选择更加合理的路线；在交通事故方面，通过分析交通事故数据，可以及时发现事故高发区域和时段，从而采取更加有针对性的措施进行预防。

4. 电信领域

电信领域也有很多大数据应用。例如利用来自用户位置的大数据来优化电信基站的位置布局；利用客户相互通话的频次和关联性来对客户进行分类、呼叫圈识别和保护；利用客户信息和账户充值数据，进行个性化营销；利用客户集体通话、短信和网络流量信息，进行舆情监测和服务预警等。

5．安全领域

大数据还可以应用到安防领域，例如预防犯罪。通过分析和总结大量详细的犯罪数据，可以获得犯罪特征，以及进行犯罪预防。天网监控系统是大数据应用的一个具体案例。天网监控系统是一个监控网络，由大量安装在大街小巷的摄像机组成，用于对治安进行防控。

6．医疗领域

大数据在医疗领域的应用主要体现在智慧医疗上，例如通过大数据分析获得典型病例的个性化最佳治疗方案。此外，大数据在医疗领域的应用还包括疾病预防、病原追踪等。例如，在新冠肺炎疫情期间，健康宝等大数据应用程序被广泛用于保护公众健康和安全。

7．教育领域

大数据在教育领域中的应用越来越广泛。大数据可以帮助教育者更好地了解学生的学习情况，为他们提供更个性化的学习体验和智能辅导。通过大数据进行学习分析能够为每一位学生创设一个量身定做的学习环境和个性化的课程，还能创建一个早期预警系统以便发现留级和辍学等潜在的风险，为学生的多年学习提供一个富有挑战性、高可行性、高效性的个性化学习计划。而对数据科学家的社会需求，也极大地促进了大数据相关专业和学科的发展。

8．文化领域

伴随互联网高速发展，网民的每次点击、搜索、评价都会被记录。根据网民留下的线索，文化相关企业单位，如网络视频提供商、影视剧制作方等，可以收集用户群体的喜好信息，更精准地挖掘用户的需求，探寻新的艺术灵感，有针对性地制作节目，以及进行精准营销。同时，大数据预测分析可以对文化产品建立多维评价体系。例如，在影视剧制作中，通过应用大数据分析来进行剧本、导演和演员的选择，可以帮助剧组在大量资金投入拍摄之前进行精准策划，这也为影视剧评级和票房提供了一定的保障。

总而言之，大数据价值创造的关键在于大数据的应用，随着大数据技术飞速发展，大数据应用已经融入各行各业。

案例 6.1　利用大数据拯救生命

大数据时代正在不断涌现出许多不同的令人兴奋的应用程序。科学家们正在致力于构建相关的方法和工具，将大数据应用到动态数据驱动的科学应用中去。例如在科学与工程的各类领域里，许多有着重大挑战和重要意义的数据科学应用程序正在被研究与开发，包括基因组学、地理信息学、交通科学、能源管理、生物医学和个性化健康等。所有这些应用程序的共同点是它们都采用了将新的数据模型和领域研究结合在一起的独特方式。

下面就一个实际案例来阐述大数据如何和实际应用相结合，从而为人类预防灾难、拯救生命作出贡献。这就是林地野火分析，包括野火预防和应急响应等。

野火分析非常重要。春秋季节，在树林茂密、气候干旱的地区常常会发生野火燃烧，从而造成大面积树木被烧毁、财产损失、人员伤亡等重大后果。虽然人类无法控制这样的野火灾害，但可以通过预测野火的发展趋势来提前预防。这就是为什么正在进行的野火灾害管理在很大程度上依赖于了解野火的传播方向和传播速度。

是否可以使用大数据来监控、预测和管理野火灾害。事实上，野火预防和应急响应得益于数据洪流中从许多来源产生的数据。例如一些数据流是由人们通过他们携带的设备如智能手机等生成的；还有一大部分数据来自监测环境的传感器和卫星；另外一些来自组织机构产生的数据，包括区域地图、不断更新的服务，以及本区域相关内容的数据库，这些数据库记录了地域的植被和不同类型燃料对潜在火灾的影响程度。

为什么这是大数据问题？因为如果能够整合这么多不同的数据流，就可以采取新颖的方法和响应策略。许多这样的数据源已经存在了相当长一段时间，却没有被合理充分地利用。灾害管理所缺乏的是各种动态系统的集成，包括实时传感器网络系统、卫星图像系统、近实时的数据管理工具、野火模拟工具等，以及这些数据流和工具与应急指挥中心的连接，而这些系统的集成和分析应该贯穿在火灾发生之前、期间和之后的整个过程。由此可知，不同数据流和新工具的整合可以帮助我们开拓看待事物的新视角，推动开发预测分析的能力，这可能有助于改善我们的世界。

具体来说，对于野火分析，不同的数据来源是什么？最重要的数据源之一是从气象站和卫星流入的传感器数据，这种感测数据包括温度、湿度、气压等。另一个重要的数据源来自野火监测研究的一些科研机构，这些机构收集了与野火建模相关的数据，包括过去和现在由政府绘制的火灾周边地图，以及火灾路径涉及范围内植被和各种类型燃料的燃料地图。这些类型的数据通常是静态的或更新速度较慢，但这些科研机构可以提供经过精心组织和验证的有价值的数据。还有关于火灾的很大一部分数据实际上是由公众在微信、博客等社交媒体网站上生成的，这些网站支持用户使用文字、照片、视频等各种方式分享信息和资源，这些是目前火灾研究中最难简化的数据源，但一旦与其他数据源集成，它们可能非常有价值。比如综合使用社交媒体上关于正在发生的火灾的所有图片和文字信息等，来分析火灾周边区域的公众情绪。

一旦信息触手可及，就可以对这些数据执行许多操作，比如简单地进行监测，或者将其可视化。但是，只有将所有这些不同类型的数据源整合在一起，并将它们与实时分析和预测建模工具集成在一起，才能在野火紧急发生的情况下进行及时有效的预测和响应。同样，大数据在未来可用于对其他紧急灾害，如台风、地震等，进行更好的预防和应对，从而降低自然灾害带来的影响，拯救生命和财产。

案例 6.2 利用大数据帮助患者

在医学领域，大数据对帮助患者恢复健康也会产生重大影响。

精准医疗是一个针对个人的新兴医学领域，是近年研发的首要领域。通过分析某个人的遗传学因素、生活环境、日常活动，可以及早发现或预测其健康问题，帮助预防疾病，还可以在其生病时以适合的正确剂量提供正确的药物。

精准医疗中使用的传感器、组织机构和人员生成的各种不同类型的数据，以及这些不同数据的集成对于推进医疗保健具有重要作用。对于任何技术来说，要想在现实生活中取得成功，不仅需要技术本身具备一定的成熟度，还需要许多有利因素，包括社会经济环境、市场需求、消费者准备情况、成本效益，所有这些都必须协同工作。

精准医疗的一个重要方面是利用个人的遗传特征进行个性化的诊断和治疗。分析人类基因组是有关人类健康的关键要素，而这种技术正变得越来越便宜。如今对基因组进行测序的成本不到 2008 年成本的 10%。但是，人类基因组数据很大。在理想情况下，仅仅一个人基因组中的三十亿个字母就需要大约700兆字节的存储。现在对一个基因组进行测序大约需要一天的时间。

如今，在数字媒体中存储和管理的电子医疗记录越来越多。大多数医生办公室和医院现在使用电子健康记录系统，其中包含患者就诊和实验室测试的所有详细信息。某社区医院的报告显示，截至2013年其存储的医疗信息为120 TB。近年来，医疗数据量增加得更加迅速。很明显，数据洪流使医疗保健行业能够产生和分析更多复杂的患者数据。

由此可见，迄今为止医疗领域的变化中有几个关键要素，即数据生成和分析成本的降低，可用的廉价大型数据存储的增加，以及以前纸质记录数字化的加速。但是，还需要以有意义的方式来组合不同类型的数据源，才能朝着个性化医疗保健大数据实践的应有之地迈进。

第一，从传感器数据开始。当然，数字化的医院设备多年来一直在产生传感器数据，但这些数据不太可能被存储或共享，更不用说回顾性分析了。这些数据通常用于实时使用，通知医疗保健专业人员，然后被丢弃。现在有更多的传感器在部署，还有更多的地方正在捕获和显式收集要存储和分析的信息。

第二，日常生活中越来越普遍的新型数据。健身器材无处不在，它们的销量在过去几年中飙升。各种传感器位于腕带、手表、鞋子和背心中，直接与个人移动设备连通，每时每刻跟踪和记录血压、血糖水平、不同类型的活动量等多种类型的数据。它们的目标是通过监控你的日常状态，来辅助改善你的生活方式，以保持或促进健康。但是它们生成的数据可能是非常有用的医疗信息，因为这些数据记载了日常生活状态，而不仅仅是去看医生时的状态，而这些日积月累的生活习惯和状态，造就了身体的基本健康状况。

那么，这些被普遍使用的传感器生成了多少数据？比如一个智能运动腕表每天可以产生几GB的数据。这些数据可以用来节省医疗费用，帮助生成更健康的生活方式吗？答案可能难以给出。但可以肯定的是，仅凭这些数据并不能推动精准医疗梦想的实现。那么，如果考虑将其与其他数据源（如电子健康记录或基因组图谱）集成呢？这仍然是一个悬而未决的问题。这是科学家们正在进行的一个研究领域，也是产品和业务开发充满潜力的重要领域。

第三，由组织机构生成的健康相关数据的一些示例。许多公共数据库的创建，包括很多由政府策划和管理的数据库，是用以收集和整理人类和其他生命体的基本科学数据和知识。这些数据库包含大量的实验和计算数据，有助于解释癌症等未征服疾病的临床结果。此外，许多生物医学领域的学者已经创建了诸如基因本体论和统一医学语言系统之类的知识基础，以机器可处理的形式来组装人类知识。这些只是组织机构数据源的几个例子，世界各地的医疗保健系统收集的医疗数据也可以用作大量医疗信息的来源。

实际上，一些最有趣、最新颖的机会似乎很可能来自人工生成的数据领域。移动健康应用是一个正在显著增长的领域。现在有很多应用程序可以监测心率、血压和测试血氧饱和度水平等。应用程序记录虽然来自传感器的数据，但显然也是由人类生成的。但是，除了监测性的测量数据之外，还有更多由人类生成的很有趣的数据。例如有一款支持冥想和念力的应用程序，与电子感应装置不同，人们使用这个应用程序来自行明确他们每天冥想的时间。如果他们与提醒他们的应用程序交互，那么就有了无法直接从传感器获得的人类行为。目前智能手机上有超过100 000个健康应用程序。据一些人估计，2017年移动健康应用程序的市场价值可达270亿美元。因此，事实上，只是看到了所谓的人类传感器可能生成的数据的开始，但更重要的是，要真正理解在医疗保健大数据时代，人类生成的数据的力量可能会把人们带到哪里。

想象一下现在的情况，一般来说，病人去看医生，也许他们的医生会问他们是否感受到了任何药物副作用。在这种情况下，患者提供的数据的准确性和质量非常低。这并不是说这真的是病人的错。他们可能几天或几周前经历过一些事情，但他们可能不确定所经历的事情是否真的是一种药物副作用反应，然后告诉医生。关于他们服用药物的确切时间这样的细节可能是有意义的，但他们在事后忘记了。现在，人们可以通过应用程序、社交媒体、博客网站、在线支持小组、在线数据共享服务等方式，自行报告他们正在经历的反应和经历。这些是以前从未有过的数据源，可以用来以更详细和个性化的方式来回答药物的副作用等医疗问题。如果应用程序旨在将医疗记录与何时服用药物等信息相结合，然后进一步挖掘社交媒体的信息或收集患者的自我报告，那么将能够回答什么样的问题？或者又可以提出哪些新的问题？所有这些问题都是值得思考的，并将在医疗保健领域产生影响和带来价值。

总之，随着新的医疗大数据来源的不断涌现，以及新的数据模型的建立，结合各种数据分析的手段和方式，大数据在医疗保健领域的价值将不断帮助人类来应对和解决各种健康问题。

案例 6.3　利用大数据分析情绪

本节讨论融文集团（Meltwater）如何使用大数据进行情感分析帮助达能公司的案例。融文集团是一家帮助其他公司分析人们对他们产品或服务的评价，并管理其在线声誉的公司。

融文集团网站有一个案例研究是关于达能婴儿营养产品的。融文集团帮助达能公司通过社交媒体监测他们的营销活动的反馈。通过这种监测，他们能够衡量哪些营销活动是有影响力的，哪些是无效的。融文集团还帮助达能公司管理潜在的声誉问题。比如当与欧洲一些肉类产品中的DNA有关的危机发生时，尽管达能确信他们的产品没有问题，但融文集团帮助他们在英国媒体发布消息前几个小时就得到了这些信息，这使得他们有机会检查并向客户保证他们的产品是安全的。数百万的母亲对达能在这方面的努力会感到怎样的放心和高兴。这是一个关于大数据如何帮助管理公众舆论的精彩故事。除此之外，融文集团也能帮助他们通过社交媒体来衡量舆论的影响。

因此，通过对社交媒体等渠道产生的信息进行分析，可对企业产品和服务的设计、营销和售后服务，以及提升客户满意度等方面进行有益的帮助。

案例 6.4　利用大数据建设电网

中国国家电网有限公司第四届职工代表大会第四次会议暨2024年工作会议提出，要构建新型电力系统，建设新型能源体系，形成新质生产力，打造数智化坚强电网。数智化坚强电网是以特高压和超高压为骨干网架，以各级电网为有力支撑，以“大云物移智链”等现代信息技术为驱动，以数字化智能化绿色化为路径，数智赋能赋效、电力算力融合、主配协调发展、结构坚强可靠，气候弹性强、安全韧性强、调节柔性强、保障能力强的新型电网。打造数智化坚强电网，要在数智化上下功夫，依托现代信息技术为电网赋能赋智，通过大数据分析与智能决策，有效提升新能源发电出力预测、大电网的运行调控智能水平和运行维护能力等，确保新型电力系统的安全稳定运行。

在打造数智化坚强电网的实践中，国家电网智慧车联网平台是一个比较典型的大数据应用案例。为坚决落实党中央决策部署，积极服务新能源汽车产业发展，国家电网公司建设运营全球覆盖范围最广、服务能力最强的国家电网智慧车联网平台，目前已覆盖“十纵十横两环”高速公路快充网络，注册用户超 3600 万，可为用户及商户提供找桩充电、智慧运维等便捷服务。第一，通过挖掘智慧车联网平台海量数据，为充电运营商提供建站规划、运营分析、智能运维等大数据服务。第二，平台不断提升开放共享能力，推动充电运营商互联互通，为车主提供智能推荐、站（桩）导航、即插即充等充电服务，实现“一个 App 走遍全中国”。第三，依托智慧车联网平台建设负荷聚合运营系统，为各类充电设施提供参与绿电交易、需求响应、电网辅助服务市场的渠道。

国家电网智慧车联网平台的建设可以满足新能源车的充电需求，提升用户充电体验。在 2024 年国庆假期前，国网车网技术公司利用大数据分析以最大限度保障新能源汽车车主的充电体验和智慧出行。通过智慧车联网平台数据，筛选出高速公路服务区、景区、高利用率场站等共计 5716 个重点充电场站，于节前组织完成特殊巡视，配备应急资源，确保充电设施处于最佳状态，并提前在“e 充电”App 上发布《国庆假期电动汽车高速出行充电指南》，为车主提供路况预测及高速公路周边可用充电场站信息，方便车主合理安排出行路线。10 月 1～7 日，国家电网智慧车联网平台充电量达 16 480 万千瓦时，比去年国庆假期日均充电量增长 24%。其中，高速公路充电量为 4992 万千瓦时，比去年国庆假期日均高速公路充电量增长超 46%。此外，基于用户的充电行为、气象情况、出行情况、电价情况等大数据，国网车网技术公司开发了负荷预测算法模型，不断进行策略调整，为用户提供最优的有序无感充电体验。

国家电网智慧车联网平台也可用来优化电网调控。在 2022 年 7 月 15 日用电晚高峰，国网车网技术公司负荷调控中心与国网江苏电动汽车公司负荷调控中心两级协同，通过智慧车联网平台负荷聚合运营系统的大数据分析向电动汽车充换电资源下发负荷调控指令。2 个小时内平均削峰功率约 1.5 万千瓦，响应电量约 3 万千瓦时，削峰电量约占电网供需缺口的 0.5%。这次需求响应共 856 座充电站、5583 个充电桩参与，充分发挥了大规模充换电资源参与电网分钟级需求响应的“电力海绵”作用。

总之，数据作为一种新型生产要素，已快速融入各行各业生产、流通、消费等环节中，成为当今社会的重要资源之一。国家电网公司发挥“大国重器”和“顶梁柱”作用，开展电力能源大数据分析，深挖能源领域数据蕴含的潜在价值，汇聚起打造数智化坚强电网的强大合力，为各地经济社会高质量发展提供坚强可靠的能源数据支撑。

测试题及答案

测试题

1.（单选题）以下（　　）不是当今大数据应用的实例。

A．社交媒体　　B．网上商店

C．独立、未连接的私人数据　　D．手机应用

2.（多选题）促成大数据时代到来的因素有（　　）。

A．不断增长的数据洪流　　B．人工智能

C．互联网　　D．云计算

3.（单选题）以下（　　）说法经常用来描述云计算。

A．互联网计算　　B．高性能计算

C．按需计算　　D．高速计算

4.（多选题）以下关于大数据的正确描述是（　　）。

A．大数据通常用于指代使用传统数据库系统难以管理的任何数据集

B．对“大数据”进行准确定义比较容易

C．仅凭大小无法判定某数据是否属于大数据范畴

D．数据的复杂性也是必须考虑的重要因素

5.（多选题）大数据影响电子商务的发展包括（　　）。

A．大数据可以使企业进行精准营销

B．大数据可以使企业提供个性化的推荐和服务，从而提高用户满意度

C．大数据有助于预测用户购买需求并提高产品销售

D．大数据助力电商探索用户隐私

6.（单选题）关于大数据特征，不包括以下（　　）。

A．大量性　　B．高速性　　C．空缺性　　D．连通性

7.（单选题）作为大数据特征中的重要一环，以下（　　）特性是大数据挑战的核心。

A．量级　　B．速度　　C．种类　　D．价值

8.（多选题）大数据由于数据量庞大所面临的挑战是（　　）。

A．可扩展性和性能　　B．提高处理速度

C．存储和可访问性　　D．有效性和成本

9.（单选题）多样化数据源的三种类型是（　　）。

A．网络、图谱数据和人员

B．传感器数据、组织数据和社交媒体

C．机器数据、组织数据和人员产生的数据

D．机器数据、图谱数据和社交媒体

10.（单选题）数据孤岛的定义和它们不好的原因是（　　）。

A．一个巨大的集中式数据库，用于存储组织内产生的所有数据。不好是因为它很难作为高度结构化的数据进行维护

B．高度非结构化的数据。不好是因为它没有为组织提供有意义的结果

C. 从分散的组织生成的数据。不好是因为它会创建不同步和不可见的数据
D. 一个巨大的集中式数据库，用于容纳组织内的所有数据生产。不好是因为它阻碍了数据生成的机会
11.（多选题）大数据因其高速性会面临（　　）挑战。
A. 大数据的价值往往会随着时间的推移而降低
B. 数据的快速海量增长需要更大的存储空间和更快的处理速度
C. 可扩展性和复杂性
D. 大数据需要新技术的出现和发展
12.（单选题）下列说法中，对批处理和实时处理之间的区别描述错误的是（　　）。
A. 批处理有点慢，实时处理很快
B. 实时处理通常更昂贵
C. 实时处理有助于获得实时决策权
D. 基于批处理的决策可能会给出不完整的描述
E. 批处理太旧了，不再有实际应用
13.（单选题）为了提高大数据的准确性，我们可以采取（　　）措施。
A. 持续优化数据处理算法　　B. 尝试扩大数据收集的范围
C. 提高数据客户的满意度　　D. 增加数据样本数
14.（单选题）以下（　　）不属于当前数据科学领域。
A. 数学　　B. 机器学习
C. 计算机科学　　D. 物理
15.（单选题）大数据研究策略的第一步是（　　）。
A. 定义要解决的问题　　B. 搜索相关数据
C. 安装相应的软件　　D. 选择适当的方法
16.（多选题）数据科学家应该具备（　　）技能。
A. 数据分析　　B. 编程
C. 数据可视化　　D. 业务知识
17.（多选题）数据科学研究过程中的步骤是（　　）。
A. 获取数据　　B. 探索数据　　C. 数据预处理
D. 分析数据　　E. 沟通结果　　F. 将洞察转化为行动
18.（多选题）Hadoop 的主要组成部分是（　　）。
A. HDFS　　B. YARN
C. MapReduce　　D. Apache Spark
19.（多选题）NoSQL 数据库可以分为（　　）类型。
A. 键值存储　　B. 文档存储
C. 列族数据存储　　D. 图形数据库　　E. 宽列数据存储
20.（多选题）大数据的两大关键技术是（　　）。
A. 分布式数据存储技术　　B. 分布式数据处理技术
C. 虚拟技术　　D. 传感器技术

测试题答案

1．C；	2．AD；	3．C；	4．ACD；
5．ABC；	6．C；	7．D；	8．ACD；
9．C；	10．C；	11．ABD；	12．E；
13．A；	14．D；	15．A；	16．ABCD；
17．ABCDEF；	18．ABC；	19．ABCD；	20．AB。

第2部分　大数据管理及分析

大数据时代，全球数据量在持续高速增长中。然而，被存储下来的数据只占全部数据的很少一部分。数据只有被存储下来，并进行很好的组织、理解和描述，才能易于被检索和分析。同时，大数据分析的方法需可供审查，分析结果需可供验证，数据才具有价值和意义。大数据最大的潜在好处或许是能够将看似不同的学科联系起来，以开发和测试无法在单一知识领域内实现的假设。

本部分描述了如何在不同大数据资源中浏览、创建新的数据集，并对数据进行规范、管理和集成，以及如何对大数据进行分析的方法。

在可预见的未来，科研院校、政府机关和商业公司将投入大量的资金、时间和人力进行大数据工作。如果忽视基础建设，大数据项目很可能会失败。反之，如果关注大数据基础建设，就会发现大数据分析可以在标准的计算机平台上进行，而不需要特别的专家和专业集群。很多事实都反复强调，即数据胜于计算。如前所述，既然大数据最重要的特征是数量大、多样化和速度快，怎样对复杂多样而且时间跨度大的大数据进行正确的描述和组织，是需要特别关注的问题。本部分第7章从元数据的角度阐述了如何对资源进行描述，并探讨了本体论及其解决框架。

数据准备的三个关键主题是标识符、不变性和内省。完善的标识符系统确保与特定数据对象相关的所有数据都将通过其标识符附加到正确的对象，而不会附加到其他对象。这看起来很简单，但许多大数据资源都会杂乱无章地分配标识符，最终导致与唯一对象相关的信息分散在整个资源中，或附加到其他对象上，并且在需要时无法合理地检索。因此，对象标识的概念非常重要，可以将大数据资源想象为一组独特的标识符，很多相关的复杂数据附着在这些标识符上。第 7 章也讨论了数据标识符。

不变性原则是指大数据资源中的数据集合是永久性的，永远不能修改。不变性对于数据而言，似乎是一个荒谬、糟糕和不可能的约束，因为在现实世界中，错误会发生，信息会发生变化，描述信息的方法也会发生变化。所以，大数据管理者需要知道如何在不改变现有数据的情况下将信息累积或更新到数据对象中。第 8 章详细介绍了实现这一技巧的方法。

自省是从面向对象编程中借用的一个术语，指的是数据对象描述自身的能力。通过引入规范，大数据资源的用户可以快速确定数据对象的内容以及大数据资源中数据对象的层次结构。内省允许用户查看资源中可以分析的数据关系类型，并清楚不同资源之间如何相互作用。第 7 章详细介绍了自省。

另外，本部分还涵盖了与大数据设计、构建、运营和分析相关的常见主题。其中一些主题包括数据质量、数据标识、数据标准和互操作性问题、遗漏数据、数据缩减和转换、数据分析和软件问题等。第 8 章和第 9 章分别就这些主题进行了探讨。本部分主要参考《大数据原理》的内容，对各种问题的基本原则进行了阐述。

学习目标

本部分中，你将学习：

- 大数据准备
- 大数据管理
- 大数据分析
- 大数据的结构、标识、关联和注释
- 数据集成
- 大数据的不变性和永恒性
- 大数据分析的技术、算法、步骤和注意事项

第7章 大数据准备

7.1 大数据的结构

7.1.1 结构化数据和非结构化数据

在计算早期时代，数据是高度结构化的，所有的数据都被划分成多个字段，字段有固定的长度。例如穿孔机，数据记录在穿孔卡片中，其行列位置是预先设定的。如果筛选出所有超过 18 岁、高中毕业且通过了体能测试的男性，分类机需要进行 4 次操作，首先筛选出所有男性卡片，再在这些卡片中选出年龄超过 18 岁的，然后从中选出高中毕业的，最后再筛选出通过体能测试的卡片。

现在人们输入的很多数据都是自由文本格式，是非结构化的，例如邮件，微博等。由于结构化的数据比非结构化的数据更容易获取有用信息，所以需要给文本强加“结构”。比如通过将文本翻译成特定语言，然后将文本解析为语句，提取和规范语句中的概念性词组；将词组映射到标准术语集，用术语集的术语对词组进行注释（注释代码来自一个或者多个标准术语集）；提取和归一化文本的数据值，给分类系统中的特定数据指派数据值；将分类的数据指派到某个检索系统（如数据库）最后建立索引。

7.1.2 机器翻译

现实生活中存在大量非结构化数据，非结构化的数据是指那些没有被组织成具有属性集或明确数值类型的数据对象，即无法用数字或统一结构表示。例如文本、图案、声音等。结构化的数据即信息能够用属性描述或统一结构加以表示的数据，例如电子表格将数据分布在各个单元格中，且标有行列位置。数据没有结构，数据的内容便难以有效地收集和分析。

由于非结构化的文本数据越来越多，所以文本结构化的首要任务是能够快速自动地完成。在众多文本计算手段中，机器翻译效率最高。

机器翻译的工作是将文本从一种语言翻译成另一种语言，其过程大致分为两步：

（1）从文本语句着手，分析语句中各个单词的语法成分，然后按句子的逻辑顺序排列语法成分。

（2）通过字典查找每个语法成分的同义词，并借助新的外语语言的语法定位规则来重新组织语句。以“Miss Smith put two books on this dining table.”（史密斯小姐把两本书放在这个餐桌上面）这句话的英译中为例，第一步对这句话进行构词和语法的分析，得到图 7-1（a）的英语语法树。第二步进行两种语言间词汇的转换（如“put”被转换成“放”），并进行语法的转换，原语言的语法树就会被转换为目标语的语法树，如图 7-1（b）所示。

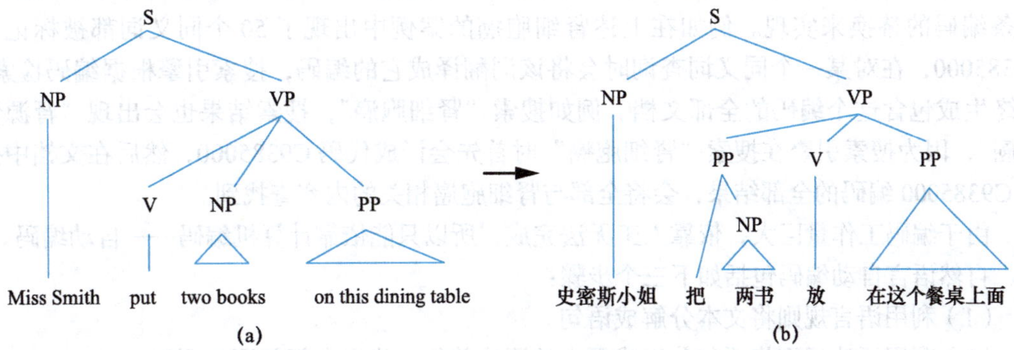

图 7-1　语法树

由于这个过程使用了外语语言中语句结构的自然规则，所以称此过程为自然语言机器翻译。机器翻译存在一定局限性，比如英译中过程中，在遇到以下情况时翻译会出现歧义。

（1）单词具有多义性，它的含义取决于它出现在语句的具体位置，例如“don't object to the data object.”（不要反对数据对象）；“please present the present in the present time.”（请现在展示礼物）。

（2）词语缺乏组合性，即词语的意思无法分析词根推测出来，例如“pineapple”（菠萝）的意思既没有“pine”（松树）的意思，也没有“apple”（苹果）的意思。

（3）词语的语义由第一个字母的大小写决定，例如“Polish”波兰，“polish”擦亮；“August”八月，“august”威严的。

（4）当句子中出现指代的时候，大多数情况机器翻译无法准确地确定句子的指代对象是谁，进而句意会出现歧义。例如“The farmer's wife sold the cow because she needed money.”这个句子，一般人都可以正确指出此处的“she”代表的是“wife”，但是在句法上，“she”指的也可能是“cow”。虽然人类依照常识能判断出正确的句意，但依照语法翻译的机器翻译却无法判断。

7.1.3　自动编码

编码技术用于非结构化的文本数据，通过用标识代码标记词条来实现文本的编码（注：词条的同义词和近义词使用相同的代码）。例如在医学术语中，用代码 C9385000 标记“肾细胞癌”，其 50 个同义词如“肾源性腺癌”“累及肾腺癌”“格拉维茨肿瘤”等也都用同样代码 C9385000 进行标识。

编码过程是用非结构化的文本和术语表进行对照匹配的过程，如果匹配成功就将非结构化的文本中的词条用代码表示。所以对文本编码的过程一般分为两步：找到和任意文本相关的术语全部词条；将任意文本和第一步找到的词条进行比对，匹配后用标识符代码标记词条。

术语是特殊的词汇集合，通常包括某个领域的全部词条，例如术语“天体”，包含地球、月球、火星等词条；又如术语“汽车品牌”，包含奔驰、大众、红旗、比亚迪等词条。

在大数据文档中为了保证文档的一致性，可以通过对文档中的术语进行术语词条到词条编码的替换来实现。例如在上述肾细胞癌的案例中出现了 50 个同义词都被标记为 C9385000，在对某一个同义词查询时会将该词翻译成它的编码，搜索引擎根据编码检索，最终生成包含这个编码的全部文档。例如搜索“肾细胞癌”，搜索结果也会出现“肾源性腺癌”，因为搜索引擎在搜索“肾细胞癌”时首先会译成代码 C9385000，然后在文档中搜索 C9385000 编码的全部结果，会将全部与肾细胞癌相关的内容查找到。

由于编码工作量巨大，依靠人工无法完成，所以只能依靠计算机编码——自动编码。

自然语言自动编码包括如下三个步骤：

（1）利用语言规则将文本分解成语句。

（2）利用语法规则将语句分解成更小的语法单位，找出全部单词和词组。

（3）将找到的全部单词和词组与术语表匹配、编码。

自然语言编码在运行中存在问题，当遇到词条的同义词缺乏词源或构词结构上的共性时，自然语言自动编码会受到限制，例如“肾细胞癌”和“格拉维茨肿瘤”为同义词，但通过自然语言规则和单词相似度算法无法判断这两个词为同义词；由于需要做大量的语句分析工作，自然语言自动编码运行速度较慢，解析文本的速度达到 1KB/S 是相对较好的结果，处理 1TB 的文件大概需要 30 年的时间，因此，不宜采用自然语言自动编码技术处理大数据资源。

自然语言编码也有其存在的价值，由于人类输入句子的速度低于 1KB/S，故自然语言编码可以在词条输入时对词条进行编码（在数据准备阶段时，便将输入的数据实时转化为结构化数据），并且还可以进行自动地更正、拼写检查，从而提高打字员的效率。

现存在一种更快的自动编码的方法——词法解析自动编码，这种编码方法通过对文本逐字和术语表进行比对，如果文本中词汇和术语表匹配，则词汇被赋予代码。逐字进行解析看似工作量很大，需要多次比对，但是和自然语言编码相比更加高效，因为词法解析编码没有像自然语言编码有复杂的语法要求，只是将句子中的词汇和术语表进行机械地比对。

如果对一个集成了两个独立的大数据资源的数据集进行自动编码，且两个独立的大数据资源的术语表完全不同，寻找对应文档术语表变得困难，这时词法解析编码不再适用，需要另一种自动编码——动态编码。

动态编码的算法为在任意一个大数据资源集合中，用任意一个术语表找到查询词的所有同义词。具体如下：

（1）分析师从数据用户提交的查询词开始编码。分析师首先选择一个包含查询词及其同义词的术语表。

（2）收集查询词的所有同义词。

（3）将查询词及其所有同义词同大数据资源中的每个记录进行匹配。

（4）提取出大数据中匹配的所有条目。

7.1.4　索引

很多电子书都没有索引，只是设置一个“查找”对话框，通过在对话框输入一个词语或者短语来查找匹配项，将包含该词语的页面提供给读者。但是设置查找框无法把握全书的内容脉络，无法了解作者的意图，看不到各章之间的关联性。因此，索引不能被省去。索引存在的目的不仅是方便查询资源中的某个内容或创建简单的词语索引，而是将概念、子概念和术语的关系合理布局，将其关系呈现给读者。

大数据资源同样也需要索引。在大数据资源中，数据对象之间的关系是能否获取信息的关键。拥有电子索引的大数据资源将价值更大，电子索引可以将概念、分类和术语映射到大数据资源中数据条目存储的特定位置，电子索引使大数据资源更加有序和简洁。

以下是大数据资源建立索引的优点和用处：

（1）通过阅览索引，加快获取数据资源的内容梗概和组织形式。

（2）通过浏览索引，在无法得知准确查询词的情况下获取想查询的内容。

（3）索引包含了每个术语的索引结果，避免了重复对索引条目搜索的计算任务。

（4）索引可以按类别创建，有助于分析人员理解术语在不同主题中的关系。

（5）索引是可以交叉索引的，可以帮助数据分析人员理清索引条目之间的关系。

（6）多个大数据资源的索引可以进行合并，在索引术语的位置入口标注资源名称，以方便对索引进行合并，索引搜索将会明确识别出合并索引中大数据资源的定位符。

（7）索引可以根据某个特定目标进行创建，例如通过对一个与鸟类相关的大数据资源创建专门的地理位置索引，或在原来索引上给鸟名添加位置分项，便可以获得不同鸟类的地理位置。

（8）索引可以更新，当术语或分类发生改变时，可以以新的规则重建索引。

（9）数据库建成后创建索引，在某些情况下，在大数据创建完成前，数据管理者无法预测其全部功能，通过索引设计来方便用户使用现有大数据资源。

（10）索引可以是大数据资源的替代物。在某些情况下，数据用户仅需要索引。例如电话簿不需要与来电记录等其他资源相关联。

建立索引需要找到文本中的术语，那么如何在文本中找到术语，并将其提取出来呢？文本是由句子构成的，句子是由单词、表示概念性的短语和词组构成的。例如“诊断是慢性病毒性肝炎。”这句话由两个具体的医学概念“诊断”和“慢性病毒性肝炎”，还有“是”和语句分隔符“。”构成。

一个术语可以是由一个或者多个非常见词顺序构成，并在句子中由“是”“的”“和”“这个”等常见词连接和分隔。如果存在一个类似“是”“的”“和”等词语的常见词列表，就可以设计一个算法，将术语提取出来。

英文的常见词列表中的单词类似于：“always、among、an、and、another、any、are、as、at、be、all、almost、also、although、between、both、but、by、can、could、did、do、does、being、because、been、before、done、due、during、each、either、enough、especially、etc、for、found、from、further、had、has、have、having、here、how、however、i、if、in、into、its、itself、just、made、mainly、make、may、might、most、mostly、must、nearly、neither、no、nor、obtained、of、often、on、our、overall、perhaps、 quite、rather、really、regarding、seem、seen”。

中文的常见词列表中的单词类似于：“是、的、了、和、在、什么、怎么、如果、但是、不、有、一、个、这个、那个、上、下、很、非常、为了、之、乎、着、已经、去、来、刚、又、哈、啊、哇、基本、多少、就是、应该”等。

这样的单词列表有时被称为“停用词列表”或“障碍词列表”，因为其限定了提取术语的开始和结束。

以下是术语列表的创建过程：

（1）阅读句子的第一个字。如果是一个常见词，将其删除。如果是一个生僻词，将其保存。

（2）阅读下一个字。如果是一个常见词，将其删除，并将前面已保存的词置入术语列表；如果是一个生僻词，将其与第一步保存的字合并为一个术语；如果是一个语句分隔符，将保存的术语置于术语列表，并结束该步骤。

（3）重复第二步。

由于该算法对文本逐句解析，这与大多数编程语言逐行切割文本（即文本在换行处终结的规则）不兼容，计算机程序无法确定句子在哪里开始或结束，故需要设计一个策略来确定句子的开始和结束。

通过提取术语的方法，能够方便建立术语关联位置索引。按照上述的方法，每收集到一个术语就将这个术语保存到术语列表并记录该位置，如果在后续的位置遇到已出现的术语，只需要将这些位置信息添加到术语位置列表，这样就得到了术语名称和该术语在大数据资源中出现的位置。在对整个大数据资源解析后，会得到一个包含两个条目的关联数组，这两个条目分别为术语名称和该术语在大数据资源中出现的位置列表，将关联数组以文件的形式展现便得到了索引。

索引的建立应该服务于数据分析所需的数据管理工作，创建索引需要注意以下三点：

（1）索引是否根据特定的知识领域创建取决于大数据资源的预期用途和研究目标。

（2）术语表中的术语与其同义词共享编码有助于索引的建立。

（3）不同的数据分析师可以创建专业的索引，用于多种研究任务。

7.2　大数据的标识

7.2.1　标识符

标识符是给一个数据对象唯一的字母数字序列。数据的测量、注释、特性和类别信息本身是没有任何意义的，只有通过唯一的标识符对数据对象进行标识，使数据对象之间得以区分，对数据的研究才具有意义。标识系统的核心是其设计良好的信息管理系统，它提供了数据对象的命名方式，这样可以通过数据对象的名字和检索方式将每个对象与系统中的其他对象区分开来。

通过以下案例来说明数据标识的重要性。

（1）患者去医院看病，医院调取了他的医疗记录，但这个医疗记录不是患者本人的医疗记录，医生按照医疗记录对其进行了不当的治疗，结果造成了患者的死亡。

（2）患者去医院看病，在调取了他的医疗记录后，发现医疗记录中丢失了大量的信息，需要重新做一系列的检查，因此耽误了最佳的救治时间，造成了患者的死亡。

（3）患者去医院看病，由于医院更新了信息系统，旧的电子记录已经丢失，患者忘记了自己的病史，只能重新做一系列检查。

上述案例可以得出，医院的信息系统是典型的大数据资源，医疗记录必须是唯一的、完整的、未受到污染的（未和其他人的记录混淆）。同样，标记了的数据对象是唯一且完整的，数据对象的信息没有掺杂其他数据对象的信息，这就是标识符存在的意义。

7.2.2 标识符系统的特征

标识符系统的特征：

（1）完整性。每个数据对象必须指定一个标识符。

（2）唯一性。每个标识符都是唯一的序列。

（3）排他性。每个标识符只能分配给唯一的对象。

（4）真实性。接受标识的对象必须验证为计划要被标识的对象。

（5）聚合性。大数据资源需要有一个机制来聚合属于数据对象的所有数据，通过标识聚合该对象所有数据，例如，银行需要收集所有与账户相关联的交易。如果标识符系统合理执行，聚合方法将收集某个对象所有相关联的数据，而不会收集与对象无关联的任何数据。

（6）永恒性。标识符和相关联的数据必须是永久保存的。在医院系统中，当患者离开医院 30 年后再回到医院时，该记录系统能够访问他的标识符和相关数据，如果患者死亡，患者的标识符也不能消失。

（7）协调性。通过一种机制将不同大数据源中的同一个对象的数据合并。例如当病人到医院就医时，可能需要从其他医院调用他的电子医疗记录，两家医院在确认病人的身份后合并他的医疗记录。

（8）不变性。若两个大数据资源合并，或将残留数据并入到一个大数据资源时，每个数据对象都必须保留两个数据资源分配的标识符，且数据对象要有注释性信息用来说明标识符来自哪个大数据资源。

（9）脆弱性。标识符系统很容易受到恶意攻击。如果标识符被篡改，大数据资源将会出现不可逆的损坏。

（10）防错性。为避免错误的发生，应当建立发现和修改标识错误的系统。该系统用于建立标识符系统、分配标识符、保护系统和监视系统的运行，遇到的每个问题和采取的每个纠正措施都必须记录在案并且通过检验。

（11）归属性。可以通过标识符来判断信息系统是属于银行、航空公司，还是医院。

（12）自主性。标识符系统有其独立于大数据资源的生命周期。即便大数据的所有数据资源突然消失，标识符系统还可以继续运作下去，记录和整理现有的和未来的数据对象。

7.2.3 标识符的唯一性

对象标识符是与数据对象相关联的字母数字字符串。唯一性是指一个数据对象与一个唯一的标识符一一对应，即一个数据对象的标识符不会分配给任何其他的数据对象。

数据对象是数据的集合，一个完整的数据对象包含一个标识符、数据值、元数据和其他自描述性数据。完整的数据对象意味着数据价值得以保值，数据描述清晰完整，数据属性不变，当数据对象与其标识符永久绑定时，数据对象的唯一性就可以实现。唯一性对象有两个属性：唯一性对象可以与其他唯一性数据对象区分开来；唯一性对象无法从其自身区分开来。

获取唯一标识符有两种途径。

途径一：在中央注册中心注册后得到注册表，注册表为对象提供唯一的标识符。以下列出一些唯一标识符。

DOI：数字对象标识符

PMID：PubMed 识别号

LSID：生命科学标识符

HL7 OID：HL7 的对象标识符

DICOM：医学数字成像和通信标识符

ISSN：国际标准序列号

身份证号：中国居民身份证号码

DUNS：数据通用编号系统编号

DNS：域名系统服务

在某些情况下，注册表无法为数据对象提供完整的标识符，而是向资源内的全部数据对象提供一个通用的标识符，而资源内的对象会额外添加本地给出的后缀序列，例如生命科学标识符（LSID），每个 LSID 由五部分组成：网络标识符、机构标识符（顶级的 DNS 域名）、对象标识符、命名空间标识符和可选的修订 ID。在已发布的 LSID 标识符中，每个部分由冒号隔开，如 urn:sid:pdb.org:IAFT:1，这个标识符表示 IAFT 蛋白在蛋白质数据库的第一个版本。

对象标识符（OID）是标识符前缀的层次结构，前缀中的连续数确定层次结构的递减顺序。以 HL7 发布的 OID 为例（HL7 是处理健康数据交换协议的组织）：1.3.6.1.4.250，这些连串数据的每个节点由一个点分隔开。若注册序列信息完整细致，便可以得到机构代码。

途径二：使用网络工作组发布的通用唯一标识符 UUID，不需要通过中央注册中心获取标识符。从该途径获取标识符适用于那些暂时性的事物的标识，例如对临床实验室的血液样本的标识。一个 UUID 字长为 128 位，标识信息来自计算机时间戳的 60 位字符串。

一个设计良好的标识符系统应该使用一个随机字符生成器和一个时间测量仪来生成唯一的标识符，即标识符由长随机序列和时间戳组成，例如 mje03jdf8ctssdktewfk-1342883791，随机序列字符可以是大小写字母、罗马数字或任何标准键盘字符，共约 128 个字符，即所谓的 ASCII 字符；时间戳使用 UNIX 时间（自 1970 年 1 月 1 日零点已过的秒数），例如上述时间戳“1342883791”发生在 2012 年 7 月 21 日。使用长随机序列和时间戳的标识符系统将不会出现数据对象被分配到相同标识符的情况。

7.2.4 错误的标识方法

以下为常见的错误标识方法：

（1）使用人名作为标识符。因为很多人的名字都是一样的，会导致标识符出现相同的情况，并且由于文化差异，名字的顺序会被打乱，同一个人有不同的标识符。故使用人的名字作为标识符是错误的方法。

（2）使用人名 + 出生日期作为标识符。

案例：张心怡出生于 1982 年 7 月 6 日，她在 3 家银行开设账户，银行需要填写一些申请表，以下是她的名字 + 出生日期可能的写法：

1）张心怡，1982 年 6 月 7 日（出生日期被误写）。

2）张心伊，1982 年 7 月 6 日（姓名被误写）。

在上述案例中，将名字 + 出生日期作为标识符，会由于人为错误出现同一个人有不同的标识符，所以这也是错误的标识方法。

（3）在标识符中嵌入信息。

很多标识符都不是纯随机的，通常按一定规则编码，对于熟悉标识符系统的人可以从中获取信息。例如身份证号码的十八位数字被分为地区号（前六位）、出生日期号（后八位）、序列号（最后四位），虽然可以基于身份证号码的信息鉴别号码的真伪，但会从身份证号码中获取大量的个人信息，对个人信息的泄露带来巨大风险。

由数字和字母构成的标识符字符串不应该暴露数据对象的信息，即最安全的标识符是不包含任何信息的随机字符串。

7.2.5 单向哈希函数

单向哈希（Hash）函数，又称单向散列函数、杂凑函数，就是把任意长度的输入消息串变化成固定长的输出串且由输出串难以得到输入串的一种函数。这个输出串称为该消息的散列值。Hash 函数主要用于完整性校验和提高数字签名的有效性，已有很多方案。这些算法都是伪随机函数，任何杂凑值都是等可能的。输出并不以可辨别的方式依赖于输入；在任何输入串中单个比特的变化，将会导致输出比特串中大约一半的比特发生变化。

常见单向哈希函数（散列函数）有：

（1）MD5（Message Digest Algorithm 5）：是 RSA 数据安全公司开发的一种单向散列算法，MD5 被广泛使用，可以用来把不同长度的数据块进行暗码运算成一个 128 位的数值。

（2）SHA（Secure Hash Algorithm）：是一种较新的散列算法，可以对任意长度的数据运算生成一个 160 位的数值。

（3）MAC（Message Authentication Code）：消息认证代码，是一种使用密钥的单向函数，可以用它们在系统上或用户之间认证文件或消息。HMAC（用于消息认证的密钥散列码）就是这种函数的一个例子。

（4）CRC（Cyclic Redundancy Check）：循环冗余校验码，CRC 校验由于实现简单，检错能力强，被广泛使用在各种数据校验应用中。占用系统资源少，用软硬件均能实现，是进行数据传输差错检测的一种很好的手段（CRC 并不是严格意义上的散列算法，但它的作用与散列算法大致相同，所以归于此类）。

单向哈希函数作为一种字符串转换算法，转换后的字符串不能通过哈希值反向获得原字符串，所以被称为单向哈希函数。任何字符串都可以计算哈希值，包括人名、文件等，输出的哈希值是随机的 ASCII 字符序列。

例如，采用 MD5 算法来计算如下字符串的哈希值：

李心怡 → c9e88a71c47a934fdd65f62ac6ab85cc

Harry Potter → 6eb2dc222c508599d75e211d16556af8

单向哈希函数的特点：

（1）在单向哈希函数中，输入字符串中的微小变化都会产生完全不同的单向哈希输出结果。如下例所示：

Harry Potter → 6eb2dc222c508599d75e211d16556af8

Harry Poter → c75821608611f9dc919018542f4359be

（2）无论输入的字符串长度是多少，生成的单向哈希函数输出长度都不变。例如常用的单向哈希函数 MD5 算法，无论输入的字符串有多少，输出结果都是 32 个字符。

利用单向哈希函数可以对标识符进行加密，即将标识符输入单向哈希函数中，输出单向哈希序列，该哈希序列是不含任何信息的随机字符串，从而达到去标识的效果。例如某条记录的标识符是一个单向哈希序列，该记录的管理者无法从标识符中获取相关个体的信息，因为原始标识符已被一串随机序列所替代。下一节将对去标识进行详细说明。

如果原始标识符的完整列表曝光，哈希变换会生成一个查找表，可以将加密后的记录映射回原始标识符，利用哈希函数加密便失去作用，去标识也失去效果。故原始标识符必须妥善保管。

7.2.6 去标识化

去标识化就是剔除数据中能联系到数据对象敏感信息内容的过程（信息剥离的过程）。例如在顾客网上购物的案例中，去标识化就是将那些能联系到顾客敏感信息的数据从记录中去除的过程。例如“张三在中午 12 点叫了一份吉祥馄饨家的水饺外卖”，这条记录显示了张三的外卖订单，当删除张三的名字后，留下的是一份无实体的数据。这种无实体的数据中，“中午 12 点”“吉祥馄饨”和“水饺”都为日常用语，且都不包含对象敏感信息的原始数据。

去标识化不是从数据对象中移除标识符，去标识化是去除那些能使数据对象敏感信息公开的信息，其原因是：

（1）标识符是确保数据对象之间得以区分的关键，没有标识符的数据对象之间的信息可能出现混淆，导致数据失去价值。

（2）一个合规的标识符是随机字符序列，标识符自身不包含与其名称关联的信息。因此，不要把数据对象的标识符同数据对象中的名称关联信息混淆。

去标识化是在数据合理标识的前提下进行的，没有标识就谈不上标识化，例如强行对标识程度不高的临床信息数据集去标识化，会导致数据记录出现重复、混乱和遗失等情况。

下面通过一个数据分析师查询信息的联机算法来反映去标识化的过程，算法流程如下：

（1）数据分析师提出一条大数据资源查询的请求（注：这条资源中包含了一些不可共享的敏感信息，需要去标识化）。

（2）大数据资源收到查询请求，检索出数据。

（3）对检索出的数据进行解析，将数据中的敏感信息删除（敏感信息类似于姓名、地址、出生日期等）。

（4）准备伪标识序列。伪标识序列可以由随机生成器产生，也可以由原标识加密而成，即通过单向哈希函数算法或其他算法生成。

（5）在原始数据中附加一条查询请求的事务记录，包括伪标识序列、去标识化记录、查询请求的时间以及与查询资源的相关信息。

（6）将经过去标识的数据发送给数据分析师，该数据由唯一伪标识序列和去标识化的数据组成。

由于在原始数据中附加了查询请求的事务记录，伪标识序列和去标识化的记录已经存储在原始数据中，因此，当数据分析师后续再次对这条资源发送查询请求时，无需重新计算就可以得到同样的反馈。

上述这种数据去标识化的方法可以用于单个数据也可以用于百万条数据的操作请求，适用于大数据的去标识化。

7.2.7 数据清洗

数据清洗和去标识化类似，去标识化是将能够联系到数据对象敏感信息的内容删除，而数据清洗是将数据中与数据对象不直接相关、不需要、不希望保留的信息删除的过程。例如在购物清单中，将重复订单记录、商品描述中的空值或乱码、异常购买记录去除掉的过程。数据清洗是在去标识化后进行的流程。

以下是数据清洗的算法流程：

（1）创建一个数据列表，该列表的数据是在去标识化后和清洗后需要保留的数据内容，通常数据列表可以通过在术语表中筛选出的专业词汇组成，通常一份购物订单的数据列表包括用户信息、商品信息、订单信息以及支付信息，例如一份网购订单会包括用户ID、商品ID、商品名称、商品描述、价格、数量、库存状态、订单ID、订单时间、支付状态、物流信息、支付方式、支付金额以及支付信息等，不会有与购物行为无直接关联的个人隐私信息以及不属于该次购物行为的其他无关信息。

（2）将需要清洗的数据同第一步创建的列表进行对比，删除不在此列表中的数据，剩下的就是清洗后的数据。以下的用户订单数据就是经过清洗后的数据：

```
用户订单

用户号：STU12345
```

姓名：李 ****
电话：138****21
地址：北京市海淀区花园街 22 号

产品信息：
产品 1：披萨（海底至尊，普装，芝心，番茄酱）
产品号：BKP001
数量：1
价格：￥60.5
产品 2：饮料（暴打柠檬茶，标准冰，半糖）
产品号：BKP013
数量：1
价格：￥19

订单信息：
订单号：ORD7890
订单日期：2024 年 10 月 2 日
订单状态：完成
配送：立即送出（17:35 送达）
配送费：￥5
合计：￥84.5（包含餐费和配送费）

支付信息：
支付方式：微信
支付日期：2024 年 10 月 2 日
支付状态：已付

7.2.8　重标识

先看一个案例，研究人员在对一个去标识化的病理数据研究过程中，发现某种方法可以治疗病理数据中的某项疾病，但由于该数据已经去标识化，无法从数据中获取患者的身份信息，致使患者错过救治的机会。

由上述案例可以看出，在某些情况下需要对已去标识化的数据进行重新标识。重标识是指对去标识化的数据进行信息的增补与添加，重标识的关键是需要大数据资源保留数据标识符和去标识化后标识符的连接关系。

重标识的流程为：

（1）在严格控制的环境下，准备一个能够将去标识化的数据和原数据对象名称一一对应的保密清单。

（2）委托第三方使用保密清单来进行重标识。

（3）数据管理人员建立一个协议来描述重标识的过程。

重标识有可能导致数据的保密性受到破坏，当保密清单泄露时，去标识化便失去意义，因此重标识要在严格的审批和监督下进行。

7.3 大数据的关联

7.3.1 本体论

大数据应用于金融的一个案例中，当一名金融分析师发现某支股票价格骤降时，他会查看同行业的股票是否也发生了这种情况，并且还会查询其他行业是否也出现了下跌的情况，并考虑发生下跌情况是由国内金融环境造成的还是由全球经济变化引起的。在上述情境中，金融分析师全程都在做相同的事情，即分析不同事情之间是否存在关联关系。

如果数据仅是简单地储存在数据库中，没有任何组织规则，便无法发现数据之间的关联关系。故要将数据进行分类，每一个类别的所有数据对象共享一个特征属性，共享特征属性的数据对象之间便存在一定的关联，进而可以分析数据对象之间的其他关系。

本体是一种按类别来分配数据对象和进行类间关联的形式系统。利用本体对大数据进行分类后，分析在同一类中数据对象存在何种关系，进而分析在不同类别的数据对象是否存在关联关系，可以帮助科学家确定事物之间的联系。本节将描述如何创建本体及如何使本体发挥作用，首先从本体最简单的形式——分类开始。

7.3.2 分类：最简单的本体

案例 1：虽然不同帽子的材质、尺寸、重量和形状会有很大的不同，但是人们还是能够辨认出帽子，划分到帽子类是根据“戴在头上的一种服饰”这一属性来判别的，而不是根据相似度来判别的。

案例 2：在古代，所有人都认为海豚是一种鱼，因为海豚外形和鱼相似并且可以像鱼一样在海里游泳，但亚里士多德认为海豚应该划分到哺乳动物这一类中，因为海豚符合哺乳动物的特征（有妊娠期，胚胎会借助胎盘的滋养而慢慢发育，最后会生出成年动物的“迷你版”）。生物体的分类是根据类内关联关系来实现的，而不是相似程度。

通过以上案例可以发现分类的基本原理是，类是建立在类成员之间的关联关系上的，而不是建立在相似性上。

分类是本体的简单形式，通常约定每一类只有一个父类，称之为层次分类。要建立一个层次分类，本体必须完成以下几点：

（1）定义类，找到能够定义类的特征属性并以此定义子类的特征属性。

（2）给各类分配实例（即给各类分配数据对象）。

（3）定位类在全部分类中所属的层次位置。

（4）测试和验证上述步骤。

属于数据对象某一层次的类别需遵循以下规则：

（1）每个类都有一组属性，这组属性对该类中的每个成员和子类均适用。在子类中，成员不仅继承了父类的属性，还有自己特定的属性。

（2）在层次分类中，每个子类有一个父类，根类没有父类。生物体的生物学分类就是一个层次分类。

（3）层次结构的最底层是类的实例。例如一本书的实例有：水浒传、西游记等。

（4）每个实例精确属于一个分类。

（5）实例和分类不改变它们在分类系统中的位置。例如一匹马不会变成一头羊，一本书不会变成一架钢琴。

（6）类的成员之间可能会高度相似，这种相似性是由于它们来自同一类。

分类系统可以用一个成员类的列表来表示，并包含该类与其他类的关系。由于每个类只有一个父类，因此一个完整的分类表就是所有类的列表加上列表中每个类的父类的名称，例如，生物体分类的一部分见表 7-1。

表 7-1　　生物体分类系统的部分列表

类	父类
哺乳纲	脊索动物门
食肉目	哺乳纲
灵长目	哺乳纲
猫科	食肉目

只要给定任何类的名称，程序员就可以通过向上迭代的方法找到分配给每个类的父类，从而计算出完整的谱系图。

分类系统通过一系列属性特征划分类别，每个已知的实例根据其属性归入不同的类。分类系统中的每一类的已知实例（即成员对象）都已明确列出。在生物体分类系统中，实例被称为物种，当前物种名称多达数百万，每个物种都有归类。分类降低了数据的复杂性，数据域中的每个实例都已归类，且类与类之间借助简单的层次结构进行了关联。

7.3.3　本体：有多个父类的类

本体是允许一个对象成为多个类的直接子类的结构。在本体里马可以是“奔跑的动物”的子类，也可以是“农场的动物”和“四条腿的动物”的子类。

本体有一个前提，即单个对象或对象类可以有多个不同的基本特性，这些不同特性常将对象类直接放置于多个父类下，所以在本体中可以发现对象类之间的关系，这在层次分类中是不可能实现的。

例如，生物学家要研究蝴蝶、鸟、蝙蝠等飞行动物的关系。

（1）在层次分类中，实例只能有一个基本属性，每个实例必须只从属于一个类，在案例中的这些物种属于不同父类，无法将这些实例联系在一起，故该项研究是不可能实现的。

（2）在本体中，由于实例可以有多个不同的基本特性，可以用“飞行动物”作为分类属性将这些实例分到同一类中，进而可以研究它们之间的关系。

所以本体和层次分类最本质的区别是：对象和对象类是否可以有多个不同的基本特性。层次分类认为一个事物只有一个最基本的本质特性，一个事物仅属于一个类，一个类仅有一个父类，故在划分类时，根据事物的基本属性被动地进行分类；本体则认为一个事物有多个特性，且发挥主导的属性是随着周围环境变化而变化，不能只固定为一个特性，所以在划分类时，根据规则定义，根据研究者需要研究的内容、研究的关系确定属性特征，进而寻找符合这一属性特征的实例，本体的分类是主动地、有选择性地分类。在本体中，每一个类、子类和超类都由规则定义，且规则能够由软件编程实现。

在对地球上的生物分类中，数百万的物种已经正确归类，据统计，如果要进一步完善生物体分类，需要添加 10 万～15 万个物种，以前的科学家可以应对简单的生物体分类，每一类只继承一个父类，但是对于复杂的生物体研究已经无法使用层次分类体系来解决，需要通过本体来进行研究划分。

7.3.4　分类模型选择

大数据管理人员常常面临层次分类和本体的选择问题，应该把数据进行分类并保证每类只继承一个父类，还是选择构建一个本体，让类有多个不同层级的父类。

通过以下案例来说明本体存在的问题。

案例 7.1　面向对象编程中的分类和本体

在面向对象的编程中，编程语言提供了一种语法，通过这种语法可以将命名了的方法“发送”给数据对象，并计算出结果。所谓命名了的方法是指包含在为类创建的方法库中的函数和小程序。例如一个用于文件对象、名为“close”的方法，一般用来关闭文件以限制文件的读写操作，如图 7-2 所示。

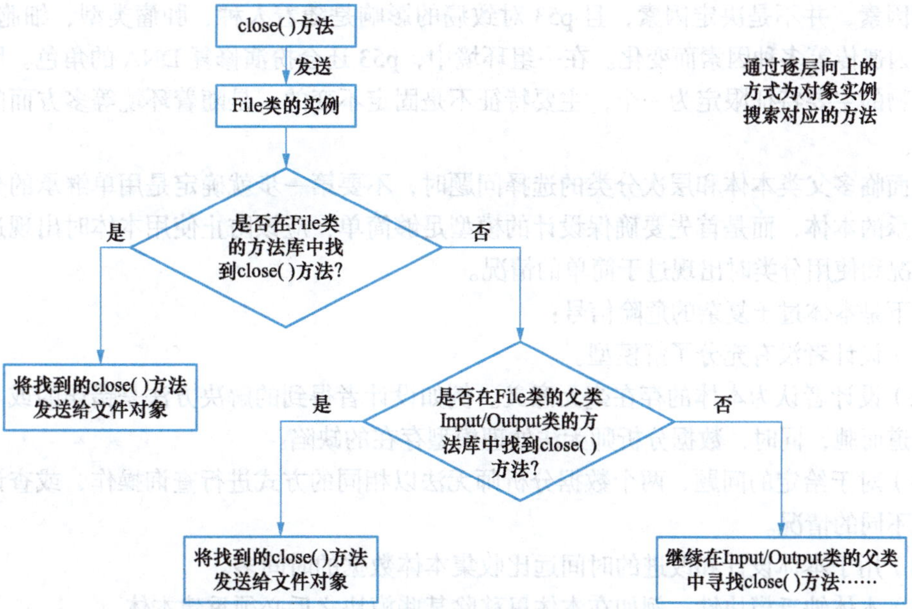

图 7-2　“close”方法的发送方式

在面向对象的程序设计中，每个数据对象是对应类的实例，一旦数据对象被创建，该对象就可以访问该类及其父类中的所有可获得的方法，这是面向对象编程的优点。如果面向对象的编程语言限制只能有一个父类层，那么编程员访问的方法就是有限的，反之，如果面向对象语言允许有多个父类层，则数据对象能够在类库的垂直方向和水平方向逐层搜索方法。

但多父类也存在问题，例如当方法发送给数据对象时，数据对象类库中没有该方法，进而在父类方法库中寻找方法，若数据对象有两个父类且两个父类的方法库中有同名的方法，则无法确定使用哪种方法（对于不同的类成员，方法的功能也不同，输出结果也是不确定的），这时选择出现障碍。因此，面向对象语言的编写软件程序采用多父类继承的本体时会出现问题。

本体分配类的关联关系的规则计算上也存在问题，当继承规则没有约束时，本体中的类可能既是父类的祖先又是子类的祖先，一个类有可能是同一个类的父类和子类。一个实例有可能同时是两个类的实例，这给组合数学和递归计算造成了障碍。

使用多父类的本体会造成创建的系统复杂且不可预测。鉴于上述本体出现的种种问题，分类学家认为分类是优于本体的，分类学家坚持一个事物仅属于一个类，一个类仅有一个父类，给一个对象分配多个父类意味着放弃了对该对象本质特征的掌握。宇宙中的所有事物都有一个使之独特的本质特征，例如工程师在制作一台录音机时，可以随便给部件命名，但每个部件的名称都会以某种方式展现自身的特征，电阻的名称一看就是电阻，而不用担心某种电阻的名称看起来像半导体。

但现实是，很多复杂系统对象的属性特征会随着环境的改变而改变。例如最初研究者认为蛋白质 p53 是影响人类恶性肿瘤细胞的主要物质，随着研究的发现 p53 只是导致人类致癌的因素，并不是决定因素，且 p53 对致癌的影响是随着人种、肿瘤类型、细胞环境、细胞基因遗传等多种因素而变化。在一组环境中，p53 还会扮演修复 DNA 的角色。因此不能把事物的主要特征限定为一个，主要特征不是固定不变的，是随着环境等多方面的影响而变化。

在面临多父类本体和层次分类的选择问题时，不要第一步就确定是用单继承的分类还是多继承的本体，而是首先要确保设计的模型足够简单，应该防止使用本体时出现过于复杂的情况和使用分类时出现过于简单的情况。

以下是本体过于复杂的危险信号：

（1）设计者没有充分了解模型。

（2）设计者认为本体的存在毫无意义。例如设计者得到的解决方法是错误的或与设计初衷背道而驰，同时，数据分析师无法处理模型存在的缺陷。

（3）对于给定的问题，两个数据分析师无法以相同的方式进行查询操作，或查询的结果出现不同的情况。

（4）用于本体设计和改进的时间远比收集本体数据的时间多。

（5）本体缺乏模块性，例如在本体里移除某些模块之后必须重建本体。

（6）本体不能扩展为更高层级或更低层级的本体。

（7）当检测到错误时，本体不能进行调试。

（8）当本体出现错误时，无法得到监测。

以下是分类过于简单的危险信号：

（1）分类过于颗粒化，以至于无法将观测值与类中的实例联系起来。

（2）分类无视数据对象之间的重要关系。例如海豚和鱼都生活在海中，所以受到海洋污染、水传播感染等因素影响是同样的，但如果以物种作为分类规则，则无法找到这种关联性。

（3）分类中有一个杂乱的类。一般来说，分类要求每个实例以基本属性归到某个类别中。如果一个分类包含了一个无法明确定义的类，这个分类是失败的。在信息不完整时，分类中总会有一个待细分的类来对实例进行进一步划分。以生物分类为例，真菌半知菌纲和真核原生物，这两类总有歧义，虽然两类的有机体不重合，但是仍存在一些相似成分。十几年来生物课本只能以模棱两可的方式表述这两个类别，完善生物分类的问题至今仍没有解决。

（4）分类存在不稳定性。过于简单的分类方法使分类只适用于某些特定任务，无法与其他知识领域的分类完美整合。

7.3.5 资源描述框架介绍

需要寻找一种方法使得数据能够智能地组织成类并在互联网上共享。万维网的后台人员提出了一个解决框架，即资源描述框架（Resource Description Framework，RDF），这个框架实现了：为互联网数据分配标识化的数据对象；用有意义的语句描述信息；为实例分配类。通过使用RDF，大数据资源可以设计一个支架，使得信息能够被计算机解析并可以同其他大数据资源实现共享。资源描述框架将Web页面转换成可访问的数据库，该数据库可以搜索、提取、聚类和整合所有存在的大数据资源。

本节将重点介绍RDF的一个方面——定义对象类和赋予类属性的方法。

资源描述框架解决了本体复杂和分类简单的问题，凭借类属性，开发人员可以为类及其成员指定特征，多个类可以有同一个属性，那些直接相关的类（即父类和子类）也可以有这个属性。凭借指定的特征，开发人员可以将类的数量最小化，从而创建简单的本体，并且借助共享的属性特征将不相关类别的实例联系在一起。

以下具体介绍RDF框架种类和属性的定义，见表7-2。

RDF框架是一个定义类和属性的文件，RDF框架包括一个类列表和属性列表，通过给框架中的类准备属性列表，即为某些类指定类属性，来实现类的合并。通过下例来解释RDF框架的操作流程（该示例是一个简单的描述，不是一个严格的语法表达）。

表7-2 RDF框架

种类：真菌	种类：植物
定义：包含所有真菌	定义：包括多细胞生物，如开花植物，针叶树，蕨类植物和苔藓植物
父类的名称：后鞭毛生物	父类的名称：原始色素体生物
属性：稳定存在	**属性：土壤生存**
定义：成熟的生物体不会移动	定义：在土壤中生存
种类范围：真菌类和植物类	种类范围：真菌类和植物类
属性：壳质的细胞壁	**属性：纤维质的细胞壁**
定义：壳质是细胞外的物质	定义：纤维质是细胞外的物质
种类范围：后鞭毛生物	种类范围：原始色素体生物

（1）列出所要赋予类属性的类。在表中列了两类：“真菌”和“植物”类，前者包含了所有的真菌物种，后者包含开花植物、针叶树和苔藓类植物。

（2）准备属性列表，定义类属性。表中列了属性：“稳定存在”和“土壤生存”。

（3）对所列类赋予类属性。在表中对真菌类和植物类赋予属性“稳定存在”和“土壤生存”，真菌类和植物类都将含有“稳定存在”和“土壤生存”的属性，并且其子类的所有成员均继承该属性。由于共同属性的存在，真菌类和植物类两个不相关类的数据对象可以进行分析，并且具有“稳定存在”和“土壤生存”属性的数据对象可以存储于真菌类和植物类的数据库中。

由上例可以看出，RDF 框架通过给不相关类指定类属性，使得所需的类的数量最小化，分类系统维持着较小规模，并且也默认了不相关类之间的属性可以比较。

在 RDF 框架中还列出了另外两个属性：“壳质的细胞壁”和“纤维质的细胞壁”，前者适用于后鞭毛生物类，后者适用于原始色素体生物类，两者相互独立。如果对象有属性“壳质的细胞壁”，那么一定不属于原始色素体生物类；同样，如果对象有属性“纤维质的细胞壁”，那么一定不属于后鞭毛生物类。

使用 RDF 框架可以大大提高大数据资源建立类模型的能力，大数据领域应当重视 RDF 构建的基本原则。在下面章节中将学习如何使用 RDF 语法格式以及如何使用 RDF 格式的数据集整合数据。

7.3.6 本体设计的常见陷阱

（1）创建过渡性质的类。例如创建一个“小狗”的类，但这样创建是存在问题的，当小狗成年后就不属于“小狗”类，必须把它从这个类别中移除，所以应该把“小狗”设定为“狗”类的一个属性，并规定“年龄小于一岁”的是小狗。

（2）创建杂项类。当不知道将数据对象归入哪一类时，数据管理人员便会创建一个杂项类，将数据对象归入这个杂项类中，但无法定义该类，若后面又出现无法分类的数据对象时又会把它归入杂项类中，现这个杂项类有两个数据对象，其共同点是都不属于其他类，但在杂项类中的数据对象并不存在关联，强行在杂项类中寻找本不存在的关系，则会忽视正确分类后的关系。这种未定义的杂项类是设计缺陷的典型表现，称为“本体混乱”。

（3）重复创建类。本体学家按照自己的意图创建需要的类和属性，不去使用已经创建的类，但当数据对象需要与其他大数据资源的数据进行集成时，与已经创建的类或者属性就会出现问题，因为数据之间的关联关系无法显现出来。故若类和属性已经存在，则无需再去创建。

（4）使用复杂的数据描述语言。在使用一种语言及语法来描述数据对象时，当需求增多，数据的描述也越发困难，使用复杂的数据描述语言会增加数据对象的复杂性，并且复杂描述语言的使用门槛较高，不仅需要专业素养的数据人员，还需要大量的资金投入，故应该优先选择简单的描述语言；这里按照复杂性由低到高列举一些语言：Notation3、Turtle、RDF、DAML/OIL 和 OWL。

（5）混淆类和属性。例如人体包含腿，存在一个误区认为腿是人体的子类，但是有腿的不一定是人，如狗、牛、桌子等都有腿，腿不是人体的子类，而是作为人体的一部分，是人体的属性。

7.4　大数据的注释

7.4.1　内省

先看这样一个案例，一名癌症研究人员使用了公开的肿瘤基因数据用作研究，提取了其中的 12 个数据，但不能确定这 12 个数据是采自一个病人还是不同的 12 个病人，如果采自 12 个不同的病人，则研究结果具有广义性，如果采自一个病人，则研究结果不具有广义性。

该例引出一个问题，数据资源的注释很关键，即数据资源中的数据描述信息很重要（肿瘤基因的数据是来自哪里），如果这些数据的描述信息不存在，数据是没有价值的。

内省是面向对象编程领域的一个术语，指的是数据对象自我描述的能力（数据对象能提供关于数据的信息）。

在面向对象的编程语言中，一切都是对象化的，参数变量是对象，方法是对象，每个对象自带数据值、标识符和自我描述信息。大部分面向对象的编程语言都可以使对象进行自我描述，下面以 Ruby 这种面向对象的语言为例，来观察它如何实现数据对象的自我描述。

首先新建一个数据对象“x”，将“hello world”分配给对象 x

```
x= "hello world"        // 输出 "hello world"
```

（1）[对象 x 说明自己的类别] 因为 Ruby 知道“hello world”是一个字符串，所以自动分配数据对象 x 到字符串类。通过类方法来检查 x 对象的分类是否正确，即调用 class 方法，Ruby 输出的结果“string”。

```
x.class                       // 输出 "string"
```

（2）[对象 x 说明超类名称] 每一个类只有一个父类，也称为超类，可以发送超类 superclass 方法来获得字符串类的超类名称。Ruby 字符串类的超类是 object 对象类。

```
x.class.superclass       // 输出 "object"
```

（3）[对象 x 说明自己的标识符] Ruby 给创建的每一个对象分配一个唯一的标识符，通过给对象 x 发送方法 object_id，可以得到对象 x 的标识符。

```
x.object_id              // 输出 "22502910"
```

（4）[对象 x 说明自己的内容] 如果要看对象 x 里面的内容，可以给 x 发送 inspect 检查方法。

```
x.inspect                // 输出 "hello world"
```

（5）[对象 x 的方法列表] 在 Ruby 语言里，每个数据对象都继承了数十种的方法，调用 methods 方法，可以得到 x 的方法列表，如：“length”“is_a?”“upcase”“downcase”“capitalize”和“reverse”

```
x.methods
```

（6）[对象 x 内容的字符数] 给数据对象发送长度方法，输出“hello world”的字符数。

```
x.length                    //输出 "11"
```

（7）[对象 x 是否是字符串类] 给数据对象发送 is_a? 方法来确定对象 x 是否属于字符串类，输出结果显示是肯定的。

```
x.is_a?(String)             //输出 "true"
```

（8）[对象 x 是否是整数类] 调用对象“is_a?”方法来确定对象 x 是否是整数类，输出结果显示是否定的。

```
x.is_a?(Integer)            //输出 "false"
```

（9）[对象 x 的各种方法] 调用对象的各种字符串处理方法，可返回相关信息。

```
x.upcase                    //输出 "HELLO WORLD"
x.downcase                  //输出 "hello world"
x.capitalize                //输出 "Hello world"
x.reverse                   //输出 "dlrow olleh"
```

（10）当给数据对象 x 发送一个其他类的方法时出现的情况：

“nonzero?”方法是测试整数类的对象是否为零（并不是字符串类的方法）。当给对象 x 发送“nonzero?”方法时，输出结果显示错误信息，表示“nonzero?”对于字符串类是一个未定义的方法。

```
x.nonzero?             //输出 "NoMethodError: undefined method 'nonzero?' for
"hello world":string"
```

以上就是面向对象语言 Ruby 对数据对象进行自我描述的过程。

大数据专家希望面向对象编程语言的内省特性能够在大数据中应用，原则上，大数据资源必须有与内省机制相同的特性，这可参考面向对象编程语言的相关方法和规则。具体来讲，属于数据对象的所有数据必须包含在数据对象内部，包括原始数据、原始数据的描述（元数据）、对象所属类的名称，以及一个区别于其他数据对象的唯一标识符等。

现在很多大型数据资源都缺乏内省机制，并且很多数据管理人员并不熟悉内省的概念。缺乏内省的大数据有如下特征：

（1）资源使用面狭窄，比资源最初的状态要窄。

（2）资源只供少数领域专家使用，对于非专业人士来说资源复杂难懂，不易使用。

（3）资源里的数据记录无法得到验证，无法排除记录存在记录副本或将记录归入到错误的位置（数据记录已损坏）。

（4）两个大数据资源的数据无法合并。

（5）记录标识符无法与其他资源的标识符进行匹配。例如，两个大数据资源都有同一个人的数据，但两个大数据资源不能及时把两个资源里的数据认定为同一条记录。

（6）无法将旧版本软件中收集的数据添加到现在的资源中。

（7）尽管有大量的专业人士，但只有一个人能处理系统中大量的数据对象，若这个职员离职，则系统将处于瘫痪。

内省不是大数据资源完结后的工作，内省是数据准备过程中的重要环节。接下来，将讨论内省的第一步——数据描述。

7.4.2 数据描述：可扩展标记语言 XML

例如现要传输一段数据，数据内容是："too young, too simple, sometimes naive." 这句话按照属性可以拆分为三个数据："年龄 too young""阅历 too simple""结果 sometimes naive"。但程序并不会像人一样体会意思进而做出拆分，故需要使用 XML 这种语法帮助程序进行拆分：

```
<person age="too young" experience="too simple" result="sometimes naive" />
或：
<person>
<age value="too young" />
<experience value="too simple" />
<result value="sometimes naive" />
</person>
```

以上这种格式表示很直观且附带了对数据的说明，具备通用的格式规范供程序做解析；用 XML 格式传输的数据，可用 XML 格式接收数据，解析出三个数据："too young""too simple""sometimes naive"。

上述案例使用的可扩展标记语言（Extensible Markup Language, XML）是一种语法格式规范，这种格式规范包含了数据及数据的说明，将数据和数据的说明（too young 数据在说明年龄）放在了一起，其中数据的说明部分被称为元数据，在 XML 中元数据又被称为标识符。

XML 有自己的语法，即一系列表达数据和元数据的规则。每个数据值都有一个开始标签和结束标签，XML 标签特征是封闭的尖括号"<>"和结束符"/"，如：

```
<person age="too young" experience="too simple" result="sometimes naive" />
```

鉴于元数据和数据之间的关系，可以把每个元数据和数据看作一个微型数据库，用来合并来自同一个 XML 文件的相关元数据和数据，也可以合并来自其他 XML 文件的相关元数据和数据。在所有的数据都和元数据配对后，将数据输入到电子表格就相对容易，表格的行头对应元数据标签，表格的单元格对应数据值，表格的行数即为条数。

只有 XML 标签格式正确的文件才能被称为 XML 文档，以下是合格 XML 文档的特征：

（1）文档必须有合格的 XML 标题，标题有所不同，但一般都是 <?xmlversion="1.0" ?>。

（2）XML 文件是 ASCII 文件，由标准键盘字母构成的字符串组成。

（3）XML 文件里的标签必须符合组合规则，例如标签不含空格，标签区分大小写等。

（4）标签必须正确嵌套，不能交叉。例如：

正确：`<chapter><chapter_title>Introspection</chapter_title></chapter>`

错误：`<chapter><chapter_title>Introspection</chapter></chapter_title>`

如果 XML 文件不完整，Web 浏览器便不会出现预期的页面。

XML 文件的真实结构由一个 XML 模式文件来确定。XML 模式文件列出所有标签，通过模式文件确定 XML 文件结构，一个有效的 XML 文件符合 XML 模式定义的结构和文本规则。

XML 的优点是，具有相同 XML 模式的 XML 文件将包含相同标签描述的数据，可以很方便地进行文件间的数据整合。XML 的缺点也很明显，即 XML 描述了数据，但没有说明数据所属的对象。RDF 弥补了这一个缺点，RDF 设计了一种改进的 XML 语言，使得每个数据 / 元数据被分配到某一个数据对象中。

7.4.3　三元组的概念

元数据赋予了数据结构，但没有解释数据值与元数据组合起来的含义，例如：

<height_in_cm>176</height_in_cm>，这里无法确定 176 是否在表示某人的高度，这个元数据 / 数据对看起来没有任何意义。

在信息学中，meaning 是描述数据时绑定到数据对象的唯一标识符。例如“张三身高 176cm”。这句话是有意义的，因为有数据（176cm），有描述（身高），有唯一的人（张三）。

在大数据中，为了给数据对象创建有意义的声明，需要有一个唯一的标识符来标识张三（有唯一的对象），还需确保元数据是有意义的（有描述），并且数据值是合理的（176cm 是正常人的身高的数字）。具体来讲，所有有意义的声明都是由已标识的数据对象、数据值和元数据组成的三元素列表来表达。例如：

```
<Zhang_San><height_in_cm><176cm>，这种三元素声明就是“三元组”。
```

若在一个电子表格中，表格中是数据值，每一个单元都有一个元数据（列标题）和一个主题（行标识符），那么电子表格可以拆开重新组合为一系列三元组（称为三元组库），在数量上等同于包含在原始表格的单元数。每个三元组的组成都有以下几点：

```
<行标识符><列标题><单元格内容>
```

同样，任何关系数据库，无论包含多少关系表，都可以分解成一个三元组库。关系表的主键将对应于三元组的标识符，并同列标题和单元格内容组成一个三元组。

三元组库可以用作本体数据库，或看作一个较大的关系表。三元组的优势是每一个声明都有含义（meaning），每一个声明都是自我描述的，任何三元组都可以与其他三元组聚合。

7.4.4　命名空间和有意义的三元组声明

命名空间是元数据标签适用的元数据域。命名空间用来区分名称相同但是含义不同的元数据标签。例如，在一个 XML 文件中，元数据“date”可以用来表示一个日历日期、一种水果或一项约会。为了避免混淆，给元数据一个前缀使之与定义该元数据的 Web 文件相关联。例如，XML 页面可能包含三种与“date”有关的数值，以及它们的元数据描述符：

```
<calendar:date>June 16,1904</calendar:date>      // 日期
<agriculture:date>Hawthorn</agriculture:date>    // 海枣
<social:date>Pyramus and Thisbe<social:date>     // 人员
```

在 XML 文档的最高层里找到一个列表，列出三个位置（即 Web 地址），每个位置都描述了 XML 页面使用的命名空间。在上述的例子中会分别给“calendar:”“agriculture:”和

"social:"相应的命名空间。

数据的每个描述都必须提供一个唯一的命名空间。大数据资源里的单个数据，可以借助命名空间与"对象 - 元数据 - 数据"的三元组声明关联起来，确保数据对象的声明准确传达，并且在不同大数据资源中的三元组可以合并，同时保留原本的含义。

例如，两个数据资源进行合并时，数据三元组的声明：

```
Big Data resource 1
29847575938125 calendar:date   February 4,1986
83654560466294 calendar:date   June 16,1904

Big Data resource 2
57839109275632 social:date  Jack and Jill
83654560466294 social:date  Pyramus and Thisbe

Merged Big Data resource 1+2
29847575938125 calendar:date    February 4,1986
57839109275632 social:date  Jack and Jill
83654560466294 social:date  Pyramus and Thisbe
83654560466294 calendar:date    June 16,1904
```

标识为 83654560466294 的对象在两个资源中借着"date"元数据标签关联到一起。当两个资源合并后，元数据标签的意义通过所附的命名空间进行传达（即 social: 和 calendar:）。

7.4.5 资源描述框架 RDF 下的三元组

要想用三元组表达数据，需要使用一个标准的语法和句法。RDF 的语法可以用来表述三元组。以下是 RDF 的特征：

（1）用 RDF 语法可以表达任意一种三元组，即可以构造 RDF 语句。

（2）RDF 语句可以分配给唯一的、标记的和定义好的对象类。

（3）使用相同的、公开的 RDF 模式和命名空间文件来描述数据，可以实现大数据资源的整合，大数据资源将由 Web 格式转换成 RDF 格式。

下面将对 RDF 的这三个特征进行简要分析。首先，考虑以下三元组：

```
pubmed:8718907, creator, Bill Moore
```

每个三元组均由标识符，元数据和数值按照顺序构成。在 RDF 句法里元数据的左边是三元组的起始标签，右边是三元组的结束标签，即 <rdf:description> 标记着起点，</rdf:description> 标记结束；标识符是 <rdf:description> 标签的一个属性，由 rdf:about 标签描述，表示三元组的主语。另外还有元数据标识符，对应于 <creator>，数值为"Bill Moore"。

```
<rdf:description rdf:about="urn:pubmed:8718907">
<creator>Bill Moore</creator>
</rdf:description>
```

上面就是 RDF 语法格式下的三元组，这个 RDF 语句说明了 Bill Moore 写了一份手稿，标识为检索系统编号 8718907（检索系统编号是分配给特定期刊文章的唯一标识符）。

可以用另一个三元组来表示 Bill Moore 的这份手稿的标题：pubmed:8718907, title, “A prototype Internet autopsy database. 1625 consecutive fetal and neonatal autopsy facesheets spanning 20 years.” 同样使用 RDF 语法进行表示：

```
    <rdf:description rdf:about="urn:pubmed:8718907">
    <title>A prototype Internet autopsy database.1625 consecutive fetal and
neonatal autopsy facesheets spanning 20 years</title>
    </rdf:description>
```

对于同一个对象的 RDF 三元组，可以进行嵌套：

```
    <rdf:description rdf:about="urn:pubmed:8718907">
    <author>Bill Moore</author>
    <title>A prototype Internet autopsy database.1625 consecutive fetal and
neonatal autopsy facesheets spanning 20 years</title>
    </rdf:description>
```

即检索系统检索到编号为 8718907 的手稿确认是由 Bill Moore 写的（第一个三元组），并且手稿的标题是 “A prototype Internet autopsy database. 1625 consecutive fetal and neonatal autopsy facesheets spanning 20 years.”（第二个三元组）。

要明确这个元数据标签 <title> 指的是手稿的标题，而不是指某人的头衔，可以在这个元数据上附加命名空间（dc），“dc:” 是地址为 “http://dublincore.org/documents/2012/06/14/dces/” 的 Dublin core 元数据集。如下所示：

```
    <rdf:description rdf:about="urn:pubmed:8718907">
    <dc:creator>BillMoore</dc:creator>
    <dc:title>A prototype Internet autopsy database.1625 consecutive fetal and
neonatal autopsy facesheets spanning 20 years</dc:title>
    </rdf:description>
```

Dublin core 是一组元数据集，用 Dublin core 元素对电子文档进行批注是非常有效的。常见的 Dublin core 元数据属性包括：

contributor——创建资源的实体

coverage——资源应用的范围

date——资源生存周期中的一些重大日期

format——格式

identifier——资源的唯一标识

language——资源的语言类型

publisher——正式发布资源的实体

relation——与其他资源的索引关系，用标识系统来标引参考的相关资源

rights——使用资源的权限信息

source——资源的来源

subject——资源的主体内容

title——资源的标题

type——资源所属类别

资源描述框架 RDF 是 Web 语义分析框架。RDF 的对象标识系统通常用来描述 Web 网址，一般采用统一资源名称（Uniform Resource Name，URN）来实现地址标识。在许多情况下，Web 的三元组对象是一个 Web 网址；在其他情况中，URN 是一个标识符，如上述例子中的检索系统编号，需要为三元组对象的“about”内容附加上“urn:”前缀：

```
<rdf:description rdf:about="urn:pubmed:8718907">
```

下面再创建一个主体是一个实际 Web 地址的 RDF 三元组：

```
<rdf:Description rdf:about="https://www.baidu.com/">
<dc:title> 百度一下，你就知道 </dc:title>
</rdf:Description>
```

这个三元组的对象由 Web 地址“https://www.baidu.com/”唯一标识，Web 页面的标题是“百度一下，你就知道”。

前面已经介绍了资源描述框架 RDF 模式。这个模式就是一个包含了类和数据的定义的文档。这些类和属性可以与其他文件进行链接。

如果每个人都对数据对象归类，并使用同一套 RDF 模式来定义自己的类，那么 Web 将成为一个世界性的大数据资源，这是万维网联盟 W3C 推广语义 Web 概念背后的原理。在接下来的几十年里，语义 Web 受益于三元组整合，将会发展成新信息时代的中坚力量。由简单三元组形成的庞大数据库，即三元组库，会在大数据世界中占据重要位置。

案例 7.2 时间戳。

时间戳是某个事件发生时间的数据值，可以表示为日期标准时间。时间戳是数据值，应该属于元数据。下面给出的三元组可以说明如何应用时间戳。

```
882773 is_a "patient"
882773 has_a 73002548367
73002548367 is_a "lab test"
73002548367 GMT_accession_time "2023-6-28 01:01:36"
73002548367 GMT_validation_time "2023-6-28 01:10:42"
```

这些三元组表示，有一个标识为 882773 的患者进行了一项标识为 73002548367 的测试，该测试在标准时间 2023-6-28 01:01:36 开始执行，在标准时间 2023-6-28 01:10:42 结束。这里的两个时间戳由计算机的小程序将内部测试时间转化为时间生成。

时间戳可以被篡改。多数情况下，通过查看原数据记录时间格式，然后用另一个日期和时间进行替换，便可以篡改某个文件或数据集的记录时间；另外用户通过对系统的日期和时间重新设置也可以对电脑系统自动记录的时间进行篡改。因此严格的数据管理需要制定一个可信的时间戳协议，通过这个协议可以验证时间戳是否正常。

以下是对可信时间戳协议工作方式的描述。假设管理人员创建了一条消息，并需要记录该消息发生时间。管理人员为该消息构建了一个单向哈希序列并发送给当地报社，要求报社在当天晚上的报纸上刊登出来。如果有人质疑消息日期是否真实存在，可以通过构建消息日期单向哈希序列，将其与刊登在报纸上的序列进行比较。

如今，报纸很少使用可信时间戳协议。某个时间权威机构会接收单向哈希函数值，并为其附加一个时间，然后对这个单向哈希函数值和所附属时间的消息进行私钥加密作为权威时间，任何收到这个加密消息的人都可以使用机构提供的公钥解密，解密的消息将包括单向哈希函数值以及该机构接收文件的时间。

7.4.6　映射

映射是通过内省获得的信息来进行自我修正的一种编程技术。例如某个计算机程序可遍历数据对象集合，检查集合中每个对象的自我描述信息（即对象内省），通过描述信息决定如何运行程序。如描述信息表明数据对象属于某一特定类，程序则会调用适用于该类的方法。内省是构建良好的大数据资源的一种属性，映射是应用内省的一种技术。

7.4.7　总结

内省指的是数据对象描述本身的能力。在实际应用中，数据分析人员应当能够确定每个数据对象的数据内容、每个数据元素的描述符、数据对象的标识符、数据对象的类分配、类属性以及与分配给数据对象类相关的类名称和属性。

将对象、元数据和数据值进行绑定，形成三元组，可以使得数据具有意义。例如，pubmed: 8718907（对象），creator（元数据），Bill Moore（数据）。

通过在元数据上附加前缀来对元数据标签进行定义，前缀连接了含有元数据标签定义的命名空间。如果每个人用相同的命名空间作为元数据标签的前缀，则可以实现多文档之间元数据和数据的整合。

应当给每个数据对象分配唯一标识符，标识符是一个由数字字母组成的序列，与数据对象一一对应。如果多个大数据资源中均有标识符记录，且元数据 / 数据标签来自于相同的命名空间，则所有资源的数据对象都可进行合并。

资源描述框架是一种形式语法，通过使用这种语法，三元组可以表达数据。三元组的对象可以分配到 RDF 模式定义的对象类中，并与 RDF 三元组文件相关联。当数据对象分配给类时，数据分析师可以发现新的类成员之间的关系和关联类之间的关系，如祖先类和后代类、超类和子类之间的关系。RDF 三元组的 RDF 模式提供了一种支持内省机制的语义结构。

当使用统一模式对大数据进行标识，描述数据之间的关联性，并建立必要的注释后，就为后续大数据的管理和分析做好准备，并最终从大数据中提取出见解和价值。

第8章 大数据管理

8.1 数据集成和软件互操作性

8.1.1 数据集成的标准

一份书信通常的标准格式为：开头是日期，然后是收信人姓名和通信地址，随后是称呼，后面是信件的正文，最后是结束语，并在下一行写上发信人的姓名和地址。任何人通过书信的标准格式就可以识别信件是来自哪里。但与信件不同的是，笔记不需要遵循标准的格式。人们记笔记的方式有无数种，但写信的格式只有一种，出现这样的差异是因为涉及自身和非自身的区别，写给自己的东西可以自由地完成，写给他人的东西则需要符合某种标准。

大数据收集并标注准备好之后，不同来源的大数据往往需要集成在一起才能挖掘出更有价值的见解。然而数据集成和用于数据管理和集成的软件进行相互操作时，也满足上述的规律，如果创建的数据仅仅是用来服务自己，则无需关注数据集成和软件互操作性；如果还需要满足其他人的要求，则需要遵循一定的标准。

最近几十年来，很多公司或组织都在使用大数据存储和管理系统，比如 Hadoop 的 HDFS，并为用户提供数据访问接口来实现数据的访问功能。如今，软件协议利用标准应用程序接口能够实现软件系统和网络中的数据交换。

在规模较小的数据项目中，一个单一的标准便可以支持数据交换。在一个大数据项目中，数据集成和系统的互操作性需要使用多个标准，数据符合每个标准的多个版本。在网络中，共享数据会涉及使用多个不同的交换协议。本章节阐述数据管理与标准的问题。

8.1.2 命名法的版权问题

在很多情况下，标准是由命名法组成的，命名法内的术语已被编码。例如美国统一医疗语言系统（UMLS），这个综合命名法含有 100 多种已被编码的不同术语，包括护理方面、癌症方面、兽医病理学方面、行政方面等。

统一医疗语言系统包含的命名法是由各种医疗组织所创建的，有些命名可以自由使用，有些则有产权限制，统一医疗语言系统的用户需要明确知道所使用的 100 多个命名术语的产权限制。例如一个术语的产权规定：术语仅限于内部使用，只能用于研究、产品开发和统计分析，但禁止在公开的网络上传播。

由上述案例可以看出，标准的使用会受到版权的限制，标准仅适合在一个机构中有效使用，并不适合在大数据源中使用，因为对于大数据源而言，数据注释需要被分发到世界各地的用户，并需要与其他大数据源进行共享。

在过去的十年间，数据的传播已经从根本上改变了科学的本质。当今，科学已经不再是由单个人在单一的实验室里进行研究，今天的科学是在科研机构和拥有完备数据集的数据共享下进行的，科学的所有数据将免费提供给公众，而这恰恰和命名法的限制许可相悖。

因此，应将大数据集成标准中的所有命名法都免费开放，放开标准命名的产权限制，只有这样才能推动标准更快地融入数据共享的时代。

8.1.3　标准的发展

当今，标准被认为是整合数据的唯一渠道，一个数据源和另一个数据源之间的任何交换都依赖于数据标准。若标准可以按预期建立，便可以支持异构系统间的数据交换，既涉及那些具有不同数据规模、不同软件、不等价的数据类型的数据库之间的数据交换，也会涉及人和数据库之间或软件代理和机械设备之间的信息传输。但标准的问题在于数据标准版本变动频繁、标准的知识产权障碍、标准随着时间的推移越来越复杂，这些都给数据管理带来困难。

标准今后将如何发展受到越来越多人的关注。在信息科学领域，信息科学的快速增长造成了标准的多样性，随着该领域的日益成熟将出现标准过滤的过程，低质量的标准会被高质量的标准所替代，最后会形成一个稳定的标准。但是标准过滤进展缓慢，各种迹象表明，标准的数量在持续增加，新标准无法达到它们的预期目标，并且早期标准的新版本越来越复杂，作用和旧版本的标准相比反而变小。

未来无法预测，目前的情况是，一些科学、经济、法律等社会力量正在推动大众去创造更多的低质量的标准。以下是标准质量越来越差的原因。

（1）缺乏限制新标准出现的社会力量。当今存在大量的制定标准的组织，这些组织被称为标准开发组织。例如国际标准化组织（ISO）和国际电工委员会（IEC）等。

除了标准开发组织外，还有一些独立的群体创建自己的标准，不遵循先前的标准。这些群体为其成员或个人的私人活动开发标准。这些独立群体创建的标准数量非常庞大。

除了标准开发组织和独立群体之外，还有事实上的标准，这些标准被建立并且快速得到普及，例如 C 程序设计语言、PDF 文件和微软的 DOC 文档等，这些非官方的标准具有很大的影响力。

（2）标准创建的难度较低。一个人可以在一个月之内开发出一个标准，与标准的创建相比标准的推广成本更高，因为标准的推广需要让委员会成员或者用户社区理解、认可、支持和使用。

（3）标准是高利润的，有许多潜在的收入来源。当数据表示没有行业标准时，每个供应商都可以建立自己的专有的数据模型和格式，从而不同客户的数据格式由不同的供应商所决定，系统升级由原供应商完成。因此，建立全行业标准对于客户摆脱原系统锁定十分重要。

但是供应商可以决定行业标准，供应商通过向标准委员会专家提供专家费用，来实现建立标准、审核标准、推广标准。此外，标准委员会也依赖于供应商的资金去处理标准。

由于标准是由供应商来决定的，因此，供应商会通过建立标准使自己受益。例如在某些情况中，标准委员会的成员故意将专利片段插入到标准中，当标准被发布并且开始在不同的供应商系统中实施时，专利权人开始对标准中隐藏的专利维权。在这种情况下，所有实施标准的供应商需要为专利付费。标准中隐藏知识产权的做法被称为专利养殖或专利伏击。标准委员会一般会采取措施减少专利的“养殖”。通过标准委员会的所有成员签署协议，进而避免某个公司的专利要求。但某些公司也会绕过协议从而获利，这些公司将专利卖给第三方，第三方成为专利持有公司，进而对标准进行专利主张。这些公司通过售卖专利但是不违反协议的方式从标准中获益。

（4）每个人都想建立自己的标准，拥有自己的标准是身份的象征。

在过去，标准用于创建数据的均一性；在未来，标准一定是用于服务大数据，发现异构数据源之间的关系。在过去的半个多世纪中，一个标准的制定是为了确保每个人创建的特定类型的对象都将以相同的方式工作，这样对象就可以比较和分类。例如死亡证明的国际标准，每个证明都包含着相同的信息，这些证明都有相同的格式，文件布局也是相同的，这些限制是为了方便比较全球各地的死亡证明。但这个布局方法已经过时，与大数据资源中标准所要求的目标差距较大。在大数据领域里，出台一个标准的目的不是用来比较同类文档，使用标准的目的是使数据分析人员可以综合比较分析不同文档中关于某类研究对象的不同信息。例如死亡证明中的疾病列表包含死亡的主要原因和导致死亡的主要疾病，在另一个医院信息系统的数据库列着患者的各种疾病，通过比较死亡证明数据库和医院信息系统的数据，可能发现高死亡风险的疾病；通过比较特定疾病和死亡关联的平均年龄，可以预测哪些疾病在治疗时可能导致死亡。

8.1.4 标准与规范

在信息学文献中，标准和规范这两个术语可以互换使用，但两者之间存在本质的区别。标准是一组规则，告诉使用者如何描述所需的信息集，对于给定的主题，标准告诉内容必须如何组织，从上到下必须包含什么内容，以及内容如何表示。一个标准要想获得价值，通常需要被标准的认证机构批准。规范是描述对象的通用方法，规范不强制要求包含特定类型的信息和文档中的数据按照特定的顺序排列。规范一般不由标准组织认证，其合法性取决于规范的知名度。

标准的优势在于它强调统一性，其缺点是缺乏灵活并且会阻碍创新。规范的优势在于高度灵活性，其缺点是其灵活性会导致设计者忽略一些对象所需的信息。在实践中，如果每个人都理解并实施规范，且在充分实现功能及与其他系统的互操作性过程中不出现纰漏，那么规范就达到预期目的。

标准和规范都会面临以下问题：

（1）标准和规范都会出现版本的更迭，且新版本和旧版本可能不兼容。例如，python2.x 和 python3.x 在语法上有所不同。

（2）标准和规范可能会过于复杂。复杂的标准或规范很容易超出人们的理解，对于数据管理人员来说，复杂的标准和规范就难以在大数据资源中应用。

（3）可供选择的规范和标准较多。大数据管理人员想符合行业的标准，但大数据同一时间有不同的目的，必须遵循许多不同的标准。

标准创建后遵循达尔文的生存法则。标准委员会希望其创建的标准是数据领域的唯一标准，如果存在其他的标准，则会用强迫手段迫使每个人都使用他们的标准。

以下对标准的处理措施有助于数据管理：

（1）将标准文档分解成一个组织好的数据对象的集合，这样便能与其他数据对象集合进行集成或者被插入一个更好的数据模型中。

（2）避免将标准作为数据资源的对象模型。应采用简单灵活的格式进行数据建模，当有需要时将其套入选定的标准。

（3）充分理解所使用的标准。阅读许可协议，寻求法务人员的帮助。

（4）使用开源或公共领域的标准。

8.1.5　版本更迭问题

在科学技术的各个领域命名法不断更新，比如每年医学主题词会有一个更新的版本，一些命名法会根据版本命名。命名法的新版本不是旧版本的简单扩展，除了删除旧版本的术语增加新的术语外，还会创建新的编码序列，名词之间的关系也会出现变化。改变一个命名法会产生连锁反应，例如当改变真菌的名称时，必须改变疾病的名称。当感染一种名为“波氏霉样真菌”的真菌后，会得一种名为“波氏霉样真菌病”的疾病。当真菌的名字改为“彼得利壳菌”时，疾病的名称改为“彼得利壳真菌病”。

从上述的案例中可以看到，当真菌命名法发生改变时，对应的疾病名称也必须做出改变，这种改变可能需要耗时几十年的时间，在此期间可能会出现更新的版本。因此，对于规范和标准需要进行版本控制。

前面讨论了本体和分类，从版本控制角度来说，分类比本体更加适用，因为在分类中，每个类被严格控制只有一个父类，所以分类的层次树是简单明了的，当一个类需要在分类树中重新定位时，移动这个类到树的另一个节点是相对容易的，因此可以用这种方法不断对数据进行分类。

8.1.6　合规问题

当涉及复杂的标准时，符合标准十分困难，违规成为常态。

违规是由于现代标准的不稳定性引起的，由于标准本身可能有复杂性的缺陷，所以当技术发展的速度超过建立的标准时，可能无法在标准范围内充分模拟企业所有的数据和过程。

同时，较小的企业也没有足够的人手及时了解一个复杂标准的每一个变化，对于大型企业来说，如果其产品运作良好，那么其可能会在利润最佳的情况下容忍一定程度的违规。对于供应商来说，如果其产品能够提供高水平的功能，那么供应商会在损害标准的前提下锁定客户。

在一般情况下，符合规范比符合标准要更加容易，并且确定一个文件是否符合规范是相对容易的，若在满足规范前提下，可以充分实现功能和其他系统的互操作性，则符合规范是一个很好的选择。

8.1.7　大数据资源接口

为了满足数据访问，数据资源会设计能为用户提供数据服务的接口，不需要用户重新学习一套新的查询技术。

大数据资源的接口通常有如下类型。

1. 直接的用户界面

这类接口允许个人提供简单的查询，通常建立一个小范围内的选择，产生一个可视化展示与管理的简短输出。例如百度，在查询时，用户无法知道什么信息被排除在索引资源外，或者精确搜索是如何进行的，并且其输出结果通常不是精确的结果。对于实际的查询，它仅限于用户将单词和短语输入搜索框。

2. 程序员或软件接口

开发人员可以使用开放给公众的标准命令和说明链接到服务并与服务进行交互。通常用于描述这些接口的术语是应用程序编程接口（Application Programming Interface，API），例如百度是一家可提供API服务的公司，Web开发人员可以使用百度API链接到百度特定产品相关的信息。

3. 自主代理接口

它们是植入到计算机通信网络并携带查询的程序，程序包含了通信和接口协议，使它能够查询各种数据库。根据接收到的信息，自主代理可继续查询另一个数据库或修改其第一个数据库的查询。从某种意义上可以看作是软件程序将查询结果返回到客户端。网络爬虫可以看作是自主软件代理的典型例子，通过使用一个接口访问服务器，导出内容清单，并基于链接网页上列出的地址访问其他服务器，再根据这些信息进行内容收集。一个大数据资源开放接口，可以根据相关兼容的通信协议给其他应用程序提供服务。开放系统接口会面临一些风险，开放多个接口给多个代理服务系统，会造成接口系统实现困难、实现结果不能预先测试、实现过程不可控制等问题。

8.2 不变性和永恒性

案例8.1 医疗纠纷中的大数据不变性

这是一个关于大数据不变性的案例。某一个病理专家在一家医院工作，该医院安装了新的信息系统。周二，他发布了某一病人的手术活检报告，该报告的诊断结果是肝癌。周五上午，其他专家看过这份报告并会诊后得出结果不是癌症。于是这个病理专家将诊断结果修改为良性，计算机里存储的最终报告是修改后的报告。

然而，病人的主管医生在周三阅读了周二不正确的诊断报告，并根据该诊断进行了手术，将患者的肝脏进行了切除，做完手术之后医生和病人于周五之后得知肝部的病不是癌症，于是该病人状告了医生、病理专家及其所属医院。

病理专家认为已经将错误的报告进行了删除，并且病人家属无法取证，在法庭上辩称自己的报告是正确的，事故发生与自己无关。而病人的律师通过其他渠道拿到了之前的错误报告，最终医院承认没有做好足够的防范措施，进行了高额赔偿。

大数据资源最重要的特点是不变性，即数据是永恒的且不能改变。可以新增数据，但无法修改数据，更无法抹掉数据。对于大多数人来说大数据的不变性不易被理解。例如如果在周一病人的葡萄糖值是100，周二葡萄糖值达到115，这说明他的血糖水平发生了变化。然而，该患者周一的葡萄糖值这个数据将会一直是 100，虽然病人周二的葡萄糖值发生了改变，但是周二之前已经存在的葡萄糖值是不会改变的。这一案例说明大数据的不变性与人们对于事情的直观理解存在较大的偏差。

8.2.1　标识符和不变性

1．标识符

大数据的标识符具有不变性。比如对人的个体而言，标识符相当于人的姓，一个人结婚后可能改变名字，但不会改变姓，见表 8-1。

表 8-1　关于 Karen 的标识符列表

标识符	元数据标签	数据对象
18843056488	is_a	Patient
18843056488	has_a	maiden_name
18843056488	has_a	married_name
9937564783	is_a	maiden_name
4401835284	is_a	married_name
18843056488	maiden_name	Karen Sally Smith
18843056488	married_name	Karen Sally Smythe

表 8-1 中有一个名为 Karen Sally Smith 的女士，她有一个唯一的且永不改变的标识符是“18843056488”，病历中的各种元数据和数据对象都与她的唯一标识符相关联。上述信息说明，Karen 是一个病人，且有一个婚前的名字和一个婚后的名字；与 Karen 相关联的两个元数据标签是“maiden_name”和“married_name”，这两个短语同时也是数据对象。因此，为了区分对象必须提供唯一的、永不改变的标识符。

每个对象的元数据标识符都是唯一的，但每个元数据标识符可以被应用到许多其他的数据对象。例如，“maiden_name”和“married_name”这两个标签可与两个不同的患者对象相关联（标识符为 18843056488、73994611839 的病人），见表 8-2。

表 8-2　关于 Karen 和 Barbara 的标识符列表

标识符	元数据标签	数据对象
9937564783	is_a	maiden_name
4401835284	is_a	married_name
18843056488	is_a	Patient
18843056488	has_a	maiden_name
18843056488	has_a	married_name
18843056488	maiden_name	Karen Sally Smith
18843056488	married_name	Karen Sally Smythe
73994611839	is_a	Patient
73994611839	has_a	maiden_name

续表

标识符	元数据标签	数据对象
73994611839	has_a	married_name
73994611839	maiden_name	Barbara Hay Wire
73994611839	married_name	Barbara Haywire

患者在一生中可能拥有过很多个名字，但是在大数据资源中需要有一种方法用于存储和描述他们的名字，并且这个方法可以将其与患者的唯一标识符相关联。

2. 不变性

从上面提到的医疗纠纷案例得知，不能简单地用一份报告替代另一份报告，当产生新的报告，不能让信息系统销毁或替换前面的报告，而是创建一个类似的新报告。如果需要更进一步的预防措施，可以通过创建早期报告的链接进行标识查找。

关于此案例的另一种解决方案是，病理学家通过信息系统向原始报告中添加补充文本，补充文本的内容包括澄清最初诊断是不正确的，并解释最新的诊断才是最后的诊断结果，还需要将最新的诊断结果通知到每一个参与病人护理工作的人员。所有的报告（包括新增加的报告）必须得到授权并添加具体日期，同时需要病理学家的电子签名认证，原始报告中的每个字都不能修改。

大数据资源的内容是不断变化的，变化的主要原因是加入了新数据，而不是删除或修改数据。在大数据资源中，删除数据有很多负面影响，为避免有负面影响的问题发生，可以采用数据的验证和时间戳等方式避免。所有大数据资源必须能够被验证，确保其遵循一系列与大数据相关的协议。如果数据满足预期目的且可重复，那么数据资源就可以被验证。数据的变化会造成原有数据验证工作的浪费。时间戳是数据对象的另一个组成部分，必须知道事件发生的确切时间否则事件将没有意义，由于一个事件不可能在两个不同的时间发生，因而时间戳是唯一的、不可变的数据对象。

大数据是永恒的，大数据管理者必须学会在不改变原始内容的情况下修改数据。

8.2.2　数据对象的操作

在小数据时代处理数据值，通常是对存储在电子表格或简单的数据库中的数据项（例如，电子表格中的一行）分配一系列的值，其中电子表格或数据库中的值是数字、字符串等确定类型的值。但在大数据时代中，由于数据的格式太复杂和多样化，所以以上处理数据值的方法并不适用。

在大数据中，需要考虑数据对象的描述和操作方式。例如一个数据对象包含一个或多个值，每个值用描述符（元数据）进行注释。每个数据对象会被分配一个唯一的标识符，方便与其他对象相区分。数据对象会被分配给一个或多个类，并继承每个所分配的类的属性。更重要的是，数据对象还包括创建这些附加信息的附加数据和次数。

如前所述，通过大数据的内省机制，可以对数据对象进行注释和组织，提供了查询大数据中每个数据对象的属性和方法的方式。通过内省，用户还可以查看所有数据对象所拥有的值和创建数据对象的次数等信息。如果数据对象的值被元数据充分描述，比如包含时间戳和版本信息，那么就可以确定数据对象中是否存在已过时的值。

在实际应用中，有许多方法可以创建和查询数据对象，但是最容易的方法是发现和使用隐藏在数据对象后的统一原则。下面考虑一个计算机指令“x=5”。在大多数计算机语言中，这个指令的意思是把整数 5 赋给变量 x（即，分配 5 至 x）。对于计算机来说，x 没有实际含义，需要在计算机内存中创建一个空间来保存整数 5，把变量存储的地址称作指针，所有面向对象的语言都是基于指向数据的指针。通过使用指针，可以加载各种需要访问的信息，面向对象的语言与指针指向的对象相关联，并提供了多种访问数据对象的方法。

对于数据库而言，如果需要保留各种版本的数据对象，难度会比较大，一般通过创建描述数据对象的文档，并且跟踪这些文档的内容来完成数据的实时更新。

大数据资源的不变性由数据管理人员实现。理论上，这些功能都可以用简单的表进行模拟，表中每一行是一个唯一的数据对象。如果通过表可以访问每一个数据，则编写程序访问数据的方法可以同样应用于表格，并通过搜索每个记录来访问正确的数据值。

8.2.3　遗漏数据

大数据资源在建立的过程中，经常会忽视以前的数据，尤其是那些在大数据资源创建之前就已经存在的数据很容易被遗漏。

以专利为例，专利申请人通过搜索已有的专利数据，来确定专利内容的创新性，1970 年美国专利局由国会通过了第一个专利，但对于美国的专利大数据资源应包括在原始殖民地时期授予的专利，这些专利可以向上追溯到 1641 年。

大数据的创建者容易忽略遗漏数据，原因是遗漏数据的数据格式和当前数据格式不兼容，或所存储媒介上没有对数据进行适当的诠释，造成数据无法使用。

医疗保健行业是历史数据经常被遗漏的典型行业。例如有一位 92 岁的患者，从她出生到中年的时间里，曾经给予她治疗的医院都已经倒闭。在过去的 30 多年里，她在不同的医疗机构和医院的不同部门接受治疗，有些医院保留纸质记录，有些保留了电子记录，只有一家医院有一套综合医院信息系统。但是这家医院在 2018 年开发了一套新的电子健康记录系统，新的系统与之前的综合医院信息系统不兼容，造成旧记录无法转移到新系统中。因此，截至 2019 年，92 岁的患者只有一份电子病历，没有任何其他医疗机构的记录，没有任何实际有意义的医疗信息，她长达 92 年的医疗史几乎是空白的。

另外历史上许多遗漏数据有科学价值。最近发现的一条遗漏数据解释了导致泰坦尼克号沉没的原因，记录显示，在 1912 年的几个月前，月球、地球、太阳的排列产生强烈的潮汐引力，这些潮汐引力导致冰山在 4 个月后到达商业运输线上，刚好与泰坦尼克号相撞。

遗漏数据对于纠正当前记录的错误有重要的作用。如果知道数据的全部历史，包括数据最初如何收集，如何随着时间的推移被修改，就可以避免做出错误的结论。

8.2.4　预处理产生的数据

大数据预处理的过程通常是首先提取一组来自大数据资源的数据，对数据进行若干个周期的常见操作之后，比如数据清洗、数据降维、数据过滤、数据转换和定制数据标准，会产生一个新的数据集。

经过变换的新数据集不可以直接插回原来大数据集中，因为提取的数据集不是原始测量值的集合，不能被大数据资源的数据管理人员所验证。

每个创建新数据集的步骤都需要被仔细记录和说明，新产生的数据集不能直接合并到原来的大数据中，需要通过链接实现新旧数据集的合并，大数据资源可通过链接找到新产生的数据集。

8.2.5　跨机构数据集成

实现大数据不变性的最大障碍是不同机构之间数据记录的集成，当不同的机构需要合并数据时，通过查看标识符来确保数据不会丢失或弄错。跨机构数据集成是一个过程，需要确定保存在不同机构的大数据资源中哪些数据对象是相同的，如果搜索过程中发现数据对象相同，就可以将数据进行合并组合。

从实践的角度上来说，如果数据对象没有用于数据集成的标识符就不能从多个数据源接收数据并进行数据合并。例如统一的标识符对于医疗保健机构很重要，一些国家（如中国），为公民提供了在全国每一个医疗机构都能使用的个人医疗标识符（社保卡号），该标识符确保可以查询到病人在所有医院的医疗数据。

当需要考虑如何集成在不同机构的个人记录（如银行记录、医疗记录、信用卡信息等）时，如果不同机构的资源都使用相同的标识符，那么数据集成是比较简单的；如果不同机构出现标识系统不一致的情况，会造成不同系统的数据不能被合理整合，造成数据合并失败。

为了实现数据的跨机构数据集成，必须建立一个统一的标识符系统。如果两个机构有各自的标识符，那么这两个机构可以创建新标识符。例如假设每个机构都存储生物特征数据，那么这些机构同意创建一个新的标识符系统来作为唯一标识，通过一些测试可以确定新标识符是否可以按规定工作。一旦测试完成，新的标识符可用于跨机构搜索。

8.2.6　零知识协议

跨机构对数据进行集成本身就比较困难，如果数据记录的结果再不能用于直接比较会更加困难，而且出错的概率会非常高。在这种情况下，由于在数据集成过程中不允许任何机构了解其他机构的具体数据内容，所以必须制定一个零知识协议，该协议在不传达有关记录知识（即具体数据内容）的情况下，实现机构之间的数据集成。

由于协议本身有点抽象，下面通过案例说明。例如两个人各自持有一个包含物品的箱子，并且双方都不知道对方盒子里的物品形状，如果想确定是否持有相同的物品，必须创造两个物品的印模，通过印模标记物体的表面特征；接下来对印模进行检查，确定两个印模的痕迹分布是否相同。如果相同，则两个箱子中的东西形状可被认为是相同的。零知识协议和以上这个印模的方法类似，任何一方可以通过零知识协议来确定物品是否相同。

数据记录可以通过零知识协议进行数据集成，但协议的实际执行很复杂，因为需要集成来自不同机构、不同遗漏数据的数据以及来自一个机构内的不同数据集的数据。

8.2.7　管理者的责任

数据管理者负责对大数据资源的不变性进行管理。对于大数据资源，管理者必须选择合适的标识符、本体和内省系统用来标注数据，当出现新版本的命名法、规范和标准时，要及时地补充数据和更新标注，如果不进行及时管理，大数据资源将会退化，难以被利用。

第9章 大数据分析

9.1 数据验证

当科学家在实验室进行小规模实验时，会使用不同的仪器交叉检查测试结果，并与其他实验室结果进行比较并重复测试，直至结果准确有效。然而，当科学家在实验过程中进行大数据资源信息提取时，由于数据太大、太复杂且无法重复，造成不能仔细核对每个测试值，测试结果会存在一定的偏差。所以在进行大数据分析时，必须制定一套新的战略和工具对分析结果进行验证，以确保数据的正确性。

9.1.1 计数问题

对于大部分的大数据项目，数据分析往往从计数开始，系统的计算错误会导致误导性的结果。下面介绍一些常见的计数问题。

大多数人认为简单计数是准确且可重复的，但是在处理某些特殊情况的时候，情况会变复杂。例如在对英文文本进行单词数量统计时，“de-identified” 本来是一个英文单词，但如果“-”算是一个分隔字符而不是单词的一部分时，对此的计数结果就是两个单词而不是一个单词。斜线比字符更难计算，例如如果斜杠是单词分隔符，那么需要将 Web 地址解析为单个的单词时，对 Web 地址采用不同标准进行计数，会出现不同的计数结果。

例如：www.science.com / stuff / neat_ stuff / super _neat _stuff / balloons.htm

（1）如果“.”和“_”字符被视为有效的单词分隔符，则 Web 地址可以被分解成 11 个单词：www、science、com、stuff、neat、stuff、super、neat、stuff、balloons 和 htm。

（2）如果用标准字典里存在的单词进行匹配，此时 Web 地址包含 8 个词：science、stuff、neat、stuff、super、neat、stuff 和 balloons。

（3）如果只用空格或标点符号（句号、逗号、冒号、分号、问号、感叹号、行尾字符）为分界符，此时 Web 地址为 1 个词。

（4）如果整个地址和字典的术语进行匹配，Web 地址会记为 0 个词。

在处理文本中出现的数字序列时，同样会造成单词计数错误，例如数字四以字母“IV”出现时，被记为一个单词，如果以阿拉伯数字“4”出现时，在单词计数时被忽略。此时文档中单词的数量取决于统计数字的方法。

采用不同的标准进行计数会造成简单的计算任务复杂化，尤其是在计数过程中掺杂了主观意见，会造成计数结果出现较大的偏差。如果在不同的时间采用不同的标准进行计数，计数结果的准确性会更差。

由于大数据有多个来源，每个来源都有不同的标注数据的方法，因此大数据容易发生计数错误。此外，大数据在添加新的数据和合并旧的数据过程中，计数标准会随时间变化，导致出现错误结果。下面给出一个当计数标准发生改变时计数结果发生变化的案例。

比奇角是一座位于英格兰的悬崖，它是著名的自杀跳崖点，自杀率一直很高。然而当政府改变统计方法后，比奇角的自杀率急剧下降。因为改变后的统计方法要求尸检结果酒精反应呈阴性，并且必须在悬崖底部发现尸体才算作自杀。统计方法改变后导致统计的自杀人数减少了一半。

9.1.2 否定问题

在处理大数据问题时，描述否定问题通常使用语言进行定性描述，无法采用确定数值进行定量描述，因此需要寻找方法来处理文本数据中包含的否定词。通常，找到文本中的否定词需要找到一个表示否定的短语（例如，不存在，不能找到，不能看见）。

句子中存在明显否定词的案例如下：

- 他不能发现黑洞存在的证据。
- 我们不能找到索赔的支持证据。
- 这种病毒感染不存在。
- 外星人不存在。
- 大脚怪不是足迹分析的证据。

以上例子可以很容易找出包含明显否定词的短语，当出现隐含否定词时，情况会变得复杂。

如下句子中包含隐含否定词，需要将句子改写为明显否定的句子：

- “要不是锡控制处理器，这颗卫星将失败。”——卫星没有失败。
- “我们可以排除浸润性癌的存在。”——浸润性癌不存在。
- “火箭发射失败。”——火箭并没有发射。
- “证人未能露面。”——证人没有出庭。
- “意外死亡被排除。”——不是意外死亡。

在大数据领域中，准备数据和使用数据前必须对数据有深刻理解，尤其在处理存在否定短语的数据时更应如此。

9.1.3 控制问题

在小数据中，“控制”的概念容易定义和理解。但“控制”的概念不严格适用于大数据，数据分析人员不能“控制”数据，只能理解并找到“失控”的数据。

在不同情况下对数据的控制和准备对于分析很重要，在可控制的研究中，每个系统都是可变的。大数据分析人员必须以某种方式对可变数据进行合理控制，这意味着必须深入研究数据准备工作中的细节，并且认识各种数据所表达的含义。

9.1.4 分析结果的实际意义

大数据具有统计意义，但不一定具有任何实际意义。例如假设有两个种群的人：A 种群和 B 种群，提出假设认为 A 种群中的成年男性身高高于 B 种群。若要检验假设的正确性，需要对这两个群体的随机抽样（100 例）进行测量。A 组的平均身高是 172.7 厘米，而 B 组的平均身高是 172.5 厘米，结果表明两个种群平均身高的差异不显著。

上述实验结果表明两组人的平均身高有 2 毫米差异，如果将样本数量继续增加，将 100 个样本增加到 100 万个样本，重新计算平均值和标准差。这一次得到的结果为 A 组的平均身高 172.65 厘米和 B 组的平均身高 172.51 厘米。当计算每个种群平均标准误差（标准偏差除以抽样人群中受试者数量的平方根）时，增加样本后由于除以 100 万的平方根（即 1000）的平均标准误差，比相对于第一次计算的除以 100 的平方根（即 10）的标准误差更小。但在这个案例中大数据的分析结果并没有太大的实际意义。

大数据爱好者倾向于推广大数据集，以解决小数据研究的统计能力有限和频繁的不可复制性等问题。一般来说，如果统计假设差异很大，可以在小数据项目中对其进行评估。如果差异太小而无法在小数据研究中确认，则统计分析可以通过增加样本量和减少方差从大数据研究中受益。尽管如此，最终结果可能没有实际意义，或者结果可能在小规模（即现实生活）环境中不可重复，或者可能由于持续存在偏差而无效，这些偏差在样本量增加时并未消除。

例如癌症研究人员正在转向大规模试验，以克服小规模研究的统计局限性。基因泰克公司、OSI 制药公司和罗氏制药公司出售的厄洛替尼已被美国食品和药物管理局批准用于治疗胰腺癌。它每月的成本约为 3500 美元，将提高平均 12 天的生存率。OSI 制药公司的首席执行官预测，到 2011 年，厄洛替尼的年销售额可能达到 20 亿美元。大规模临床试验使研究人员能够确定厄洛替尼延长了胰腺癌患者的生存期，但大数据并没有告诉我们平均 12 天的寿命延长是否能带来超过成本的实际效益。

分子生物学领域正在向高通量测试方向发展。这些自动进行的复杂的测试，为每个实验生成大量数据集，通常对给定的生物样本进行数千次测量。生物学领域的许多大数据都由从许多不同实验室收集的复杂多维的数据组成。过去十年的结果表明，这些测试结果可能难以或不可能在实验室之间复制，或者数据是可复制的，但没有生物学相关性，或者数据主要由随机数据值（即噪声）控制，没有分析益处。

9.1.5　数据审核、验证及再现性

如何知道大数据分析结果的含义以及它们是否正确？数据管理员通过三项密切相关的活动来处理这些问题：数据审核、数据验证和数据再现性。

数据审核是确保数据符合一组规范的过程。因此，这是一个预分析过程，即在分析数据之前对数据进行审查和分析。

数据验证是检查数据是否可以进行分析并达到其预期目标的过程。验证可以用来确定能否从数据的有效分析中得出正确结论。例如一个大数据资源可能包含地球和一颗向太阳移动的流星的位置、速度、方向和质量数据。数据可能符合测量、误差容限、数据类型和数据完整性的所有规范。对数据的有效分析表明，这颗流星将偏离 50 000 公里安全地经过地球，正负 10 000 公里。如果这颗流星撞向地球，摧毁了所有的地球生命，那么一个地外观察者可能会得出结论，这些数据是经过审核的，但没有得到验证。

数据再现性是指当执行测试时反复获得相同的测量值。数据再现性，即可重复性，可以保证不断验证可以反复得出相同的结论。再现性和验证都是后分析任务。

根据数据内容、准备方法和预期用途的不同，用于审核和验证数据以及显示结果可再现性的方法会有很大差异。记录这些过程的方法基本都类似。好的数据管理者将创建一个方案来审核资源中保存的数据，并对方案进行日期标注和签名。在大多数情况下，该方案将由一个团队或委员会分发和审查，每个审查者都应注明日期并签署批准。修改方案时，应为较新的方案分配一个新的版本号，并且每次修改都应重复相似的签名和注明日期过程。有能力的数据管理者将确保方案得到遵守，并且每个审核过程都有完整的文档记录。数据管理者应定期查看审核方案，以确定是否需要修订，并确定其他应采取的相关措施。如果采取了措施，则必须生成一份文件，详细说明所采取的措施和这些措施的结果，同时也必须包括参与和审核人员的日期和签名。验证方案和再现性方案也需要类似的过程。

随着时间推移，数据趋向于退化并且会出现以下情况：记录丢失或冗余、链接失效、失去标识符的独特性、缺失的数据数量增加、已命名术语变得过时、以不同标准编码的术语之间的可匹配性变差。随着人员的换岗、离职、退休或死亡，使支持大数据资源的机构的能力削减。所以随着大数据资源规模的增加，对输入数据的质量控制会越来越困难，对于数据管理人员的要求会越来越高。

9.2 大数据初步分析

令人震惊的事实是，大多数大数据分析项目可以在没有统计或分析软件的帮助下完成。任何大数据源的很多价值都可以简单地通过观察数据并对之进行思考来实现。

人类的长期记忆容量在千兆字节范围内，大脑每天要处理成千上万的想法，人们以多种感官（视觉、听觉、嗅觉、味觉、本体感受）持续和快速地获得新信息，形成人类自身的大数据资源，这个资源是数量、速度和多样性的合成体。

科学家 Harold Gatty 是他所在时代大数据资源领域最杰出的人物之一。Harold Gatty 最著名的书是《如何在没有地图或者指南针的情况下寻找路》，在书中解释了如何通过仔细地观察和推测来确定自己的位置和方向。Gatty 的书中介绍了许多有用的知识，比如在北纬地区有一种树，它的树枝呈向上开放状，并且聚结指向树顶，像一个金字塔，它之所以会有这样的外观是因为这样可以方便捕捉侧光；在海上，天空中的海鸟数量可以通过纬度来估计，离赤道越远，海鸟数量就越多。热带地区海鸟的稀少是鱼类数量减少的结果；在高纬度的冷水中发现的鱼最多。

Gatty 的书包含了数百个有用的提示，与大数据有一定的联系。Harold Gatty 传授的知识是通过对自然界的仔细观察获得的，观测数据是由世界各地的人所收集到的。观测数据通过人类五种感官来获取数据，如从远处看到的雪在头顶云层上的独特反射，在绿洲上闻到骆驼群吃草的气味，听到呼喊声与其回声之间的间隔，尝到淡水的味道，身体对大风的感觉，这些感官数据存储在人类记忆中的大数据资源集合中。

本章节介绍在不使用统计软件包和不使用高级分析方法的情况下，如何对大数据资源进行初步分析。敏锐的观察力和受过训练的思维方式是从大数据资源中获得重要信息的工具。

9.2.1 观察数据

在筛选数据集和应用解析方法之前，需要观察研究原始数据，通常通过以下步骤实现。

1. 寻找免费的 ASCII 编辑器

当遇到大的 ASCII 格式的数据文件时，首先打开文件并查看内容。大多数文字处理器可以处理小文件（约 20MB），当出现大文件时（100 ～ 1000MB），需要使用专门用于处理大型 ASCII 文件的编辑器，Emacs 和 vi 是两个流行的免费编辑器，这两个编辑器目前支持 Linux、Windows 和 Macintosh 系统。在大多数计算机上，这些编辑器至少可以打开几百兆的 ASCII 格式文件。

还有一种更简单的方法，如果有一个 Unix 或 Windows 操作系统，可以使用“more”命令一次打开一个屏幕来阅读文本文件。例如在 Windows 系统中，在命令行中输入：type filename |more，然后就可以从文件的第一行开始，通过按 <Enter> 键来阅读整个文件。如：

```
c:\>type huge_file.txt |more
```

许多数据文件由行记录组成，文件中的每一行包含一个完整的记录，每个记录是一个数据项的序列，项与项之间用逗号、制表符或其他分隔符进行分隔。如果每一项有规定的大小，则可以通过上下键阅读文件同一列的不同行来比较不同记录同一项的值。

2. 下载并研究使用说明书

在过去的几十年中，大型数据集由子目录下的文件组合而成，可以通过 FTP（文件传输协议）部分或全部下载这些文件。一般主文件夹中会包含一个“使用说明书”文件，该文件解释了文件夹的目的、内容及其内容的组织方式。在文件较多的情况下，还会提供索引文件，该索引文件是一个列表，包括了不同文件的术语以及它们的位置。如果索引文件准备充分，则它们对数据分析会很有价值，花时间研究这些使用说明书可以获得隐藏的知识。

近些年，数据资源的规模和复杂性都在增长，大数据资源通常是多个大数据的集合，数据源被存放在多个服务器中。在整合过程中会出现新的接入协议，并且不断地被开发、测试、发布、更新和更换，这些协议及相关描述会被记录在说明文件中，因此，如果要更好地理解和处理大数据资源需要去阅读并理解这些“使用说明书”。

3. 评估大数据资源中的记录数目

数据管理员通常比较关注数据资源中的记录数目等相关信息，在许多情况下，记录的数量说明了资源的规模。如果总记录数量小于数据用户的预期数目，用户会考虑从其他数据源寻找数据。与数据用户不同的是，数据管理人员更关注未来的数据。

如果由于记录数目数字过大导致可信度遭到质疑或者会涉及企业敏感数据时，数据管理员将不会公开透露大数据资源中保存的记录的数目。例如中国约有百万家淘宝店铺，为 9.44 亿（近十亿）月活跃网络购物用户提供服务，如果将用户数量平均分配到每家店铺，那么每家店铺理论上将为百余人提供服务。实际上，消费者在网购时会在多家店铺浏览并购买商品，购物记录和用户评价会出现重叠现象，导致每家店铺可能会产生数万甚至上百万的交易记录数，数据量太大会导致用户对店铺的销售额和评价真实性产生怀疑。另外，电商平台通常不愿意提供全部的交易数据。

因此在大数据用户使用数据之前，需要确认数据资源中可用的记录数量以及数据内部的组织方式。

4. 确定数据对象如何识别和分类

标识符和分类符（数据对象所属的类的名称）是大数据信息中两个重要的组成部分，根据数据对象的标识符，可以收集所有与该对象相关的信息。如果不同数据源中存在相同标识符系统，也可以整合与同一个数据对象相关的所有数据。此外，可以通过整合相同类的数据对象来研究该类的所有成员，如下例所示：

```
大数据资源 1
75898039563441 姓名      张三
75898039563441 性别      男
大数据资源 2
75898039563441  年龄     35
75898039563441  类标签   男性
94590439540089  姓名     李四
94590439540089  类标签   男性
合并后的大数据资源 1+2
75898039563441 姓名      张三
75898039563441 性别      男
75898039563441 类标签    男性
75898039563441 年龄      35
94590439540089 姓名      李四
94590439540089 类标签    男性
```

上例中存在两个不同的数据源，将其中与标识符75898039563441相关的数据进行合并，从例子中可以得出，标识符为75898039563441和9490439540089这两个数据对象，是来自同一类的两个实例，通过分析信息可以得出关于类的相关定义。

通过使用一个标准的分类法或本体，实现对象的识别和分类，进而提高大数据资源的价值。一个敏锐的数据分析师能快速地判断出这些资源是否提供了重要特征。

5. 判断数据对象是否包含自我描述性信息

数据对象应该被具体描述，所有的值采用元数据进行描述，并且所使用的元数据需要被定义过，且元数据的定义文件需要有独特的名称和位置。数据应与描述如何获取和测量数据的方案说明相关联。

6. 评估数据是否是完整的、有代表性的

只有通过长时间仔细分析数据记录，才可以真正地理解数据。正如最好的音乐家花数千小时练习音乐，最好的数据分析师也需要投入数千小时来研究数据资源。数据分析师当然可以通过常规的分析过程来评估和总结数据，但想要从数据中得出有见地的观察结果就需要进行深思熟虑地研究。

海量的大数据资源有时会包含斑点数据，以下案例充分说明了这一点。例如某地区的电力公司拥有一个大型且完整的电力数据集，包括用电量、发电量、电网运行状态等信息，通过数据挖掘和大数据分析技术等可以整体掌握电力系统的运行情况和电网的供电状态，辅助管理人员进行电力调度和优化运行。然而，通过分析该数据集，发现缺少分布式

能源发电的数据。经调查，该地区的分布式能源发电具有独立的小型电力信息系统，且运行时间短、数量较少，电力公司长期集中于传统大型发电设备的电力数据采集，暂未考虑分布式能源发电情况。这导致实际电力数据集存在缺失，管理人员无法彻底地、全面地掌握该地区的电力数据。

人们经常忽略自己熟悉领域以外的东西，当某些信息被认为无关紧要或无实质意义时，会在大数据建设过程中漏掉这些相关信息。例如风力发电场的运营管理人员在预测发电量时需要分析影响风电场发电效率的因素，通常会考虑环境因素（湿度、温度、风力、气流等）、设备因素（机组风轮对风偏差、叶片捕获风能效率、机械部件磨损等）、技术因素（技术限制）等导致的弃风弃电量，但往往会忽视当地的鸟类迁徙数据。因为鸟类迁徙会影响风电发电机组周围的风速和风向，从而影响发电效率；同时风力机组为规避鸟类迁徙而降低运行速度，则会导致发电量下降。如果遗漏鸟类迁徙数据，则对风电机组发电效率的分析结果将与真实情况产生偏差，无法用于准确预测发电量。

通过以上案例可知，分析研究原始数据的完整性很重要，通过分析可以发现数据系统的数据不足或过剩，这往往是通过数学方法无法实现的。

7. 将数据绘成图

数据分析可以通过绘制图形描述数据，评估长期趋势、短期趋势和周期性趋势。数据分布的形状可以采用各种函数绘制，采用函数绘制数据的方法速度快、效率高。

许多优秀的数据可视化工具可实现图形绘制，例如常用的绘图工具 Matplotlib（其绘图库是用 Python 编程语言写的）和 Gnuplot（实用的绘图工具），这两个工具都是开放源代码的应用程序，可以在 sourceforge.net 获取。本书主要阐述如何使用 Gnuplot 来绘制图形，实现大数据的可视化。

获取 Gnuplot，可以访问其官方网站 www.gnuplot.info，选择所需的版本类型及版本号，跳转至 sourceforge.net 获取安装包。下载成功后双击 .exe 文件以启动安装程序，然后按照提示设置安装语言、安装路径、附带插件等即可完成安装。使用 Gnuplot 时，可以通过 Gnuplot 官方首页的“Demo gallery”可以查看不同类型的 2D 和 3D 绘图的完整示例代码，或者在安装目录下的 docs/gnuplot.pdf 文件中查阅详细的使用文档。同时，安装目录下的 demo 文件夹也提供了相对应的数据集资源。

Gnuplot 使用简单，Gnuplot 的命令可以作为独立脚本包含在其他系统中使用，也可以在操作系统的命令行和应用程序软件提供的命令行编辑器中使用。大多数类型的绘图工具可以用单个命令行创建。Gnuplot 有以下功能：

（1）可以使用非线性最小二乘（Marquardt-levenberg）算法来拟合数据曲线。

（2）为绘制的数据集提供其他特征量的统计（例如中值、平均值、标准差）。

Gnuplot 操作的数据往往来自于以制表符分隔的 ASCII 文件。从大数据资源中提取的数据要被移植到单独的 ASCII 文件中，列字段由制表符分隔，行由换行符分隔。一般在绘图之前对原始数据进行预处理，处理方式主要是采用某种编程语言对原始数据进行规范、移位、切换、转换、筛选、翻译或修改，处理完成后数据导出为以制表符分隔的文件，通常以 .dat 后缀命名。

Gnuplot 可以用于绘制基本的图形，如柱状图、折线图、点图、饼图等。例如有一组五列数据，放入到 data.dat 文件中，见表 9-1，使用 Gnuplot 绘制成图 9-1 的混合图表。

表 9-1　　　数据集 data.dat（23 行 ×5 列）

列 1	列 2	列 3	列 4	列 5	列 1	列 2	列 3	列 4	列 5
00	4.00	6	7.3	98.6	00	6.00	10	2.2	68.4
01	4.04	4	4.7	99.8	01	6.04	8	1.2	54.4
02	4.08	3	3.4	98.0	02	6.08	8	1.6	58.4
03	4.13	4	2.9	99.6	03	6.13	7	1.1	52.2
04	4.17	4	2.1	99.8	04	6.17	6	1.1	56.4
05	4.21	4	11.7	99.9	05	6.21	6	1.2	55.7
06	4.25	4	4.5	99.9	06	6.25	6	1.0	46.2
07	4.29	4	1.6	88.4	07	6.29	7	0.5	7.2
08	4.33	4	1.3	65.2	08	6.33	17	0.7	13.8
09	4.38	7	1.4	71.4	09	6.38	31	1.1	41.5
10	4.42	9	1.3	70.7	10	6.42	37	1.5	52.7
11	4.46	14	8.1	99.5	11	6.46	36	3.1	83.7
12	4.50	12	4.2	75.3	12	6.50	29	2.0	70.0
13	4.54	18	10.9	95.3	13	6.54	28	1.6	71.4
14	4.58	16	7.1	87.6	14	6.58	38	3.1	99.1
15	4.63	18	3.3	98.9	15	6.63	39	5.6	98.2
16	4.67	15	3.4	99.6	16	6.67	43	5.7	98.7
17	4.71	8	2.4	99.9	17	6.71	27	5.7	99.4
18	4.75	8	2.2	99.8	18	6.75	15	4.3	99.8
19	4.79	11	2.2	99.7	19	6.79	17	4.1	99.7
20	4.83	14	2.3	99.7	20	6.83	20	2.9	99.3
21	4.88	13	2.5	99.7	21	6.88	16	3.1	96.3
22	4.92	10	3.1	99.8	22	6.92	16	2.8	86.1
23	4.96	12	4.5	99.7	23	6.96	16	3.3	96.5
00	5.00	9	4.8	99.7	00	7.00	12	3.2	98.2
01	5.04	8	4.9	99.8	01	7.04	12	1.6	77.7
02	5.08	5	5.7	97.5	02	7.08	10	3.0	98.7
03	5.13	5	5.2	97.6	03	7.13	8	1.7	71.1
04	5.17	4	3.3	85.9	04	7.17	8	2.8	81.4
05	5.21	5	1.2	71.4	05	7.21	8	5.4	92.4
06	5.25	5	1.1	61.8	06	7.25	9	5.3	87.7
07	5.29	5	1.0	71.8	07	7.29	11	5.6	94.0
08	5.33	5	1.0	55.7	08	7.33	15	2.0	74.0
09	5.38	6	1.0	62.2	09	7.38	25	2.7	84.3
10	5.42	7	1.1	61.9	10	7.42	32	3.0	92.9
11	5.46	9	1.4	65.6	11	7.46	41	5.5	97.4
12	5.50	14	2.8	99.6	12	7.50	39	6.5	97.5
13	5.54	16	2.1	94.0	13	7.54	31	4.4	95.9
14	5.58	16	2.2	85.1	14	7.58	35	7.3	98.6
15	5.63	17	2.5	99.7	15	7.63	37	8.3	96.3
16	5.67	19	2.2	90.8	16	7.67	34	9.2	97.6
17	5.71	16	1.5	61.3	17	7.71	20	7.5	99.3
18	5.75	12	1.6	71.8	18	7.75	14	7.1	99.5
19	5.79	16	2.8	98.3	19	7.79	15	7.1	99.7
20	5.83	17	3.3	88.8	20	7.83	16	4.9	99.7
21	5.88	18	1.3	56.5	21	7.88	18	4.3	99.7
22	5.92	20	0.9	38.8	22	7.92	15	3.1	99.7
23	5.96	12	1.1	50.8	23	7.96	11	3.3	99.6

图 9-1 包含三个数据系列 A、B、C，x 轴范围为 4 到 8。A 系列使用第 2 列（x 值）和第 3 列（y 值），并以柱状的形式绘制；B 系列使用第 2 列（x 值）和第 4 列（y 值），并以点的形式绘制；C 系列使用第 2 列（x 值）和第 5 列（y 值），并以折线的形式绘制。绘图代码如下：

```
set xrange [4:8]
set key below
plot 'data.dat' using 2:3 title 'A' with impulses,\
'data.dat' using 2:4 t 'B' with points,\
'data.dat' using 2:5 t 'C' with lines
```

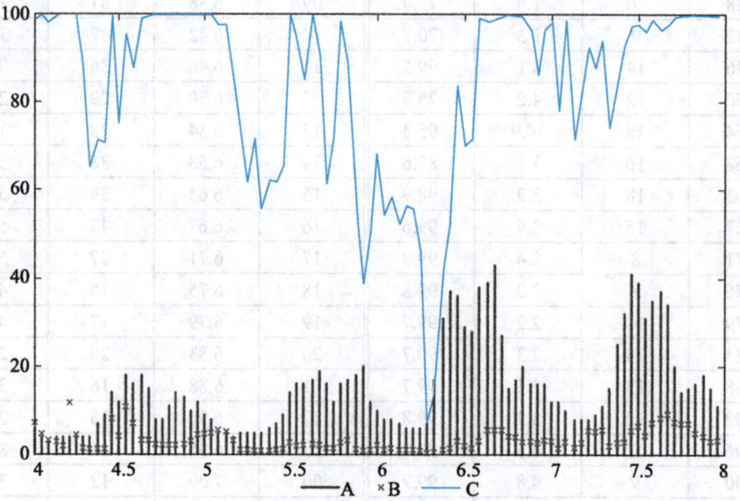

图 9-1　包含 3 个数据系列的混合图表

在数据分析中，通常需要观察数据的分布特征，箱线图可以用于分析数据的中心位置、集中趋势、离散程度，以及异常值的识别，以便进一步清洗、处理数据。当箱线图并排放置时，往往用于比较不同数据集下的数据分布以进行对比分析。例如表 9-2 中的数据集 candlesticks.dat 中有 6 列数据，可以对比观察各组数据的分布特征。

表 9-2　数据集 candlesticks.dat（包含 6 列数据）

2	1.5	2	2.4	4	6.6
2	3	3	3.5	4	5.5
3	4.5	5	5.5	6	6.5
4	3.7	4.5	5.0	7	7
5	3.1	3.5	4.2	5	5
6	2.5	4	5.0	6	6.8
7	4	4	4.8	6	8
8	4	5	5.1	6	6.1
7	1.5	2	2.4	3	3.5
6	2.7	3	3.5	4	4.3

使用下列命令行代码，分析 candlesticks.dat 中的 6 组数据，可以得到图 9-2 中的一组

箱线图。

```
set style fill solid 0.25 border -1
set style boxplot outliers pointtype 8
set style data boxplot
plot 'candlesticks.dat' using (1):1 title 'A',\
" using (2):2 title 'B',\
" using (3):3 title 'C',\
" using (4):4 title 'D',\
" using (5):5 title 'E',\
" using (6):6 title 'F'
```

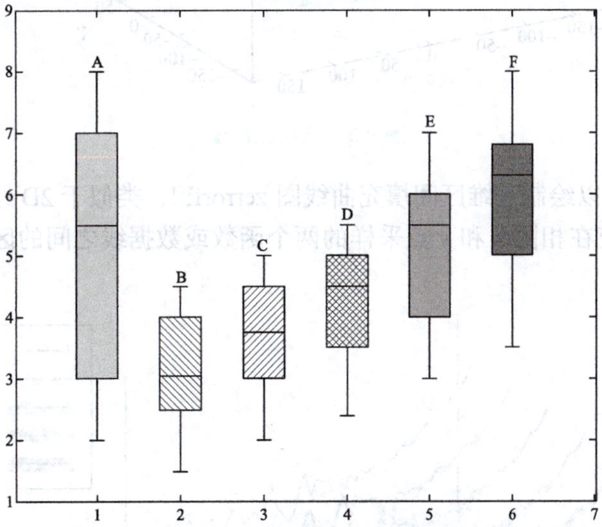

图 9-2 一组并列放置的箱线图

三维图能够实现三维空间展示效果，使复杂数据的理解和分析更为直观，容纳多个数据维度，并且三维图通常具有交互性，允许用户旋转、缩放和操作数据，从而更加全面地观察数据。使用下列代码可以实现函数“abs(x)**3 + abs(y)**3”的三维曲面图，如图 9-3 所示。

```
set xlabel "X"
set ylabel "Y"
set sample 31; set isosamples 31
set xrange [-185:185]
set yrange [-185:185]
set format cb "%.01t*10^{%T}"
unset surface
set border 4095
set ticslevel 0
set pm3d at s; set palette defined(0 "dark-red",1 "white")
set cblabel "the colour gradient"
splot abs(x)**3+abs(y)**3
```

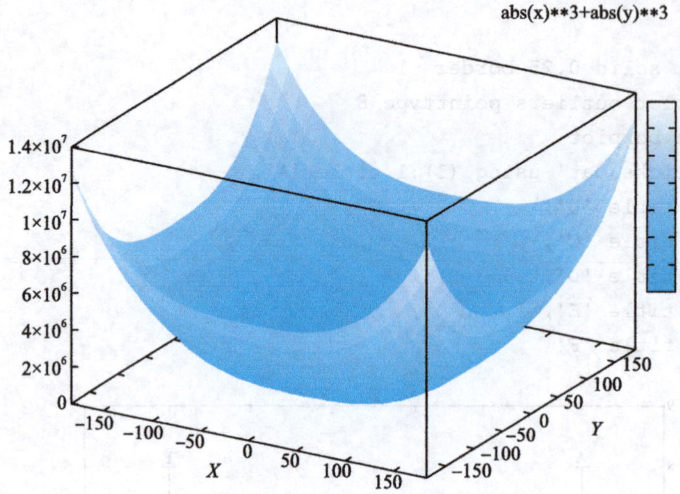

图 9-3　三维曲面图

在 Gunplot 中可以绘制三维区间填充曲线图 zerrorfill，类似于 2D 绘图样式 filledcurves 的一个变体，它填充在相同 x 和 y 点采样的两个函数或数据线之间的区域。可以采用如下代码绘制图 9-4。

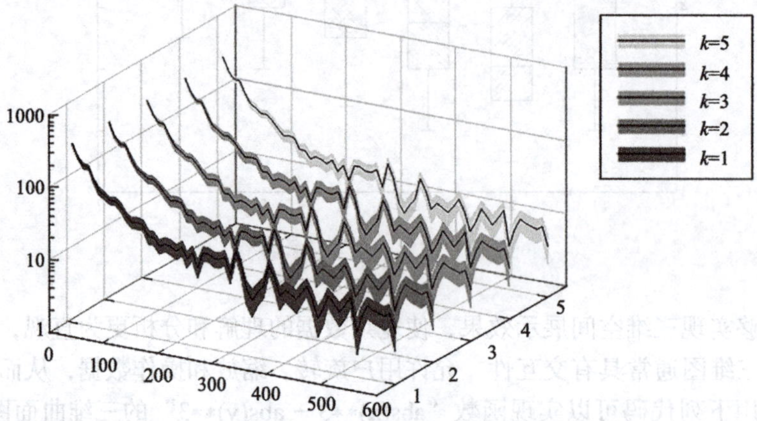

图 9-4　三维区间填充曲线图

```
    set yrange [0.5:5.5]
    set zrange [1:*]
    set xyplane at 1
    set log z
    set key opaque box height 1 at screen .9 .8
    set border 127
    set grid x y z vertical
    set grid lt 1 lw 0.75 lc "grey"
    set xtics offset 0, -0.5
    set ytics offset -0.5, -0.5
    splot for [k=5:1:-1] 'silver.dat' using 1:(k):2:3 with zerror lt black fc lt
k title "k = ".k
```

绘制数据非常简单，但数据分析人员最常见的一个错误是假设所有可用数据表示了所有全部可能出现的数据。由于研究的数据只是部分数据，所以仅仅通过观测数据分布可能会得到一个错误的解释。比如达到平衡的振荡曲线前面的部分看起来像正弦波，之后的部分看起来是一条直线。因此，对数据进行分段分析可以为解释完整数据提供观察角度。

一个熟练的数据分析员通过观察数据分布来猜测数据建模的函数类型。例如对称的钟形曲线可能是正态分布或高斯分布。简单的指数或线性曲线也可以通过观察得到。

8. 快速进行数据估计

进行快速的数据估计是有意义的，例如遇到一个数百万元的分析项目并且要求在几个小时内估计出结果，就需要采用快速且高效的粗略数据估计方法，如果采用数学分析软件会增加分析的复杂性，降低分析效率。

例如在电力的日前电价交易领域，通过观察和分析历史电价曲线，寻找电价的周期性变化规律和趋势，可以简单地预测当天的电力价格。在广东省 2021 年 5 月份的日前电价交易中，通过分析对比日均实时和日前价格曲线，可以看出在一定周期内两者关系存在一定的规律性；通过箱线图统计月内 24 个小时的实时 - 日期价格差分布，可以发现在各个的时段存在不同的规律，用来判断价格差的方向，从而较为粗略地制定日前交易策略。

现在是一个依赖于掌上计算器、个人计算机和智能手机的时代，利用这些工具对数字列表加、减、乘、除，可以实现快速和粗略的估计，可以为寻找最终答案提供一个好的思路，为找到精确的解决方案节省时间。快速粗略估计还可以检验精确计算方案是否存在错误，如果粗略估计或精确计算过程中未发生错误，则两个计算结果将彼此接近；相反，如果两次计算产生不同的结果，则说明精确计算过程中可能存在错误。

由于采用简单粗略估计可以提高效率，节省时间和费用，在大数据分析中得到了大量的应用，数据分析人员进行算法选择时，通常会在分析精度和经济效益之间寻找一个平衡点。

接下来将介绍一些基于大数据的估计技术。

9.2.2 数据范围

在采集的大数据中确定最大值和最小值具有重要意义，通过这两个值可以了解数据集或者所测量数据的内在特性，其重要程度高于平均值和标准差。

下面是一个关于人类体重数据的例子。比如有一款智能体重秤，可称体重范围 5 ～ 150 千克，可与智能手机连接，使用户可以对自己的体重数据进行监测和管理。但该体重计收集的数据集中最小是 5 千克，最大是 150 千克，所以数据集中没有体重超过 150 千克的数据；并且在该数据集中体重为 150 千克的人数远多于体重 149 千克的人数。通过观察数据集的最大值可以发现大部分记录为 150 千克的人们实际体重可能大于 150 千克。这个案例说明如果不实际观察数据范围，会出现错误判断。了解一下体重在 150 千克以上人群的分布情况是很有用的。估计误差的一种方法是查看体重 145 千克、140 千克、135 千克等的人数，通过观察趋势以及体重在 150 千克或以上的总人数，可以估计体重超过 150 千克的人数。

了解数据集的最大值还有其他用处。比如观察一个关于陨石重量的数据集，集合中最大的陨石重 66 吨，小陨石的数量比大陨石多，每个重量类别都由一个或多个陨石组成。有一个非常简单的原因来解释为什么地球上发现的最大的陨石重约 66 吨，当陨石超过 66

吨时，冲击能量超过原子弹爆炸产生的能量。撞击后，大于 66 吨的陨石会留下一个陨石坑，陨石本身在冲击过程中解体了。冲击的动能由陨石的质量和速度的平方决定，陨石在撞击时的最小速度约为 11 公里 / 秒，最快速度为 70 公里 / 秒。根据这些数据，可以计算出陨石与地球碰撞时释放的能量。通过观察在地球上发现的陨石的最大重量，学习很多关于陨石撞击的知识，通过预测陨石到达地球后的大小，判断发生灾难的概率，再通过相关技术干预减小灾难的发生。

通过对分布边界的简单观察也可以有重大发现。例如企鹅广泛分布在整个南半球。由于企鹅不能飞行，因此它们不会像大多数鸟类一样通过飞行迁徙到其他地方，它们通常在靠近海边的陆地上找某一个地方养育后代，而且通常不会远离这个地方。通过观察企鹅在世界各地的区域分布边界图，了解它们居住的地理位置特点，可构建出一个假设。企鹅在 7000 万年前的祖先物种演化过程中，它们最开始生活在盘古超级大陆的南部土地上，后来超级大陆解体，解体后的各个板块产生移动，到达了现在所处的位置。通过研究地理形状证实了这一点，南美洲和非洲沿海的尖端形状，澳大利亚的南海岸，以及新西兰边缘结构和南极洲的边缘相吻合。

一组数据的最大值或最小值有时由离群值确定，不能采用简单粗暴的方式删除这些最大最小值，必须要结合实际情况做详细的分析。例如温度计可以测量从 32 ～ 43℃的温度，如果出现了温度为 136℃数据，便可以知道这个数据是错误的，删除这个异常值即可。但有些情况下，离群值通过仔细分析，可能会带来新发现。

9.2.3　分母

分母是为其他数字提供观察视角的数字。例如如果中国每年有 26 872 人死于某种疾病（例如病毒性肝炎），将该疾病导致的死亡人数与总人数（分母）进行比较时，可以了解到原始计数的相对重要性。根据 2023 年的数据，中国全国甲乙类传染病报告死亡率为 1.9/10 万 (死亡人数与总人口的比例 = 26872\1 400 000 000)。这个比例可以帮助人们理解某疾病在中国的相对重要性。

如果使用来自多个数据源的大数据，可以用直方图表示每个数据源的值。因为不同数据源具有不同的值，为了通过直方图观察不同数据源的值分布，需要将每个数据源的值除以所有数据源值的总数，将数值转换为分数，来表示每个数据源值占总值的百分比。

多数情况下，大数据的分母通过统计大数据资源中的数据对象实现。但是，有时分母不容易找到。比如如果有大量的数据对象，对这些数据对象的统计会耗费大量的时间，为了节省时间，在许多情况下大数据资源通过提取数据子集来代表整个数据集。这种做法的缺点是由于数据子集不能准确地表示整个大数据资源，所统计的分母准确性会稍有偏差。

为了方便使用大数据资源，需要提供数据集的相关信息，其中主要包括：资源中的记录数、资源中数据对象所属类的个数、每一种类所包含的数据对象数量、数据对象的数据值的数量以及整个数据资源的大小（以字节为单位）等信息。

因分母使用不当而产生结果被误导的案例时有发生。例如在犯罪领域，警察局记录犯罪案件通常以年份来分类保存案件记录。年度结案率的计算是将当年结案的案件数量除以年内发生的案件总数得到。当某一年发生的犯罪案件直到下一年才能解决时，这些数据会计入下一年的结案数量，有可能会造成当年的结案数量高于当年的案发数量，最后统计结案率大于 100%，会出现具有误导性的数据，造成理解上的混乱。例如，假设在 2010 年，有 100 起杀人案，结案了 30 起，结案率为 30%。在 2011 年，发生 40 起凶杀案，10 起结案（结案率为 25%），但上年度有 31 起杀人案在 2011 年内结案，这导致 2011 年度结案总数为 10+31 起，即 41，产生出错误的结案率为 41/40 或约 103%。犯罪结案统计见表 9-3。

表 9-3　　犯罪结案统计表

统计项	2010 年	2011 年
杀人案总数	100	40
结案数	30	10
简单结案率	30%	25%
年度结案总数	30	41
年度结案率	30%	103%

除了产生超过 100% 的不可能的结案率，许多警察部门采用的统计方法具有高度的误导性。因此，需要一种不违反时间规律和逻辑规律的计算结案率的方法，并提供对犯罪案件结案数的合理评估。实际上，有很多方法来处理这个问题。有一个简单的方法，不涉及往年累积的案件和今年将要解决的案件。

例如 2012 年案件的数据集中有 25 起杀人事件，其中 20 起杀人案件在 2012 年期间结案，没有结案的案件有 5 件。当年结案率为 20/25 或 80%，见表 9-4。

表 9-4　　2012 年案件汇总表

统计项	2012 年
杀人案总数	25
结案数	20
未结案数	5
简单结案率	80%

如果已知每个案件发生的日期和每个案件结案的天数，下面是 25 起杀人案的结案所用天数列表，按照结案所用时间进行排序。

（1）结案所用天数：001。

（2）结案所用天数：002。

（3）结案所用天数：002。

（4）结案所用天数：003。

（5）结案所用天数：005。

（6）结案所用天数：011。

（7）结案所用天数：023。

（8）结案所用天数：029。

（9）结案所用天数：039。

（10）结案所用天数：046。

（11）结案所用天数：071。

（12）结案所用天数：076。
（13）结案所用天数：083。
（14）结案所用天数：086。
（15）结案所用天数：100。
（16）结案所用天数：120。
（17）结案所用天数：148。
（18）结案所用天数：235。
（19）结案所用天数：276。
（20）结案所用天数：342。
（21）立案 10 天未结案。
（22）立案 100 天未结案。
（23）立案 250 天未结案。
（24）立案 300 天未结案。
（25）立案 320 天未结案。

从以上数据分析可得：结案的 20 个案件中（1～20），除了 18、19、20 三个案件之外，其余的案件均在立案 150 天内结案；2012 年年底剩余的 5 起未结案件中，有 3 起案件（序号 23、24、25）立案时间超过 250 天没有解决，这些案件得到解决的概率大大降低；立案 10 天的案件（序号 21）被定性为未结案，这个案件立案时间非常短，它在 100 天内被解决的概率可能为 80%；立案 100 天案件（序号 22）未结案，在 20 个解决的案件中，有 5 个在立案 100 天后结案，该案件结案概率约 20%（5/20）。

通过以上分析得出未结案的 5 个案例（21～25）中，在 2012 年年底之前的结案概率为：
（21）立案 10 天未结案——最终结案可能性 80%。
（22）立案 100 天未结案——最终结案可能性 20%。
（23）立案 250 天未结案——最终结案可能性 0%。
（24）立案 300 天未结案——最终结案可能性 0%。
（25）立案 320 天未结案——最终结案可能性 0%。

预测 2012 年的总结案数量应该是 20 例（实际结案数）+1 例（将来可能结案数），结案率是 21/25（84%）。因此，如果不采用复杂的预测算法进行结案率统计，可以用这两个容易计算的数字来概括结案率：简单结案率（80%）和预测结案率（84%）。

由于大数据资源正在快速地增长，一些较好的统计方法对于分析数据有重要作用，例如开普勒估计等算法，但是也可以通过简单的方法研究数据并进行合理的估计。

9.2.4　频率分布

数据一般有两种类型，分别是定量数据和分类数据。定量数据是指测量的数据。分类数据只是一个数字，表示具有某个功能的项的数量。为实现准确的大数据分析，对于分类数据的分析通常简化为计数和分组。

分类数据通常符合 Zipf 分布。齐普夫定律（Zipf's Law）是关于单词在文献中出现频次的定律，也称省力法则，指出对于大多数语言来说，在文本中出现的所有单词中，少数单词出现频率很高。1948 年美国哈佛大学语言学教授 G.K. 齐普夫（George Kingsley Zipf）

对英语文献中单词出现的频次进行大量统计后，发现了齐普夫定律。该定律指出文章中单词的频次（f）与其排列的序号（r）之间存在着一个定量的关系。如果有一个包含 n 个词的文章，将这些词按其出现的频次递减地排序，那么序号 r 和其出现频次 f 的乘积 fr，将近似地为一个常数，即 $fr=b$（式中 $r=1,2,3,\cdots$）。这是词频分布定律最普通而又最典型的表达。此后，许多工具书大都采用类似观点和说法。许多大型数据集遵循齐普夫分布（例如人口中的收入分配、不同国家的能源消耗等）。

帕累托原理是 19 世纪末 20 世纪初意大利经济学家帕累托发现的。他认为，在任何一组东西中，最重要的只占其中一小部分，约 20%，其余 80% 是多数却不那么重要的，因此又称二八定律。例如社会上 20% 的人占有 80% 的社会财富，即财富在人口中的分配是不平衡的。大数据资源服从于帕累托原则。

案例 9.1 《红楼梦》的词汇频率分布

以《红楼梦》这本书为例，观察所有词汇的出现频率，表 9-5 是 30 个最常见的词语列表和其出现次数。

表 9-5　30 个常见词汇总表

序号	词语出现次数	词语
01	3983	宝玉
02	2458	笑道
03	1395	贾母
04	1235	我们
05	1202	了一
06	1119	也不
07	1100	凤姐
08	1091	去了
09	1084	什么
10	1015	如今
11	994	来了
12	978	你们
13	967	起来
14	927	黛玉
15	910	王夫人
16	894	姑娘
17	876	一个
18	870	老太太
19	869	说道
20	842	自己
21	835	宝钗

续表

序号	词语出现次数	词语
22	833	太太
23	825	出来
24	807	怎么
25	776	袭人
26	762	贾政
27	760	只见
28	745	听了
29	744	说着
30	733	不知

根据 Zipf 分布,《红楼梦》中最高频的词汇“宝玉”出现 3983 次，大约是“笑道”（12458 次）的两倍；出现频率第三高的是“贾母”一词，出现了 1395 次，是最常出现的词“宝玉”的三分之一。

表 9-5 中如果删除定冠词、连词之类的无含义的词语后，见表 9-6。

表 9-6　　删除无含义词后汇总表

序号	词语出现次数	词语
01	3983	宝玉
03	1395	贾母
07	1100	凤姐
14	927	黛玉
15	910	王夫人
16	894	姑娘
18	870	老太太
21	835	宝钗
22	833	太太
25	776	袭人
26	762	贾政

通过对于这些高频词的理解，可以对《红楼梦》一书的大致内容进行初步了解。其中一些词语包含了该书的大部分信息，例如宝玉、黛玉等。这些词语发生频率高是因为该书的主要内容集中在贾宝玉和林黛玉的爱情故事以及贾、史、王、薛四大家族的兴衰上。文本分析人员会通过对文本数据的分析，从建立一个 Zipf 分布的方式来观察数据。观察分析的结果可以挖掘出隐藏于《红楼梦》之中的大量信息。

通过统计每个单词与排在该词语前面词语的次数之和，将求和结果与所有词语出现次数之和相除，可为文本中出现的词语计算累积概率，从而得到表 9-7 的词语累计概率表，其中第三列是词语的累计概率，该表按词语出现次数降序排列。

表 9-7　　单词累计概率表

序号	出现次数	累计概率	词语
01	3983	0.029 259	宝玉
02	2458	0.047 316	笑道
03	1395	0.057 564	贾母
04	1235	0.066 636	我们
05	1202	0.075 466	了一
06	1119	0.083 687	也不
07	1100	0.091 767	凤姐
08	1091	0.099 782	去了
09	1084	0.107 745	什么
10	1015	0.115 201	如今
11	994	0.122 503	来了
12	978	0.129 688	你们
13	967	0.136 791	起来
14	927	0.143 601	黛玉
15	910	0.150 286	王夫人
16	894	0.156 854	姑娘
17	876	0.163 289	一个
18	870	0.16 968	老太太
19	869	0.176 064	说道
20	842	0.182 249	自己
21	835	0.188 383	宝钗
22	833	0.194 502	太太
23	825	0.200 563	出来
24	807	0.206 491	怎么
25	776	0.212 192	袭人
26	762	0.217 789	贾政
27	760	0.223 372	只见
28	745	0.228 845	听了

续表

序号	出现次数	累计概率	词语
29	744	0.234 311	说着
30	733	0.239 695	不知
…			
527	101	0.993 337	走到
528	101	0.994 079	接了
529	101	0.994 821	宝钗笑
530	101	0.995 563	如此说
531	101	0.996 305	回了
532	101	0.997 047	又见
533	101	0.997 789	也不敢
534	101	0.998 531	不管
535	100	0.999 265	回说
536	100	1	一年

在该书的文本中出现频次超过 100 的词汇共计 536 个，表 9-7 中“出现次数”列的数据值之和为 136127。前 30 个词语占所有词语出现次数的 25% 以上。当绘制累积概率数据曲线时（*x* 轴是词语数，*y* 轴是累计概率），可以观察到典型的累积 Zipf 分布曲线，该曲线是一个快速上升的平滑曲线，随后长扁平尾部收敛到 1.0，如图 9-5 所示。

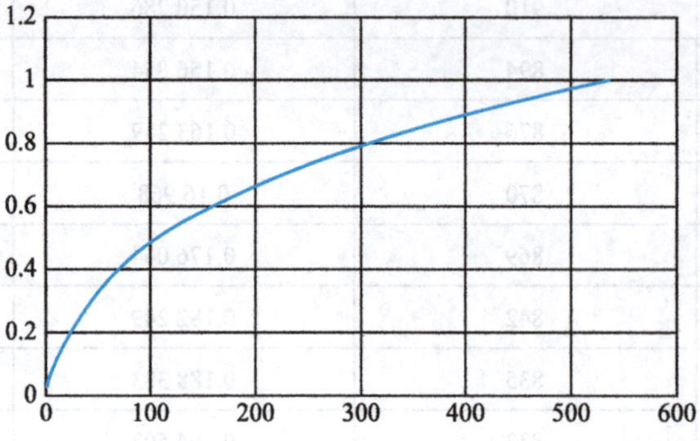

图 9-5　Zipf 分布——样本文本中词语出现的累积频率分布

（横坐标是文本出现的词语数，急剧提前上升表明频率高的词语占了大部分文本。）

9.2.5　均值和标准差

统计学中用平均值和标准差统计数据的离散性。从绘制的图形上看，平均值是钟形曲线的中心，而标准差是钟形曲线的宽度，通过这两个数字可以分析小规模数据集的特点。

平均值是最容易计算的统计量之一。虽然平均值易于计算，但若想找到精确的平均值需要解析整个数据集，计算量比较大。当数据可以被随机访问时，假定子集的平均值接近整个集合的平均值，可以通过选择数据的子集并计算子集的平均值代替整体平均值。

在大数据领域，计算平均值和标准差需要花费大量时间，另外由于大数据是观测性的而非实验性的，造成大数据很少服从正态分布。基于以上原因通过平均值和标准差来分析大数据通常不可行。

当在小数据项目中进行实验时，通常将均匀分布的群体分成两组，一组用于实验分析，另一组用于对照。实验组数据呈现的差异分布是正态分布，图形是围绕中心平均值的钟形曲线，对照组也是如此。此时可以通过标准差的大小和平均位置分析实验组和对照组之间的差异。

在许多情况下，大数据是非数字数据，例如布尔值（特征的存在或不存在，真或假，是或否，0或1）等其他类型的数据。当分类数据来自于不同的对象时，得到的结果不一定符合预测结果；当分类数据来自同一群对象时，相同对象量化数据测量结果通常符合正态分布。

在上一节中，关于Zipf分布的示例，其中一些对象或对象类占据了分布中的大部分数据，而剩余的数据值在分布的尾部出现。对于这样的分布，不符合正态分布，虽然可以计算其平均值和标准差，但是计算结果不能提供有意义的信息，从图形上看不能形成钟形曲线，均值不能指定分布的中心，并且标准差也不围绕其均值分布。

大数据分布有时是多模态的，有几个波峰和波谷。多模态可以说明研究中的数据在某种程度上是非均匀的。检查多模态数据的重要性也适用于黑洞研究。大多数黑洞的质量当量低于33个太阳质量。另一组黑洞是超大质量的，质量相当于100亿或200亿太阳质量。当存在同一类型的物体，其质量相差十亿分之一时，科学家推断，同一物体的这两种不同形式的起源或发展有着根本的不同。黑洞的形成是一个令人感兴趣的活跃领域，但目前的理论表明，质量较低的黑洞起源于先前存在的重恒星。超大质量黑洞大概是由星系中心的大量物质形成的。双峰性的观测启发天文学家寻找质量介于近太阳质量黑洞和超大质量黑洞之间的黑洞。中间质量黑洞已经被发现，它们毫不奇怪地具有一系列迷人的特性，使它们区别于其他类型的黑洞。因此，对多模态数据分布的简单观测可能会在某些时候推动人们对宇宙理解的基本进展。

平均场论是均值的一种典型理论应用。平均场论（Mean field theory）是一种研究复杂多体问题的方法，是对大且复杂的随机模型的一种简化。未简化前的模型通常包含巨大数目的含相互作用的小个体。平均场理论做了这样的近似：对某个独立的小个体，所有其他个体对它产生的作用可以用一个平均的量给出。如此简化后的模型成为一个单体问题。这种思想源于皮埃尔·居里与皮埃尔·外斯对相变的研究工作中。平均场论近似使用了一个物理定律来说明大的集合对象可以通过平均值行为来表示其特征。受此启发，这种方法广泛应用于传染病模型、排队论、计算机网络性能和博弈论（随机最优反应平衡）等模型中。

案例9.2 供应链提前期的非均匀分布

供应链管理中，提前期（在供应链的供需环节中，下游顾客需要某种项目时，上游供应链需要提前准备该项目的时间长短）作为一个至关重要的概念，其时长越短，越能更快

提前期（天）		
17		
5		
12		
4		
11		
9		
14	平均值	9.058824
7	中位数	9
9	标准差	4.504515
3		
13		
15		
5		
2		
13		
4		
11		

图 9-6　提前期模拟数据

地响应市场需求并进行快速匹配，达到削减库存、提升现金流周转能力的作用。因此，分析提前期表现，找出可以改善的地方进行提升，对工业生产制造有颇大帮助。

假设抽取 17 次某产品库存单位（Stock Keeping Unit: SKU）的运输提前期，并计算其中的平均值、中位数以及标准差，如图 9-6 所示。

上述波动不稳定的提前期对供应链的运营产生了巨大的挑战。虽然逐个分析提前期，查看来龙去脉是最好不过的方式，但若涉及现实生活中巨大的数据量，这种方法显然是不可行的。因此，把提前期按照每 5 天为一组，观察其分布情况，见图 9-7。

数据段	个数
1~5	6
6~10	3
11~15	7
16~20	1

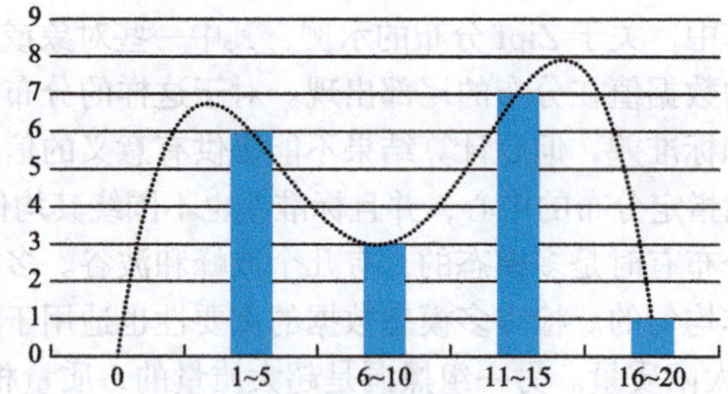

图 9-7　提前期分组数据及直方图

该直方图形象地展示了提前期时段的分布情况，呈现出双峰趋势，且平均值和中位值都在双峰之间。从该图可以看出提前期在 1 ～ 5 与 11 ～ 15 这两个时段里分布集中。大多数情况下，直方图多呈现正态分布，平均值处于峰值处。当出现不均匀或非单峰的这种比较特殊的分布情况，探究其形成原因与隐含信息意义匪浅，所以通过大数据研究方法对大量案例进行检测，从而识别数据不一致（如多模态）就十分必要。然而，解释数据不一致的原因始终是一项科学挑战。

9.2.6　估计分析

通过观察可以对数据进行估计，这不仅可以作为精确测量前的粗略估计，以备验证，也是在不能通过其他方法来对数据进行测算时的非常有用的数据分析方式。

例如太阳距离地球大约有 14 960 万千米。在这个遥远的距离上，太阳的光线将近似平行地到达地球，而地球产生的阴影几乎是圆柱形的，这意味着地球的阴影与地球本身的大小大致相同。在月食期间，地球的圆形阴影直径约为月球直径的 2.5 倍，可得出月亮直径是地球直径的 1/2.5 倍。地球的直径约为 12 742 千米，因此月球的直径应该约为 12 742/2.5 千米，即约为 4828 千米。

月球的真正直径约为 3476 千米，以上估计方法存在一定的偏差，因为地球的影子实际上是圆锥形的，而不是圆柱形。如果使用三角函数进行估算，会得到更接近的近似值。

然而，这只是在月食期间通过观察得到的月球直径近似值，并非实际测量得到，这只是一个简单的观察估计。在公元前 310 年——公元前 230 年间，缺乏专业的天文器械的年代，萨摩斯的天文学家阿里斯塔库斯不可能直接测量月球的大小，他唯一的选择是粗略估计。

另一个案例阐述了即使拥有现代精确测量仪器仍然不能帮助数据分析者得到结果。当气温处于高温异常值时，市政府需要统计因高温导致的死亡人数，根据统计结果开展相应的服务，例如开设冷却站、免费送冰、增加应急人员配置等。如果与高温有关的死亡人数急剧增加，政府应该采取紧急措施。

验尸员通过尸检确定死亡原因，在高温期间，同样条件下产生的死亡归为高温死亡，导致所调查的死亡人数不准确。在许多情况下，没有及时发现尸体，造成无法准确对死亡原因进行确认。更重要的是，不同的地区制定的与高温相关的死亡标准不同；没有准确、可靠或标准的方法来确定是否因高温而死亡。

这种情况下，可以采用估计分析的方法来解决这一问题。首先统计在高温期间发生的总死亡数，然后追溯在同一时期，同一地理区域，是否曾经发生高温引起的死亡记录。统计在正常温度（即无高温）期间的预期死亡数的平均值，用高温期间发生的死亡数减去该平均值，得出与高温相关的死亡人数的估计值。这一方法应用于 1995 年芝加哥高温事件，通过这种方法统计出的死亡人数从 485 人上升到 739 人。

9.3　大数据分析方法

大数据项目中的主要工作是收集数据并对其进行整理以便分析，分析本身并不复杂，但预分析是比较困难的部分。数据分析是一个成熟的领域，这方面的书籍和资料比较多，但讲解预分析和后续分析任务的资料较少。在小数据时代，对数据的收集和统计结果的处理（包括提交摘要、撰写授权报告、对产品开发周期做调整等）一般由相关行业的专业人员主导，数学家、计算机科学家和数据分析人员起辅助作用。随着“大数据”时代的到来，数据分析人员开始起主导作用，数据的获取以及分析结果的解释都由数据分析人员完成。

大数据领域的分析与小数据领域的分析有着本质的区别。本章节重点介绍在应用分析方法方面如何准备数据以及如何对分析结果进行解释。

9.3.1　分析的种类

大数据需要执行很多的计算任务，其中一些任务不直接涉及分析（例如搜索特定的数据、搜索数据的模式、对检索到的数据排名）。数据分析是对数据集进行分析得出某一结论。数据分析主要分为三种：统计分析、数据建模和预测分析。

（1）统计分析。统计分析与假设检验密切相关。一个典型的假设问题是，“如果有一个对照组和一个治疗组，如何知道治疗何时产生效果使治疗组明显不同于对照组？”尽管统计学家无法明确回答这个基本问题，但他们提供了一些值得信任的指标。

（2）数据建模。数据建模是指用数学方程或某种逻辑语言来描述一个系统或其对象的行为。建模涵盖范围广泛且模型众多，例如行星运动模型、交通模型、酶反应模型、癌症生长模型等。在许多情况下，建模方程需要描述不同变量之间的关系如何随时间的增加而变化。因此，许多建模方程都涉及微分学。每一位计算机科学家似乎都对建模有自己的定义，但这些定义并不一定适用于今天的情景，或 10 年后的情景。

（3）预测分析。预测分析是根据过去的结果或观察到的相似个人或群体的行为来猜测个人、群体或数据对象的行为。预测分析依赖于一个概念：如果事物 A 与事物 B 相似，那么事物 A 的行为很可能与事物 B 相似。预测分析包括三种类型的算法：聚类、分类和推荐。

9.3.2　常见分析算法

1. 聚类算法

在自然科学和社会科学中，存在着大量的分类问题。所谓类，就是指相似元素的集合。

在分类问题中，如果数据对象 x 与 y 这样的映射关系是未知的，那么，这种用机器自动找出其中规律并进行分类的过程，称之为聚类。聚类算法是一种常用算法，该算法用来处理看似没有内在联系的大数据对象，经过该算法处理后产生不同集群集合，同一群集的各个成员类似。本节中将介绍聚类算法中的 K-means 算法和层次聚类算法。

（1）K-means 算法。

K-means 算法是最常用的一种聚类算法。K-mean 算法的目标是把任意数量的数据对象放到 k 个聚类中间去，使得每一个数据对象都被放到离它最近的那个聚类中去。这里的“最近”是用这个数据对象跟相对应的聚类的平均值的距离来衡量的，即把每一个数据对象划分到合适的聚类中间，使得所有数据对象到它所在聚类中心的距离之和最小。

K-means 算法有个很著名的解释，即牧师－村民模型。有四个牧师去郊区布道，开始时牧师随意选择布道点，并且把这几个布道点的情况公告给了郊区所有的居民，于是每个居民到离自己家最近的布道点去听课。听课之后，大家觉得距离太远了，于是每个牧师统计了自己的课上所有居民的地址，搬到了所有地址的中心地带，并且在海报上更新了自己的布道点的位置。牧师每一次移动不可能离所有人都更近，有的人发现 A 牧师移动以后自己还不如去 B 牧师处听课更近，于是每个居民又去了离自己最近的布道点。就这样，牧师每个礼拜更新自己的位置，居民根据自己的情况选择布道点，最终稳定了下来。

常见的 K-means 算法都是用迭代的方法，这个算法分成两个步骤，一个是标记中心，另一个是更新。通过反复交替执行这两个步骤，最终完成算法收敛，从而得到稳定的结果。但当对象的维度数较多时，该算法的计算量很大。

K-means 算法原理如下（图 9-8 示意图中 k=2）：

1）程序从待聚类对象的集合中随机选择 k 个对象，并将这 k 个对象中的每一个作为焦点。

2）逐一选取集合中的对象，计算该对象与所选择的每个焦点（在步骤 1 中选定的 K 个对象）之间的距离。

3）根据距离最近原则，通过运算将每个对象分配给离其最近的焦点，最终聚集在一起的对象集形成 k 个聚类。

4）计算每个聚类的质心焦点，质心焦点是聚类内最接近所有对象的点。另一种说法是，如果你把质心与群集中的所有对象之间的距离相加，则此总和距离将小于任何其他点的这种总和距离。

5）把新产生的 k 个质心焦点作为新的焦点，重复步骤 2、3 和 4。直到 K 质心焦点不再改变（或直到程序速度减慢到爬行状态）。

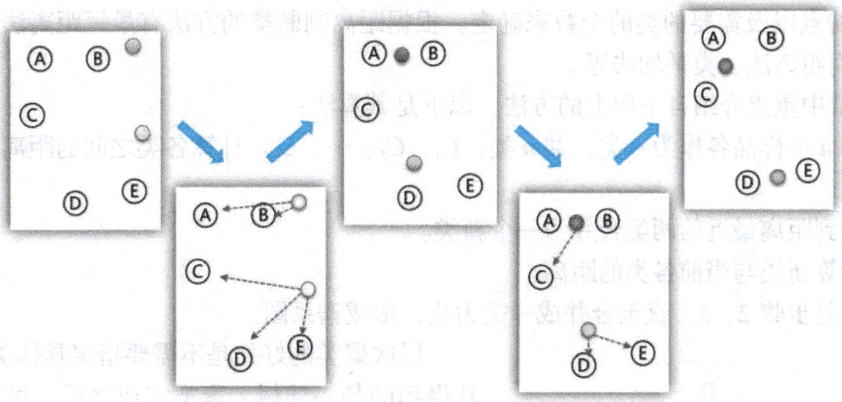

图 9-8　K-means 算法示意图

该算法存在如下缺点：

1）所形成的最终聚类集合有时将取决于初始 k 个数据对象的随机选择，会造成多次运行算法产生不同的结果。

2）算法不能保证一定成功，即算法可能不会收敛到最终的稳定聚簇。

3）当对象维数比较高时，所计算出的数据对象之间的距离会非常大，甚至大到没有实际意义，造成计算崩溃，产生无意义的结果。在这种情况下需要通过消除部分属性（即减少数据对象的维数），采用对象的部分属性进行聚类。其思想是对可计算的属性子集进行聚类，如果使用这种方法找到合理的聚类，再逐步添加属性，测试是否可以改善聚类效果。

4）聚类算法成功后，产生 k 个聚类，但这些聚类可能将相似性完全无关的对象组合在一起，造成对象之间的重要关系丢失，所产生的聚类没有实用价值。

5）在 K-means 中，用单个点作为质心来对聚类进行建模，这是一种简化的数据建模形式。用点来对聚类进行建模，提前假设了各聚类的数据是呈圆形（或者高维球形）分布的。但在实际生活中，很少能有这种情况。

6）在 K-means 中，假设各个聚类的先验概率是一样的，但是各个聚类的数据量可能是不均匀的。例如，聚类 A 中包含了 10000 个样本，聚类 B 中只包含了 100 个。那么对于一个新的样本，在不考虑其与 A、B 聚类相似度的情况下，其属于聚类 A 的概率要大于聚类 B 的概率。

（2）层次聚类算法。

聚类算法可以作为解释数据对象行为的第一步。当希望进一步观测数据的潜在关系，可以使用层次聚类算法。

层次聚类是聚类算法的一种，通过计算不同类别数据点间的相似度来创建一棵有层次的嵌套聚类树。在聚类树中，不同类别的原始数据点位于树的最底层，树的顶层是一个聚类的根结点（根类或根簇）。

该方法主要有两种路径：自下而上法和自上而下法。在自下而上法中，最初每个数据对象都各自作为一个类，根据距离寻找同类，如此不断合并，最后形成一个根类。自上而下法则相反，一开始所有数据对象都属于同一个根类，然后根据距离进行分裂，最后每个数据对象都成为单独的一个类。这两种路径本质上没有孰优孰劣之分，只是在实际应用时根据数据特点以及需要的类的个数来确定。根据距离判断类的方法有最短距离法、最长距离法、中间距离法、类平均法等。

在本节中重点介绍自下而上的方法。以下是其算法：

1）将 n 个样品各作为一类，共 n 类：C_1、C_2、…、C_n。计算各类之间的距离，构成距离矩阵。

2）找到距离最近的两类合并为一个新类。

3）计算新类与当前各类的距离。

4）重复步骤 2、3，直至合并成一类为止，形成谱系图。

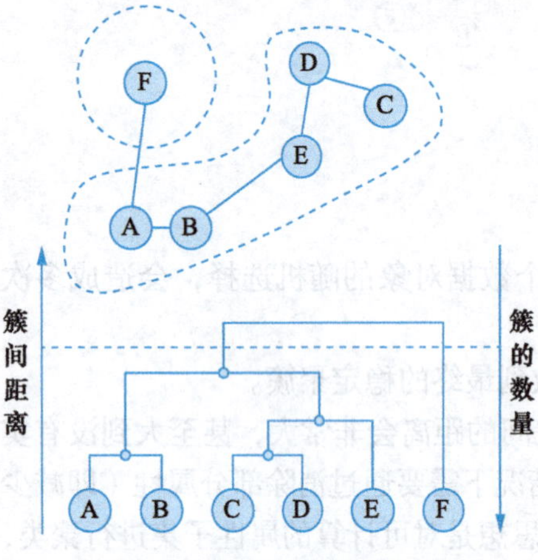

图 9-9　层次聚类算法示意图

层次聚类的好处是不需要指定具体类别数目，其得到的是一棵树，聚类完成之后，可在任意层次横切一刀，得到指定数目的簇（或类）。算法示意图如图 9-9 所示。

通过对 K-means 算法和层次算法的介绍可以清楚地认识到聚类算法的功能是降维。在大数据分析中数据对象很多，需要归类化简，进而提高数据分析的效率，故可以采取聚类的算法。例如搜索引擎会将返回的结果根据文本的相似程度进行聚类，相似的结果聚在一起，方便用户获取需要的内容。聚类算法只能起到降低被分析问题的复杂程度的作用，即一百个对象的分析问题可以转化为十个对象类的分析问题，并不直接解决数据分析的问题。聚类算法相当于是数据预处理的过程。

2. 分类算法

分类属于预测任务，就是通过已有数据集（训练集）的学习，得到一个目标函数 f 模型，把每个属性 x 映射到目标属性 y（类），且 y 必须是离散的（若 y 为连续的，则属于回归算法）。具体来讲，通过判断模型输出的变量是连续的还是离散的，来确定是回归还是分类，输出变量是连续的，则是回归，输出变量是离散的则是分类。例如根据历史上的天气数据预测明天的气温是多少度，这是一个回归任务；预测明天是阴、晴还是雨，就是一个分类任务。

分类算法是将一个未确定类的对象分配一个已知类的过程。即已知某个实体的具体特征，然后想判断这个实体具体属于哪一类，或由一些已知条件来估计感兴趣的参数。例如已知某个人存款是 1000 元，未婚，且有一辆车，没有固定住房，然后判断这个人是否会涉嫌信用欺诈问题。这就是典型的分类问题，预测的结果为离散值，当预测结果为连续值时，分类算法则退化为统计学中常见的回归模型。

分类算法按原理分为以下四大类：基于统计的贝叶斯算法，基于规则的决策树算法，基于神经网络的神经网络算法，基于距离的 k- 近邻算法。k- 近邻算法是一种简单常用的分类算法，该算法通过计算未确定类的对象到已知类的对象之间的距离实现分类，即找出与未知样本 x 距离最近的 k 个训练样本，看这 k 个训练样本多数属于哪一类，就把 x 归为哪一类。以下为算法流程：

（1）根据对象属性（特征）计算对象之间的距离，计算未知类对象到各个已知类对象集合中每个对象的距离；

（2）找到与未知类对象最邻近的 K 个对象（K 个邻居），如果这 K 个对象多数属于某个类，就把该未知对象分类到这个类中。如果 k 所选的值是 1，那么未知类的对象分配给其最接近的对象（即，最近邻）所在的类中。

如图 9-10 所示，有两类不同的样本数据，分别用蓝色的小正方形和红色的小三角形表示，而图正中间的那个绿色的圆所标示的数据则是待分类的数据。现在不知道中间那个绿色的数据是从属于哪一类（蓝色正方形，或红色三角形），下面要解决这个问题：给这个绿色的圆分类。

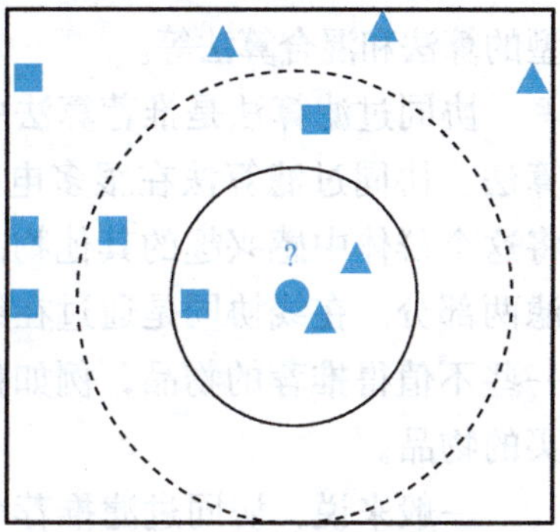

图 9-10　k- 近邻算法示意图

物以类聚，人以群分，判别一个人是什么样品质特征的人，常可以从他 / 她身边的朋友入手，所谓观其友，而识其人。要判别上图中那个绿色的圆是属于哪一类数据，就可以从它的邻居下手。但一次性看多少个邻居呢？从图 9-10 可以看到：

1）如果 k=3，圆点的最近的 3 个邻居是 2 个小三角形和 1 个小正方形，少数从属于多数，基于统计的方法，判定圆点的这个待分类点属于三角形一类。

2）如果 k=5，圆点的最近的 5 个邻居是 2 个三角形和 3 个正方形，还是少数从属于多数，基于统计的方法，判定圆点的这个待分类点属于正方形一类。

比较常用的距离计算方法为欧几里得距离，也称欧式距离法。样本 $P=(x_1, x_2, \cdots, x_n)$ 与样本 $Q=(y_1, y_1, \cdots, y_n)$ 之间的欧式距离为

$$D=\sqrt{\sum_{i=1}^{n}(x_i-y_i)^2} \tag{9-1}$$

k- 近邻算法的核心思想是计算待分类样本与训练样本之间的差异性，并将差异按照由小到大排序，选出前面 k 个差异最小的样本，并统计在 k 个样本的类别中出现次数最多的类别为最相似的类，最终将待分类样本分到最相似的训练样本的类中。

从算法实现流程来看分类是把某个对象划分到某个具体的已经定义的类别当中，而聚类是把一些对象按照具体特征组织到若干个类别里。虽然都是把某个对象划分到某个类别中，但是分类的类别是已经预定义的，而聚类操作时，某个对象所属的类别却不是预定义的。所以，对象所属类别是否为事先确定，是二者的最基本区别。分类算法根据类对象之间的相似性确定类成员。但有时会出现特殊情况，例如分类算法如果采用狗的四条腿、一条尾巴、尖尖的耳朵、平均体重 4 千克、毛茸茸的食肉动物等属性分类，会将猫放入狗类，导致错误结果。这牵涉相似性分组和关联性分组的本质差异。

3. 推荐算法

推荐算法是计算机专业中的一种算法，通过一些数学算法，推测出用户可能喜欢的

东西。目前应用推荐算法比较好的地方主要是网络，例如淘宝网站购物就大量应用了推荐算法。

当一个数据对象与另一个数据对象非常相似时，这两个对象的行为很可能相似。彼此最接近的数据对象往往具有相同的偏好，可以由此作为推荐备选。所谓推荐算法就是利用客户的一些行为数据，通过衡量一个数据对象（例如一个潜在客户）和其他数据对象（例如客户购买的特定产品或其他客户明显的产品偏好）之间的距离，将彼此之间最接近的数据对象作为被推荐者。数据对象之间距离的计算方法有欧几里得距离、马氏距离或者其他距离测量方法。

推荐算法大致可以分为基于流行度的算法、协同过滤算法、基于内容的算法、基于模型的算法和混合算法等。

协同过滤算法是推荐算法中最经典的类型，本节中以协同过滤算法为例来介绍推荐算法。协同过滤算法在很多电商网站上都有应用，简而言之就是找到相同兴趣的群体，将这个群体中感兴趣的其他物品推荐给用户。协同过滤算法通常包括在线协同和离线过滤两部分。在线协同是通过在线数据找到用户可能喜欢的物品，而离线过滤则是过滤掉一些不值得推荐的物品，例如推荐值评分低的物品，或者尽管推荐值高但是用户已经购买的物品。

一般来说，协同过滤推荐分为两种类型。第一种是基于用户（user-based）的协同过滤，第二种是基于项目（item-based）的协同过滤。

基于用户（user-based）的协同过滤主要考虑的是用户和用户之间的相似度，只要找出相似用户喜欢的物品，并预测目标用户对对应物品的评分，就可以找到评分最高的若干个物品推荐给用户，如图 9-11 所示。基于用户的协同过滤算法如下。

（1）通过浏览记录和购买记录等分析各个用户对物品的评价。

（2）依据用户对物品的评价得出所有用户之间的相似度。

（3）选出与当前用户最相似的 N 个用户。

（4）将这 N 个用户评价最高，且当前用户没有浏览过的物品推荐给当前用户。

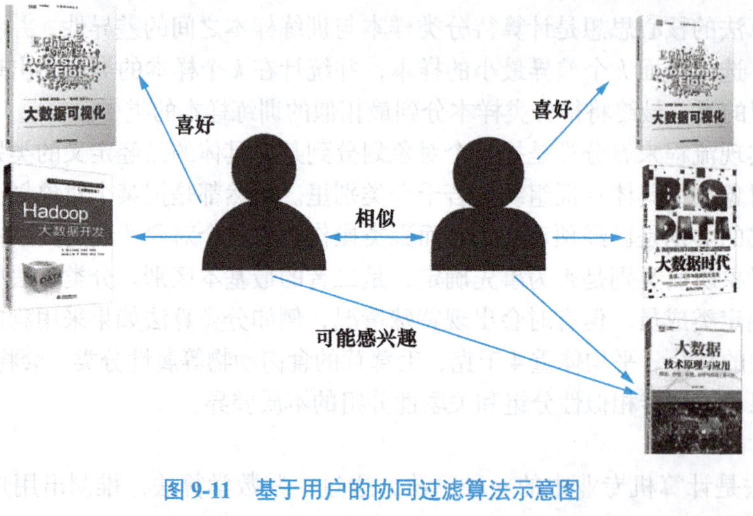

图 9-11　基于用户的协同过滤算法示意图

基于项目（item-based）的协同过滤和基于用户的协同过滤类似，通过找到物品和物品之间的相似度，且找到了目标用户对某些物品的评分，便可以对相似度高的类似物品进行预测，将评分最高的若干个相似物品推荐给用户。例如在网上买了一本机器学习相关的书，网站马上会推荐一堆机器学习、大数据相关的书给用户，这里就明显用到了基于项目的协同过滤思想，如图 9-12 所示。基于项目的协同过滤算法如下：

（1）分析各个用户对物品的浏览记录。

（2）依据浏览记录得出所有物品之间的相似度。

（3）对于当前用户评价最高的物品，找出与之相似度最高的 N 个物品。

（4）将这 N 个物品推荐给用户。

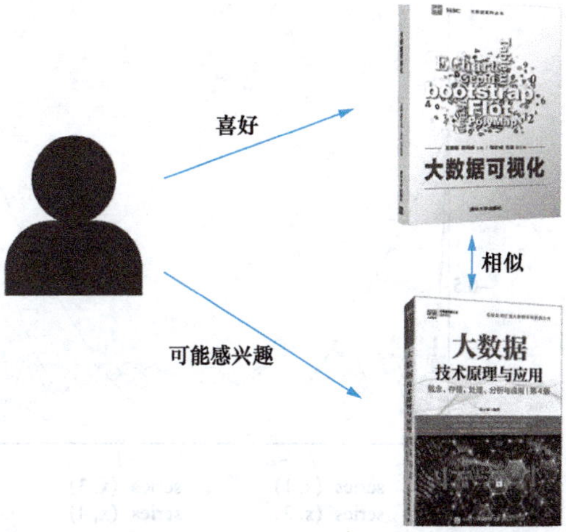

图 9-12　基于项目的协同过滤算法示意图

在大数据时代，传统的信息检索技术已经不能满足用户对信息发现的需求。推荐算法根据用户的兴趣和行为特点进行个性化推荐，向用户推荐所需的信息或商品，帮助用户在海量信息中快速发现真正所需的商品，帮助网上商店提高用户黏性、促进信息点击和商品销售。

4. 建模算法

建模通常是指用公式或描述性语言来解释系统的行为。这些公式描述数据的分布，并经常用于预测不同变量之间的作用关系。因此，建模比其他大数据技术能更好地解释数据对象的行为，以及数据对象所在的交互系统的行为。物理科学中的大多数重大里程碑都是由数据建模辅以科学天才产生的，如牛顿力学和光学定律、开普勒行星轨道定律、量子力学等。因为数据建模能够将观察结果与因果关系联系起来，这使之比预测技术（如推荐算法、分类算法和聚类算法）具有更大的通用性和科学影响。

数学建模的方法不同于预测分析的方法，预测分析法倾向于基于一些关于数据对象之间相似性的基本假设，而数据建模方法是基于直观的数据分析，并从数学的各个领域中来选择合适模型的方法。在许多情况下，建模者只需简单地用数据绘图，然后寻找具有类似形状和模式的特定类型的函数（例如对数、线性、正态、傅里叶级数、幂律等）来建模。建模者可以用各种方法来测试数据是否与模型吻合。

傅里叶级数就是数据建模的一个例子。周期函数（即具有重复数据趋势的函数，包括波形和周期性时间序列数据）可以表示为振荡函数（即涉及正弦、余弦或复指数的函数）的和。这适用于不像曲线形状的周期函数。例如图 9-13 所示，方波被表示为单一的正弦波、两个正弦波和三个正弦波，直到十个正弦波的和。当添加更多分量时，与原始信号或周期性数据集的表示更接近。一个简单的正弦波可以捕捉方波的周期和幅度，随着起作用的正弦波数目的增加，改善了对方波的近似效果。这表明，当一组具有周期性的数据被分解为傅里叶级数时，函数的形式可以用有限数量的振荡函数近似。根据数据分析人员的目的，傅里叶级数的前几个项足以产生合适的数据模型。

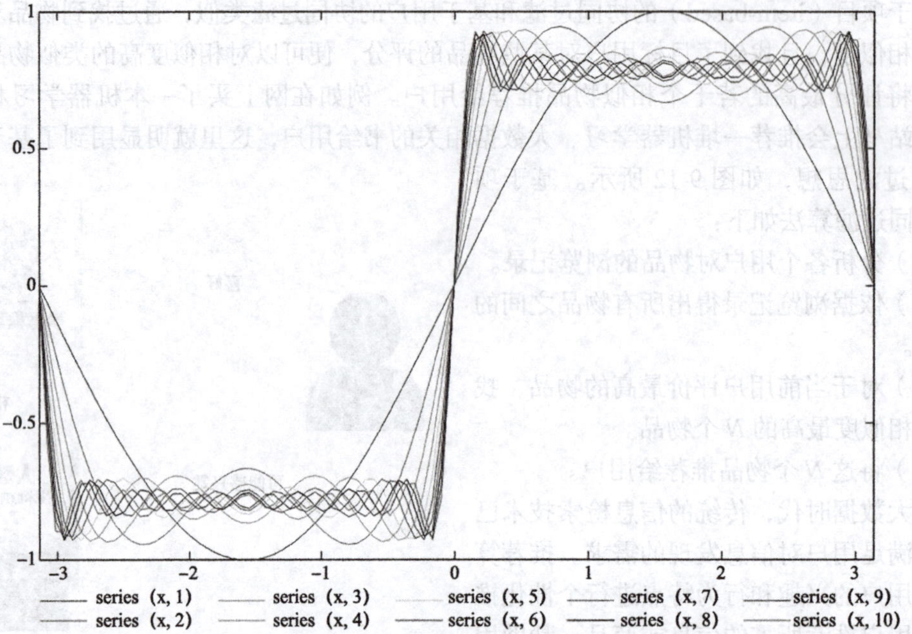

图 9-13　傅里叶级数示意图（方波由多个正弦波近似而成）

在 Gnuplot 中绘制图 9-13 傅里叶级数的代码如下：

```
t(x,k) = pi/(pi*(2*k-1))*sin((2*k-1)*x)
series(x,n) =(n>0 ? t(x,n) + series(x,n-1) : 0)
f(x) = (x>0 ? -1:1)
set xrange [-pi:pi]
set yrange [-1:1]
set key below
plot series(x,1),series(x,2),series(x,3),series(x,4),series(x,5),series(x,6),
series(x,7),series(x,8),series(x,9),series(x,10)
```

变换是一种数学运算，可以将一个函数或时间序列转化成其他的数学表示。逆变换是将变换的结果还原出原始的函数。当有些操作在变换后的函数上可执行，而在原函数上无法进行时，变换这种运算会非常有用。

傅里叶变换是可供数据分析员使用的最流行和最有用的变换。将傅里叶变换修改成快速傅里叶变换的形式后，可在计算机上以极快的速度运行。使用快速傅里叶变换可以转换周期函数和波形（周期时间序列）。变换还可将信号分离成不同的频率，并且可以找到两个信号之间的相似性。当操作完成时，通过计算的逆变换来替换原始数据集合。

9.3.3　数据简化

万有引力是一个大数据问题。根据万有引力的定义知任何两个物体之间的引力与其质量的乘积成正比，并与它们之间的距离的平方成反比。如果需要计算某物体上的引力，就需要知道宇宙中每个物体的位置和质量，但这是不可能的。目前根据引力与物体间的距离成反比的规则，忽略远离地球和太阳的天体以及比太阳质量小很多的附近物体影响，计算出地球绕太阳运行的轨道，预测它们在未来几千年的相对位置。

同理，观察太空中的两个星系，如果它们的形状和大小相似，并有类似的星体密度，那么就可以假设它们产生的光量大致相同。如果在地球上接收到其中一个星系的光的强度是另一个星系的四倍，则可以应用光强度的平方反比定律推测出光强度高的星系到地球的距离是另一个星系的两倍。从这两个星系比较分析中可以发展出适用于更大数据集（观测宇宙中每一个可见星系）的一般分析方法。

因此在大数据分析过程中，不一定要对系统模型中所有的对象进行计算，要抓住主要影响因素，简化或忽略影响小的因素，这就是数据简化。

通常大数据对象的维度较高，数据类型较多，每个数据对象带有大量的值，造成大数据复杂度增加，理解困难。每个数据对象都使用大量的值进行注释。所有不同数据对象之间共享的值类型通常称为参数。因此需要对数据进行过滤，以删除无用参数，降低复杂度。无用参数通常具有这两个属性之一，即冗余性和随机性。

1. 冗余性

如果一个参数与另一个参数完全相关，就可以安全地删除这两个参数中的一个。例如有一组人的生理学数据，包括体重、身高、腰围、体脂指数、体重身高指数 BMI 等。如果多个属性彼此密切相关，则可能需要删除一些属性。

关联系数提供了两个变量之间的相似性度量。两个相似的变量将同时上升和下降。皮尔逊相关系数很受欢迎，并且很容易计算。它产生的系数从 −1 到 1 不等。系数为 1 表示完全相关；系数为 −1 表示完全反相关（即一个变量上升，另一个变量下降）。皮尔逊系数为 0 表示缺乏相关性。还有其他容易计算的关联系数计算方法。大数据分析师不应在必要时回避分析数据的相关性系数，以确保提高分析速度或提供最符合其特定目标的评估标准。

2. 随机性

如果一个参数是完全随机的，那么它不能反映关于数据对象的任何有意义的信息，就可以删除该参数。有许多方法可以测试随机性，虽然这些方法大多用于测量随机数生成器的质量，但它们同样也可用于确定数据集的随机性。

一个简单但有用的随机性测试可以通过将一组参数值放入一个文件并压缩该文件来实现。如果参数值随机分布，文件将无法很好地压缩，而有规律分布的一组数据（例如简单曲线、类似 Zipf 的分布或具有尖峰的分布）将被压缩到一个非常小的文件中。

作为一个简单的例子，可以编写一个简短的程序，创建三个文件，每个文件的长度为 10 000 字节。

（1）第一个文件由数字 1 组成，重复 10 000 次（即 11 111 111…）。

（2）第二个文件由数字 0 到 9 组成，以 1000 个 0、1000 个 1、1000 个 2 的顺序排列，以此类推，直到 1000 个 9。

（3）第三个文件由数字 0 到 9 组成，这些数字以完全随机的顺序出现（如 285963222602608409552736 4317），扩展后可生成 10 000 字节的文件。

每个文件都使用 gunzip 压缩，gunzip 使用 DEFLATE 压缩算法，结合 LZ77 和哈夫曼编码来压缩文件。

三个未压缩的文件（10 000 字节）分别被压缩为以下文件大小：

（1）第一个文件（连续 10 000 个 1）压缩后大小：58 字节。

（2）第二个文件（连续 1000 个 0 依次到 9）压缩后大小：75 字节。

（3）第三个文件（10000 个随机序列）压缩后大小：5092 个字节。

一般来说，纯随机序列不能被压缩。因而在对大的多维数据集进行初步分析期间，可以通过参数值的可压缩性来确定哪些参数随机性较大，在后面的分析中可能考虑被删除。

除了消除冗余或随机参数，还需要对数据进行检查，通过检查消除对于分析结果没有作用的其他参数。例如如果有用户的邮政编码，则不需要保留街道地址。

消减参数的过程适用于所有的数据分析领域，包括标准的统计分析。在消减参数过程中要记录删除的属性及删除原因。消除冗余参数有很多方法，本节重点介绍 Apriori 算法和主成分分析法。

Apriori 算法可以实现属性消除，下面是对算法的介绍。假设 $I = \{I_1, I_2, \cdots, I_m\}$ 是项的集合。给定一个交易数据库 D，其中每个事务（Transaction）t 是 I 的非空子集，每一个交易都与一个唯一的标识符 TID（Transaction ID）对应。关联规则在 D 中的支持度（support）是 D 中事务同时包含 X、Y 的百分比，即概率；置信度（confidence）是 D 中事务已经包含 X 的情况下，包含 Y 的百分比，即条件概率。如果满足最小支持度阈值和最小置信度阈值，则认为关联规则是有效的。这些阈值需要根据数据分析来进行人为设定。

用一个案例对 Apriori 算法进行说明，表 9-8 是一个体育用品的购买记录。

表 9-8　体育用品购买记录表

TID	网球拍	网球	运动鞋	羽毛球
1	1	1	1	0
2	1	1	0	0
3	1	0	0	0
4	1	0	1	0
5	0	1	1	1
6	1	1	0	0

表 9-8 是顾客购买记录的数据库 D，包含 6 个事务。项集 I={ 网球拍 , 网球 , 运动鞋 , 羽毛球 }。考虑关联规则（频繁二项集）：网球拍与网球，事务 1,2,3,4,6 包含网球拍，事务 1、2、6 同时包含网球拍和网球，X^Y=3, D=6，支持度 (X^Y)/D=0.5；X=5, 置信度 (X^Y)/X=0.6。若给定最小支持度 $\alpha = 0.5$，最小置信度 $\beta = 0.6$，认为购买网球拍和购买网球之间存在关联；这两个产品是受欢迎的商品，将两者组合起来可以作为一个受欢迎的组合，这种方法可以做到数据简化。

主成分分析法也可用来减少对象维数。在用统计分析方法研究多变量的课题时，变量个数太多就会增加课题的复杂性，人们自然希望变量个数较少而得到的信息较多。在很多情形下，变量之间有一定的相关关系，当两个变量之间有一定相关关系时，可以解释为这两个变量反映此课题的信息有一定的重叠。主成分分析法是在原本具有的所有变量中，删去多余的变量（关系紧密的变量），建立尽可能少的新变量，使得这些新变量互不相关，且在反映课题的信息方面尽可能保持原有的信息。

设法将原来的变量重新组合成一组新的互相无关的综合变量，同时根据实际需要从中可以取出几个较少的综合变量，尽可能多地反映原来变量信息的统计方法称为主成分分析或称主分量分析，也是数学上用来降维的一种常用方法。

主成分分析作为基础的数学分析方法，其实际应用十分广泛，比如在人口统计学、数量地理学、分子动力学模拟、数学建模、数理分析等学科中均有应用，是一种常用的多变量分析方法。

数据分析需要清楚地意识到，即使数据收集和分析的过程满足精确性和可重复性的所有标准，也不能保证数据集合和分析结果是有意义的。有时所拥有的数据并不是所需要的数据，而且许多高级分析方法，包括聚类、神经网络、贝叶斯方法和支持向量机，可能产生一个结果，但是这个结果并不是有意义的答案。数据分析员必须明白，结果和答案之间有着重要的区别。

9.3.4　数据标准化

当从多个来源提取数据，在不同时刻取样，并为不同目的收集数据时，数据值之间不能直接相互比较。此时需要一种方法来标准化所采集的数据，将数据值协调在一定的标准下方可进行比较。数据标准化和调整的方法如下。

1. 根据变化调整数据

以下是一个根据基数变化做出调整的案例。流行病学家经常会基于人口的大数据集进行分析（例如地方、国家和全球数据），如果没有对数据进行标准化调整，数据分析结果将会出现较大偏差。假设某国长期保存了一种儿童疾病的发病率数据，通过分析发现在过去十年里，患有这种疾病的人数增加了一倍，但这并不意味着发病率增加了一倍，因为发现该国的人口数量翻了一倍，所以发病率保持不变；继续分析发现疾病病例在某一个地区增加了一倍，该地区的人口没有相应增长，但是这也并不意味着发病率增加了一倍，因为这个地区的儿童人口增加了一倍，所以目标人群中的发病率仍然保持不变。

2. 无量纲地呈现数据值

直方图可以将数据分组并用柱状图来描述数据分布。

案例 9.3　直方图呈现图像的像素分布

本案例中，使用直方图来描述和观察图像中像素的分布。例如采用直方图表示图 9-14 中的天坛图像，其中柱的高度是黑白照片中落入某个灰度值的像素数量，纵坐标为数量，横坐标为灰度值（0、1、2、3、…、256），转换的直方图如图 9-15 所示。

图像直方图的绘制过程如下：

首先，使用 Python 获取图片的灰度值数据并写入到 xiangsu.dat 文件，执行代码如下：

```
import cv2
img = cv2.imread("D:\tiantan.png",cv2.IMREAD_GRAYSCALE)
Xlenth = img.shape[0]
Ylenth = img.shape[1]
with open("xiangsu.dat", 'w') as file:
    for i in range(Xlenth):
            for j in range(Ylenth):
                    gray_value = img[i, j]
                    file.write(f"{gray_value}\n")
```

图 9-14　天坛图像

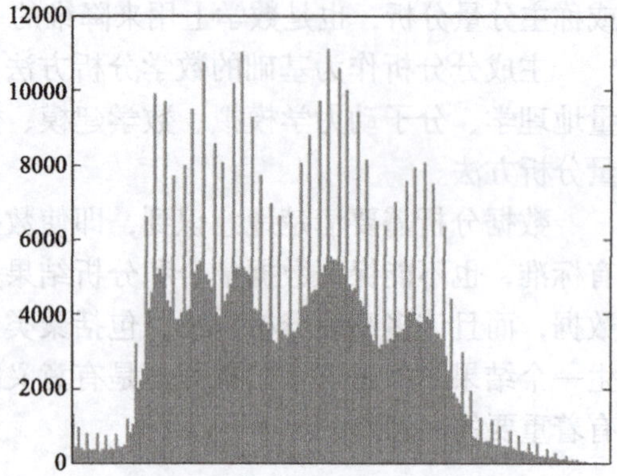

图 9-15　图像转换的直方图
（每个柱子表示灰度值为 0～256 的像素数量）

其次，在 Gnuplot 中使用 xiangsu.dat 文件中的灰度值数据绘制直方图，执行代码如下：

```
set style data lines
unset xtics
set style fill solid 0.5 noborder
plot 'xiangsu.dat' using 1 bins=200 with boxes notitle
```

由此，可以得到图 9-15 中关于天坛图像的灰度直方图。

当不同尺寸的图像对比时，由于图片中的像素总数不同，单一进行像素数目比较没有实际意义，此时可以用每个灰度值对应像素数目除以图片中的像素总数表示每个灰度值的比例。这个比值，即归一化值，替代了像素个数变成了一个无量纲的数据，而同时直方图是没有变化的。

3. 将数据进行注解和转换

邮政编码是由数字组成的数据示例。如果缺少对这些数字的属性说明，就不能期望从邮政编码中获得任何有用的信息。例如中国的邮政编码采用四级六位数编码结构。前两位数字表示省（直辖市、自治区）；第三位数字表示邮区；第四位数字表示县（市）；最后两位数字表示投递局（所）。而对于有些国家的邮政编码来说，每个邮政编码可以映射到邮政编码区域中心的特定纬度和经度，这些值可用作球形坐标，从中可以计算位置之间的距离。所以，为数据库中的每个邮政编码之类的条目进行注解和转换很有必要。

4. 归一化处理

对数据进行归一化处理，即数据集中的每个数据值映射到 0 ～ 1，原始数据值在新数据集中的排序保持相对不变。最简单的操作方法是将数据集中的最大数据值减去最小数据值来计算数据的范围，数据集中的每个数减去最小值，然后将结果除以数据的范围，即可将数据值映射到 0 ～ 1。

将数据集归一化的另一种常用方法是：对每个数据先减去数据集的平均值，然后除以标准偏差，所得到的值称为 z 分值。这个值将提供数据值在数据集中的位置，表示其与平均值的偏差。

比较不同的数据集时，对数据归一化是很重要的。在多维数据的情况下，通常需要使用合理的缩放计算来规范每个维度中的数据。这可能包括本节描述的方法，即除以范围或标准偏差，或用无量纲转换值（如相关性度量值）来替换数据。

5. 加权

加权是一种方法，可以通过某些因子来调整数据值的影响力以产生改进的结果。通常，当数据值被加权因子之和替换时，这些加权因子一般相加为 1。例如编写一个平滑函数时，数据集中的每个数据值都将替换为一个值，该值是通过将数据自身值及其左右邻域值的加权之和计算得出的，可以将每个数字乘以三分之一，以便将最终数据缩放到与原始数据相似的大小。或者也可以将左侧和右侧的数值乘以四分之一，将数据自身的数值乘以二分之一，以生成一个偏重原本数据的加权和。

数据分析员经常需要选择一种标准化方法，而这种选择将始终取决于对数据的预期用途。比如有三种数据来源提供了关于儿童的记录，其中都包括“年龄”这个属性。每个来源在同一维度中测量年龄，即都使用“年”。当研究这些数据时，发现第一个数据源只包含 14 岁以下的儿童，第二个数据源只有 12 岁以下的儿童，而第三个数据源则只包含 16 岁以下的儿童。很显然，不能忽略三组数据中截至年龄的差异。那么，是否应该截断 12 岁以上的所有数据，还是应该使用所有数据，但对不同来源的数据进行不同的权衡，还是应该除以数据的可用范围进行归一化，应该计算 z 分值吗？这完全取决于试图从数据中得到什么。

9.3.5 软件的速度与可扩展性

大多数计算机用户对计算机的延迟没有耐心。如当提交一个搜索引擎查询时，程序需要从所有网页中进行查询和收集，可是用户希望立刻看到输出结果。但在大数据的情况下，软件的可扩展性可能无法满足工作的规模和复杂性。

下面是一些实现速度和可伸缩性的建议。

1. 考量软件的可拓展性

一个应用软件在 MB 级别的数据上可以正常工作，但是当这个软件对 TB 级别的文件或每条记录都有百万级别变量的数据集上工作时，可能会非常慢甚至崩溃。

2. 避免使用成套应用程序

成套应用程序在大数据达到临界点前可以正常工作，但是大数据一旦达到临界点，系统会变慢或崩溃。由于现成的成套应用程序是整体而非模块化的，整个应用程序是一个“黑盒子”，缺少对外接口，当其中一个子系统出现故障时，无法进行修复。

3. 使用分布式程序

采用分布式的小型、高效、快速的实用程序完全符合大数据项目的分布式模式，这些小程序可以是免费和开源产品，在使用之前对这些小的模块可以单独测试。实际应用时根据需要可直接拿来使用。比如 Hadoop 生态系统中的 MongoDB 就是一个小巧灵活、高效快捷、扩展性很好的分布式系统，可用于处理文档类型的大数据。

4. 避免使用未严格测试的软件

在实际工作中使用经过严格测试的软件非常重要，尤其是经常需要处理复杂的数据集的程序，如果不进行严格测试可能会出现不可预知的结果。即使经过测试后，在使用新的数据源时，由于数据格式发生了变化，需要不断监控软件的性能。

5. 了解算法的局限性

当程序运行得过慢时，不要立即通过更换速度更快的计算机或者更换编程语言去解决；大多数速度问题是由于程序设计不当或选错算法造成的，可以通过深入思考程序的逻辑是否合理或者更换算法来解决。

6. 如果进行科学研究，应尽量避免使用商业软件

商业软件的应用在大数据领域中非常重要，商业专有软件的优点是提供了丰富的功能，可用于构建和维护资源所涉及的服务器、数据库和通信等软硬件，而且有效可靠；缺点是只能完成特定工作，无法根据研究的需要进行算法的改进和提高。因此，进行科学研究时，即使商业软件有很多优点，也应尽量避免使用，而是应该选用开放源代码的软件或自研软件，这样当需要时才可以自己通过编程等方式来改进算法。

9.3.6 关系的重要性

数据对象之间的关系与数据对象之间的相似性存在着本质的区别，这是数据分析中最基本的概念之一。关系是对象的基本属性，它将对象放在一类对象中，类的每个成员都具有相同的基本属性。一组关系属性的集合可以用来区分对象的祖先类和对象的后代类。相关对象往往彼此相似，但这些相似性是它们之间存在关系的结果，而不是相反。例如，你可能与父亲有许多相似之处。你和你父亲很相似，因为你和他有父子关系；而不是因为你和他很相似，所以你和他有父子关系。

下面这个例子强调了关系和相似性之间的区别。假如抬头看云，开始看到狮子的形状。云有一条尾巴，像狮子的尾巴，还有一个蓬松的头，像狮子的鬃毛。凭着一点想象力，狮子的嘴似乎从天空咆哮而下。这样成功地找到了云和狮子之间的相似性。那么，如果看着一朵云，想象着一个茶壶产生一股蒸汽，那么就建立了产生云的物理力和从加热的茶壶产生蒸气的物理力两者之间的关系，由此，知道云是由水蒸气组成的。

要注意区分按相似性对数据对象进行分组（如聚类）和按关系对数据对象进行分组（如建立分类）的不同之处。如图 9-16 所示，其中包含 300 个对象。每个对象属于两个类中的一个，用星号或空框标记。300 个对象在空间中自然地聚为三组。

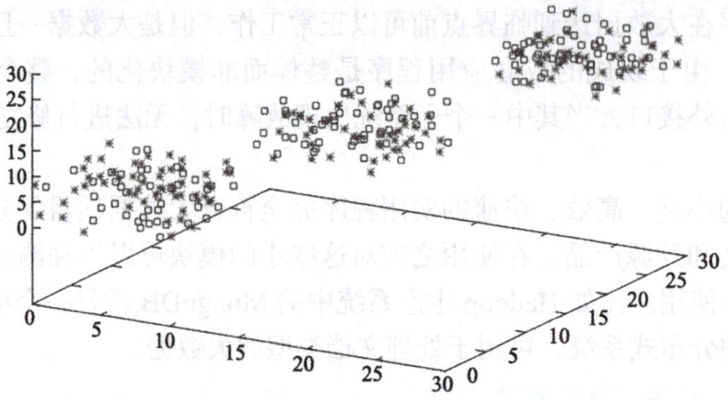

图 9-16　由三维数据点表示的 300 个对象的空间分布图

（由星号或空框表示的两类不同的数据对象，在空间中分为三簇）

在 Excel 中使用 rand() 函数分别生成 0 ~ 10、10 ~ 20、20 ~ 30 范围的三维数据点并分成两类，将数据集保存到 rand.dat 文件中。Gnuplot 中绘制图 9-16 的三维散点图的代码如下：

```
unset hidden3d
set ticslevel 0.5
set view 60,30
set autoscale
set style data points
set key box
get_point_type(x) = (x == 1) ? 3 : ((x == 2) ? 4 : 7)
splot "rand.dat" using 1:2:3:(get_point_type($4)) with points pt var notitle
```

很容易得出这样的结论：图中显示了三类对象，它们可以通过相似性来定义。但从一开始就知道，这些对象分为两类，从图中可以看出，这两类对象分布在所有三个簇中。这里对象的分类由它们之间的关系决定，而对象在空间的分布由它们之间的相似性决定。

另外，假设有一群猫和犬科动物。收集的狗可能包括吉娃娃、拉布拉多犬和其他品种的狗。收集的猫可能包括家猫、狮子和其他物种，收集的每种动物的数据可能包括体重、年龄和毛发长度。当根据相似性（即体重、年龄、毛发长度）对动物进行分类时，不知道会发生什么，但可以肯定，相同年龄的短毛猫和短毛吉娃娃可能会归入一类。猎豹和灰狗，大小和体型相似，可能会归入另一类。相似性聚类将无关动物混合在一起，并将相关动物分离。

对于分类学家来说，按照关系而不是相似性进行分组的重要性是一个艰难的教训。资料显示，2000 年来的错误分类、错误的生物学理论以及医学和农业进步的障碍都是在将相似性与关系混淆的时候发生的。早期的动物分类是基于相似性（例如喙的形状、皮毛的颜色、脚趾的数量）。这些分类导致了错误的结论，即海豚是鱼，各种幼年形态的昆虫、线虫和数千种动物是不同的有机体，与它们成熟期的成年形态无关。后来生物分类学家开始采用种群类别，并通过类别属性寻找各动物之间关系而非相似性，对动物的类别进行了重新划分。

从根本上说，所有分析都致力于发现对象或对象类之间的关系。关于宇宙的一切，以及宇宙中的过程，都可以简化为简单的关系。在许多情况下，寻找和建立关系的过程往往始于寻找相似之处，但决不能就此结束。

9.4 大数据分析中的特殊注意事项

如果大数据统计存在内在缺陷，即使数据量巨大，统计分析的结果也只有统计学意义，缺乏现实实际意义。同样，当从一个大的集合中选择数据子集时，无法知道数据子集与所排除的数据是否存在相关性，最终会造成统计结果出现偏差。最重要的是，大数据资源不能验证每一个假设，所以当强行用大数据去回答一个不可能回答的问题时会发生很多错误。在过去的十多年中，出现了大量的文献来描述大数据统计的陷阱。本章节的目的是讨论这些陷阱，并对使用的分析方法提供一些通用建议。

9.4.1　数据选取原则

大数据的数据源选择和分析工作是由数据分析人员完成的，数据分析员的倾向性会影响数据的选取，而且会在选定数据源之后，为了支持个人观点，在选定的数据集上强加一个模型，以得到理论支持率。这样做不利于大数据对科学的推动发展，因而应当尽量消除个人因素的影响，创建无偏差完整的大数据，并在此基础上创建合理的模型。

9.4.2　理论模型选择

例如，假设在靶场射击，瞄准靶心目标射击十枪，然后测量每颗子弹离目标中心的距离，从中可以得到分数，通过分数可以比较枪法的水平。如果在一个没有目标的墙上射击10 次，碰巧射击的六颗子弹聚集在一起，然后将目标中心置于密集的子弹孔的中心上，结果得到一个比实际上瞄准目标的人更高的分数。提供这种数据统计结果的统计学家证实了可以人为地选择合适的数据。这种欺骗性的做法被称为“移动目标的子弹孔”。

如果大数据分析人员在项目启动时有一个先入为主的理论，就会选择一个数据集来证实该理论，增加了项目失败的风险。

在大数据分析中，科学理论是对观察结果的合理解释。理论总是建立在一些被普遍接受为真理的已经存在的原则基础上。当研究大数据时，需要考察一组普遍持有的原则是否可以扩展到当前数据集中的观测值。科学家的大部分活动都是为了使已知的与观测到的相协调。

对于大数据项目来说，确定一个先验的理论或模型几乎总是必要的；另一方面，数据分析师对各种数据和理论的选择总会感到不知所措。如果想要确保进行适合的大数据分析，需要做到以下几点：

（1）检查所有可用的数据或从一个随机抽样中选择一个子集，根据目标选择合适的理论模型。

（2）通过数据对理论进行验证，如果理论不符合数据，必须修改或放弃该理论。

（3）分析者不能盲目相信理论，理论必须针对多组数据进行测试，保证理论的普适性。

（4）时刻保持警醒的态度，认识到经过以上验证的理论有可能是错误的。

正确的理论需要与观测数据相一致，并且对观测结果提供正确解释。大数据分析经常发生的错误就是忽略外部环境的变化，认为数据模型与数据集的关系一旦建立后不会发生变化。任何模型的使用都要与时间、地点、外部环境相匹配，下面给出一个案例。高斯 Copula 函数是一个为华尔街专门建立的模型，可根据目前车辆的市场价值，计算违约风险的相关性，在风险市场成为最受喜爱的预测风险的模型。但在 2008 年，发生了全球性的金融危机，由于外部环境的变化，该模型所测出的风险不能适用，导致函数停止使用。

9.4.3　过度拟合

为了对未来进行预测，需要在模型空间中选择最优模型，所谓最优模型就是很好地拟合已有数据集，并且正确预测未知数据。为了得到一致假设而使假设变得过度严格称为过度拟合。在拟合结果中一般会出现三种情况：欠拟合、正常拟合、过度拟合，如图 9-17所示。

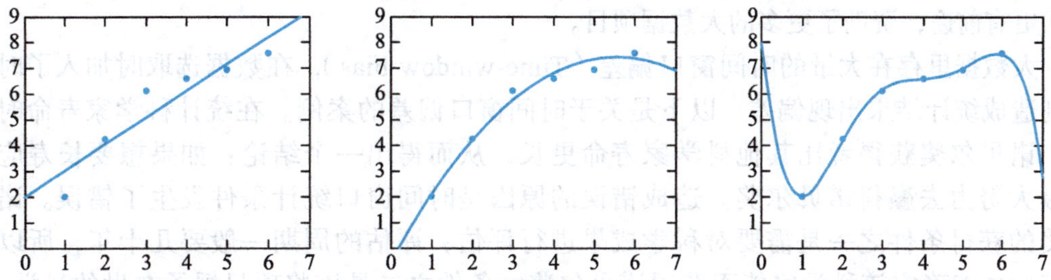

图 9-17 拟合结果的三种情况

一般来说，数据集越大，模型越容易过度拟合。在大数据领域，大数据专家更多地会关注数据的相关性，经常会将所有相关数据混合在一起，并认为这些信息是合理的、相关的。例如现实中经常把信号噪声当成信号，并与真实信号放在一起进行分析，造成过度拟合情况发生，导致在实际测试过程中使用训练数据是成功的，但一旦使用新数据就会失败。导致过度拟合的原因如下：

（1）建模样本选取有误，如样本数量太少，选样方法错误，样本标签错误等，导致选取的样本数据不足以代表预定的分类规则。

（2）样本噪声干扰过大，使得机器将部分噪声认为是特征从而扰乱了预设的分类规则。

（3）假设的模型无法合理存在，或者说是假设成立的条件实际并不成立。

（4）参数太多，模型复杂度过高。

（5）对于决策树模型，如果对于其生长没有合理的限制，其自由生长有可能使节点只包含单纯的事件数据（event）或非事件数据（no event），使其虽然可以完美匹配（拟合）训练数据，但是无法适应其他数据集。

（6）对于神经网络模型：对样本数据可能存在分类决策面不唯一，随着学习的进行，BP 算法使权值可能收敛为过于复杂的决策面；权值学习迭代次数太多，导致过度训练（Overtraining），拟合了训练数据中的噪声和训练样例中没有代表性的特征。

一般采用以下方式解决过度拟合问题：

（1）在神经网络模型中，可使用权值衰减的方法，即每次迭代过程中以某个小因子降低每个权值。

（2）选取合适的停止训练标准，使对机器的训练停止在合适的程度。

（3）保留验证数据集，对训练成果进行验证。

（4）获取额外数据进行交叉验证。

（5）正则化，即在进行目标函数或代价函数优化时，在目标函数或代价函数后面加上一个正则项，一般有 L1 正则与 L2 正则等。

9.4.4 统计偏差

因为大数据方法使用大量的数据集，所以大家会误认为得到的结果比从一个小数据集产生的结果更加可信。事实上，由于大量的缺失记录、“噪声”数据，造成大数据完整性和准确性较差，记录的质量存在巨大差异。目前科学界普遍认为，基于大数据的分析比小数据更有前途，资助了更多的大数据项目。

大数据里存在大量的时间窗口偏差（Time-window bias），在数据选取时加入了时间限制造成统计结果出现偏差。以下是关于时间窗口偏差的案例。在统计科学家寿命时发现，诺贝尔奖获得者比其他科学家寿命更长，从而得出一个结论：如果想要长寿应该尽最大努力去赢得诺贝尔奖。造成错误的原因是时间窗口统计条件发生了错误。诺贝尔奖的获得条件之一是需要对科学成果进行评估，评估的周期一般要几十年，所以几十年后才能确定该科学家能否获得诺贝尔奖；条件之二是该奖项只授予在世的科学家，死亡的科学家将从候选人中剔除；这两个条件造成所统计的科学家只有寿命长的，寿命短的不在统计范围内。这个时间窗口歪曲了诺贝尔奖获得者的平均寿命。

再如，对于死亡原因的分析往往是基于死亡证明，但死亡证明数据经常出现错误。在大多数情况下，死亡证明中的数据通常是由临床医生在病人死亡时提供的，并没有尸检结果。在许多情况下，填写死亡证明书的医生没有接受过培训，经常搞错死亡模式（例如心脏骤停、心跳呼吸骤停）与死亡原因（例如某些疾病造成的心脏骤停或心跳呼吸骤停）的关系，因此这种死亡原因的数据是无效的。而且，这些证明的格式在不同地区之间存在很大差异。但即使知道死亡证明有很大缺陷，很多人仍然相信死亡证明数据，因为这种方式已经被人们所熟知。

导致大数据偏差普遍出现的原因主要是，大多数人认为完整的数据就是有代表性的数据。当拥有一个大型数据资源时，数据描述的问题不会消失，而是变得更加复杂。对于缺乏内省和标识符的大数据资源，数据描述会成为一个棘手的问题。

9.4.5　数据过多

大多数人认为掌握的数据越多，对数据分析价值和意义就越大，当数据的维数增加，对象属性变多时，会造成计算量变大，降低分析效率；另外维数变大会导致对象之间的距离过大，常规的聚类分析算法无法实现对象的有效聚类，导致算法分析失败，遇到这种情况时常规做法是降低对象维度。

9.4.6　数据修复

在大数据集中经常会有脏数据或噪声数据存在，对脏数据的处理一般会采用三种数据处理方式：修改、删除、保留。如果发现数据值是无效值，该值无法保留就必须将其修改或删除，当出现极端数据值且该数据在有效的范围内，并且该数据值是有效数据，这个数据值可能是数据集里最重要的数据值。

数据分析人员负责修改所获取的大数据，如果要提高精度可以采用测量仪器修改所获取的大数据。在大数据中不能单纯地认为从仪器中采集到的数据就是原始数据，例如使用仪器测量基因阵列上杂交斑点发出的荧光量，血液中钠的浓度，或者其他特征量的测量值，这些数字化的数据值一般都由运行在仪器上的特殊软件算法产生。分析人员将决定如何处理缺失的数据值、超范围的数据值和边缘值。数据分析人员将采用不同的技术减少数据的维数，并对所提取的数据值进行修改并作出解释和记录。

数据管理人员只负责验证数据是否被正确收集，不对数据的正确性负责，不负责数据的清洗。数据验证工作主要包括收集、注释、识别、存储、提供标准接口，确保用户可根据基于数据源的标准协议进行数据访问。

9.4.7 数据的不可加性和不可传递性

辛普森悖论对统计学家来说是一个众所周知的问题。这个悖论是，两个数据集分别支持一定的结果，可是一旦将两个数据集进行合并后，会导致出现相反的结论。

辛普森悖论最著名的例子，体现在 1973 年伯克利大学招生的性别偏见研究中。对招生数据的初步统计表明，女生录取率 42% 是男生 21% 的两倍，见表 9-9。

如果单从表 9-9 的数据分析可见女生的录取率高于男生的录取率，在录取过程中可能存在严重的性别歧视；但实际上是由于不同性别的学生对学院选择的不同所导致的录取差异。首先两个学院的录取率相差很大，法学院总体录取率为 9.2%，商学院总体录取率为 53.3%，商学院录取率远远高于法学院；其次，女生和男生的申请人数分布与各学院录取率相反，大多数女生申请录取率高的商学院，商学院中女生申请比率占 83.3% [100/(100+20)]，相反绝大部分男生申请录取率较低的法学院，法学院男生申请比率占 83.3% [100/(100+20)]。

表 9-9　招生数据统计表

学院	女生			男生			合计申请	合计录取	合计录取率
	申请	录取	录取率	申请	录取	录取率			
商学院	100	49	49%	20	15	75%	120	64	53.3%
法学院	20	1	5%	100	10	10%	120	11	9.2%
总计	120	50	42%	120	25	21%	240	75	31.3%

结果从绝对数量上看，录取率低的法学院，因为女生申请人数少，所以不录取的女生人数相对较少；商学院虽然男生录取比率较高，但是由于申请人员数量少，录取的绝对人数较少，法学院由于男生申报总体人数多，所以未录取人数相对较多。造成最后汇总结果，女生在总体录取数量和比例上都比男生占优势。

辛普森悖论表明，数据并不总是可以相加的，需要考虑其他相关情况。

数据的不可传递性是指不能基于子集比较而进行推理。例如，在随机药物测试中不能进行以下假定：如果对于一个受试群体进行测试，发现药物 A 测试优于药物 B，对于另一群受试群体进行测试，发现药物 B 测试优于药物 C，但不能通过两个结果得出药物 A 测试优于药物 C。因为当对不同试验的结果比较时，不同组的受试者不具有可比性。两组受试者对第三种药的反应是不可预测的，所以传递推论在大数据中是不适用的。

9.4.8 其他大数据问题

大数据的数据分析中还存在其他的陷阱，举例如下。

1. 观念错误——大数据就是正确数据

大数据来自许多不同数据源，在多种协议下产生，即使这些数据经过了严格的标注，新的数据源包含比原来大数据集更好的数据集，数据的精确性仍然需要考量。对分析结果的正确性验证可以通过改变数据源和改变分析方法进行验证。

2. 分类偏差

当进行数据分析时，数据集越大就越有可能出现偏差。如果类定义不合理，会造成分类失败。在分析过程中，如果只是基于一套科学原则或者利用组合的分析技术，不能避免偏差的出现。

3. 复杂性偏差

大数据资源中的数据来自不同的来源，一个数据源的数据与另一个数据源的数据无法严格匹配，数据选择的方法（包括数据筛选和数据转换）也会有所不同。这些因素叠加在一起，形成了一个对大数据分析研究的复杂环境，造成分析偏差。

4. 统计方法偏差

统计学家应用不同的统计方法，会得到不同的结论。统计方法偏差对大数据而言至关重要，适用于小数据和可控实验室数据的标准统计方法，不一定适用于对大数据的统计分析。

5. 歧义偏差

大数据分析师普遍认为一个复杂的系统是由简单系统构成，该系统有明确的属性和功能，可以根据系统的要求进行算法开发，实现系统预测等功能。但是在现实世界中许多复杂系统不能被清晰地描述，构成系统的元素功能随着时间发展会发生变化，这种歧义性的存在会造成偏差。

尽管有潜在的偏差，但大数据提供了机会来验证小数据预测的有效性。作为一种现成的资源，大数据资源可以为实验研究提供最快的、最经济的、最简单的方法。

9.5 大数据分析步骤

大数据资源很复杂，人工分析大数据很困难。处理一个庞大复杂项目最好的方法是，把它分成很多更小的任务。每一个大数据分析项目都是独特的，每一个成功的项目中所涉及的步骤也会有所不同。尽管如此，在前面章节阐述的大数据研究策略和管理过程还是有帮助的。随着大数据资源的成熟，创造一个有意义、有良好注释及可验证数据集的大数据理论和方法越来越得到普遍的应用。本章节列出的一些步骤可以根据情况有所删减。但在实际情况处理中，通常将会出现更多的步骤。

9.5.1 第一步：提出问题

提问题是需要技巧的，并不是所有的问题都有直接的答案，所以需要不断探索问题的最佳提法和解决方案。

案例 9.4　国家电网公司的风险管理

例如围绕国家电网公司的风险管理来提出一个问题：国家电网公司每年在风险管理上花多少钱？一般可以在互联网找到国家电网公司一年的财政预算，但公司的财政预算不会明确列出风险管理的具体费用，也不会反映与风险管理密切相关的其他机构（如保险公司、供应链上下游公司等）的相关费用。而且今年的资金投入可能在若干年后才会取得成效。

经研究还会发现电网系统所面临的风险纷繁复杂，如自然灾害、外力破坏、山火、鸟害、设备质量、人员操作失误等各种因素都会给电网安全带来很大的风险，同时，风险管理也涉及风险预测、风险评估、隐患排查、监测预警、应急管理、教育培训、风险物资储备和调度等诸多领域的内容，相关的资金投入也会涵盖风险管理的各个方面。因此，这个问题很复杂，无法用简单的方法来回答。

如果问题无法直接回答，先搁置这个问题。许多分析师一般会从“大数据资源为指定问题提供答案”的角度研究大数据，另外一个研究角度是“如何从资源中发现现存数据间的规律和趋势”，这两种方法截然不同，第二种方法更有价值，也能够更客观地反映现实世界之间的关系。

9.5.2　第二步：资源评价

好的大数据资源都会提供详细的数据内容描述，比如建立目录、索引、详细的“自述”文件或详细的用户许可证等方式，可根据资源的类型及其预期用途来选择不同的方式。另外，资源应该提供详细的信息收集和验证数据的方法，以及支持外部查询和数据提取的协议或接口。不提供详细信息的大数据资源一般为两类：高度专业化的资源，这种资源的特点是规模小、用户群固定，且用户对资源的各个方面都非常熟悉；不良资源。

在研究特定问题之前，需要重点评估资源中包含信息的范围。例如上面提到的“国家电网公司的风险管理”案例中，需要用到电网安全风险管控平台收集的风险数据库，这个数据库包含自平台应用以来的所有已经发生的风险及其风险评级和风险处理等相关信息，却并不包含平台应用之前的风险数据。同时风险的原因、过程、详情等信息是不同认知和技术水平的用户录入的，数据的准确性和规范性存在着较大差异。而且，由于某些原因，当风险发生时，比如录入设备故障原因时，为了规避责任，可能存在故意隐瞒人为操作失误的风险因素。这样当数据分析师使用这个风险数据库进行风险产生原因分析时，可能无法得到准确的结果。

大数据资源可能存在系统性偏差。例如有资料显示，通过分析社交媒体 Twitter 的海量数据发现，人们远离家庭时更快乐，在周四的晚上最悲伤，但这个结论的可靠度很低。首先，只有部分成年网民使用社交媒体，这不是一个有代表性的样本，它的用户主要是年轻人群体和大城市人口；其次，很多社交媒体账户是由机器自动控制或辅助操作的。因此，数据捕捉到的那些“人类感情”很可能是由机器表达的。

大数据资源中优先排除或包含特定类型的数据很常见，数据分析师必须设法识别这种数据缺陷。每个大数据资源都有其盲点区域——数据缺失区域、数据采集过少的区域或者代表性不够的数据域。很多时候，大数据管理者并不知道这些缺陷的存在。

因此，持有大量的数据并不意味着拥有得出正确结论的所有数据。

9.5.3　第三步：问题修正

数据并不总是能回答一开始的确切问题。在评估了大数据资源的内容和设计之后，需要将问题校准到可用的数据源。回到最初的问题：国家电网公司每年在风险管理上花多少钱？如果无法直接回答这个问题，或许可以回答与风险管理有关的各个电力公司预算规模的问题。如果知道了与风险管理有关的各分公司大概预算，就能计算出用于风险管理活动的总金额，从而得出整个国家电网公司在风险管理上的大概金额。

通过对数据的分析，数据分析员了解到哪些问题可以用已有的数据得到答案。通过这种方法，就可以修正最初提出的一系列问题。

9.5.4　第四步：查询评价

大数据资源可以产生巨大的输出数据以响应数据查询。当数据分析员接收到大量数据时，尤其是输出特别巨大时，则可能会认为查询输出是完整的和有效的。查询完整性是指大数据资源中的所有数据都能响应查询；查询输出的有效性是指查询输出的结果是正确且可重复的答案。

用户使用搜索引擎进行查询时通常不会对查询的输出结果进行严格检查。当用户针对特定问题输入一个搜索词进行检索时，会获得大量网页链接，有时候第一个网页链接就可能会找到答案，所以通常认为查询输出结果是充分的。然而，一位熟练的数据分析师针对问题会提交很多相关的查询，目的是查看哪些查询产生了最佳结果。而且通常会合并来自多个相关查询的查询结果，并需要对输出结果进行过滤合并，丢弃不相关的响应项。在合并过程中对查询输出结果的检查任务非常艰巨，需要对所有结果多次合并，并进行多次过滤才能完成。

在采取合理措施对查询输出结果完整收集后，仍需要确定已经获得的输出是否完全代表了所要分析的数据域。例如现有一个与毒蘑菇主题相关的大型查询输出文件，并且已经得到了查询输出的短语条目："蘑菇中毒""蘑菇毒物""蘑菇毒药""蘑菇毒性""食物中毒"和"真菌毒素"等。去掉"食物中毒"条目，只保留与蘑菇相关的条目。现在要测试输出文件是否完整，以查看它是否包含毒蘑菇的所有信息集合。首先找到蘑菇术语列表；其次用查询输出文件和蘑菇术语列表进行对照比较；最后发现许多种类的蘑菇没有出现在输出短语条目列表中，例如"剧毒蘑菇"，这意味着大数据资源根本没详细到能支持与毒蘑菇相关的所有查询分析。

没有标准的方法可以衡量查询输出结果是否充分，这取决于数据资源及将要采用的分析方法。在某些情况下，大数据资源根本不包含分析所需的信息，至少没有详细信息，造成查询输出不充分；在其他情况下，虽然大数据资源包含分析所需要的信息，但是没有提供访问数据的有效途径，也会造成查询不充分；另外不能查询注释不完整、未被分配类、对象未标识的数据，这些数据也会造成查询不充分。

数据分析师需注意大数据资源在组织、注释和内容上的主要缺陷。当发现缺陷时，应及时向数据管理者报告。数据管理者应该制定一个制度，用于发现问题、编写问题报告、接收问题报告和改正问题，并记录所有过程，进而尽量使得查询能够准确而充分。

9.5.5　第五步：数据描述

大数据资源的输出数据是数字的还是分类的？如果是数字，是定量的吗？例如电话号码是数字的，但不是定量的。如果数据是数字又是定量的，那么可选的分析方法很多。如果数据是分类信息（例如男性或女性，正确或错误），则分析方法比较有限。分类数据的分析首先是一项计数工作，然后基于特征的出现次数再进行比较和预测。

所有数据对象都具有可比性吗？大数据从许多不同的来源收集数据对象，不同的数据对象可能无法直接比较。数据对象本身可能会用不兼容的类层次结构。例如在一个数据源中，被描述为“鸡”的对象被归类为“鸟”；而在另一个数据源中，“鸡”对象被归类为“食物”。另一个例子，一个被描述为“child”的数据对象可能将“age”属性划分为 3 年增量，直到 18 岁；而另一个“孩子”对象可能将“年龄”属性划分为 4 年增量，直到 16 岁。数据分析员必须准备好对指定的类别、数据范围、大小迥异的数据子集、不同的命名代码等进行标准化规范。

在对数据进行规范化并针对缺失数据和错误数据进行校正之后，需要通过绘图方法将数据可视化，这样会使数据更加客观，更容易发现其中的规律。可视化的方式一般有两种，一是将数据划分为许多不同的分组，并使用不同的技术对数据进行绘制（例如直方图，平滑卷积，累积图等）；二是根据数据的特征（例如线性，非线性，高斯分布，多峰曲线，收敛，非收敛，Zipf 分布等）进行绘制。

9.5.6　第六步：数据简化

在大数据中，数据收集和数据分析是相互矛盾的，数据分析师必须竭尽全力收集所有数据，然而，在分析阶段又必须将数据剔除到最基本状态。

极少数情况下，会对大数据资源中包含的所有数据进行分析。分析大量数据的计算很多时候是不切实际的，大多数现实问题都集中在相对较小的局部观测数据上，而这些局部观测数据通常来自于存在着大量与当前问题无关数据的大数据资源中。从大数据资源中提取一小部分数据的过程可以用各种方法实现，包括数据简化、数据过滤和数据选择。在大数据项目中使用的简化数据集必须是真实可靠的。

前面章节介绍了降低数据维数的方法。实际上，当随机和冗余变量被删除后，剩余的数据集对于分析计算来说可能仍然太大，这时数据分析师需要想办法来继续简化和重组数据。如果无法在大数据集上进行高精度的精确计算，可以考虑以较低的精度用较少的变量进行计算，通过降低工作量的方式先观察计算结果。

9.5.7　第七步：算法选择

大数据领域的大部分书籍都是关于数据分析的，主要侧重于并行处理、云计算、高性能预测分析、组合方法等算法的介绍。这给大家造成一个错误观念，即大数据与小数据的本质区别在于算法。其实有很多优秀的算法，可以满足大多数大数据分析的需求。其实，与算法相比，收集和整理数据会花费更多的人力物力。

随着算法变得越来越聪明，它们变得越来越神秘，真正了解算法工作方式的人也越来越少。一些最流行的统计方法无法简单解释，包括 p 值和线性回归。使用错误的统计算法很容易，以至于一般的数据分析员难以进行正确的算法选择、实施，以及对结果进行正确的解释。如果大数据分析不需要高级算法，规避可能是一种合理的选择。

在选择算法时，大数据分析师应从以下角度进行考虑。

1. 坚持简单的估计

本书第 9.2 节提供了一些简单有效的大数据分析技术。在对项目做了初步分析估计后，可以考虑保留估计值，忘记高级算法。对于许多项目来说，估算值很容易被项目工作人员理解，并将为难以计算和无法理解的精确解提供一个实用的替代方案。

2．指标优先

选择更好的指标，而不是更好的算法。赛伯计量学是一个优秀的例子。它使用简单的指标进行分析，选择将这些指标与一个特定的结果（一场胜利的球赛）很好地关联起来。在过去的几十年里，棒球分析家们为棒球运动员开发了种类繁多的运动测量方法，其中包括跑垒、场内被安打率、独立防御的投手统计、独立防御的自责分率、独立守备投球、球员总评级、连击、总投手指数和最终评级等。这些指标大多是根据经验制定的，并进行了测试、数据分析和优化。它们都是简单的线性矩阵，对球赛期间收集的数据使用加权度量组合。尽管赛伯计量学有其批评者，但每个人都会同意，它代表着一种迷人的、基本上成功的努力，将客观的数字技术引入棒球领域。赛伯计量学中没有任何内容涉及高级算法。这一切都是基于对棒球运动的深刻理解，而开发出的一套简单的、易于计算和验证的指标。

3．微观管理

大数据的成功在很大程度上通过响应指标的变化来不断更改和调整系统来实现。下面是大数据微观管理的一个成功案例。警察部门和政府机构都使用市政统计管理模型，在这个模型中，为了研究市政和警察的响应效率，只选择一个最佳的指标（紧急 110 呼叫响应时间）作为观察对象，然后密切监视该指标数据，重点调查该指标响应时间出现缓慢的情况，分析缓慢产生原因，给出解决方案。通过该方案的实施解决了广泛的系统性问题。因此，对单个指标进行微观管理可以提高整体效率。

选择最佳的指标很重要，但有效地监测、迅速调整和改进指标更重要。

4．借鉴成熟的算法

选择已经有过类似应用的算法，或请教有过类似成功经验的专家，并将他们的专业知识应用到所遇到的问题上。

5．寻求合作

可以通过各种方式与其他组织机构进行合作，来寻求对大数据进行分析的算法。比如，资助机构可以组织预测建模竞赛，提供现金作为奖励，来寻求解决方案的相关算法。

6．算法的自主创新

对数据充分了解后，自主开发出一个适合需求的分析算法。

9.5.8　第八步：结果评估

大数据分析采用的模型不同，得出的结论也不同。大数据分析从来不会得出一个单一的、无异议的答案。

一个好的数据分析师应该客观地解释结果，以下这些方法可以减少结果被质疑的可能性：

1．客观使用模型

如果在大数据分析中使用了多个模型，那么应该把每个模型的分析结果都囊括进去，不能只保留自己所偏爱的模型，也不能只保留对自己结果有利的模型。

2. 改善对因果关系的解释

在大多数情况下，大数据结论是描述性的，不能建立物理因果关系。如果有了更好的方法，并且该方法为因果关系提供了合理解释时，模型被质疑的可能性会降低。与此同时，大数据分析的主要目的是提供一个可以随后进行测试（通常是通过实验）和验证的假设。

3. 放弃偏见

在进行项目研究时，每个人都可能偏向于选择一个支持自己观点的分析模型，当所用模型难以对结果或假设进行解释时，明智的做法是认识到数据可以由其他方法解释，并且愿意与同行进行合作，积极提供所有数据，包括原始数据、已处理数据，以及用于过滤、转换和分析数据的步骤方案。

4. 结果呈现要简单明了

充斥着大量数据记录的大数据研究不一定是好的研究，诚实的数据分析师将展示简单明了的事实和分析结果，使用可视化工具对分析结果进行图形化或动画的展示是很好的方式，而不只是使用数据记录的数量来表明分析结果的严谨性。

9.5.9　第九步：审查结论并验证

验证是指判断数据分析的结论是否可靠。如果在可比较的数据集中反复测试都得出相同的结论，则表明结论是可靠的。

真正的科学是可以被验证的。伪科学是一个贬义词，适用于与某些观察结果一致，但无法用另外的数据证实或检验的科学结论。例如，有大量信息表明飞碟曾造访过地球。证据来自目击者的描述，大量的照片，以及官方对这些事件的大声否认，暗示了某种形式的掩盖。在不评论 UFO 主张的有效性的情况下，可以公平地说，这些主张属于伪科学领域，因为它们是不稳定的（即没有办法证明飞碟不存在，也没有确定的数据证明它们的存在）。

大数据分析总是站在伪科学的边缘。一些最优秀的大数据分析只有在未被证实的情况下才有效。从数据中得出试探性的巧妙结论的一个很好的例子是提修斯 - 伯德定律（Titius-Bode law）。它是由 18 世纪科学家 Johann Daniel Titius 和 Johann Elert Bode 提出的，两位科学家收集了所有已知行星（包括从水星到土星）的数据，根据所收集的数据归纳出了一个经验公式，用来预测行星围绕恒星运行时所在的位置。根据公式预测，1781 年，天王星被发现，它的位置几乎完全符合 Titius-Bode 定律，从而证明了该公式的预测能力。该定律还预测了在火星和木星之间存在第五颗行星，1801 年，意大利天文学家皮亚齐果然在这个距离上发现了谷神星；此后，天文学家们又在这个距离附近发现许多小行星。但该定则也有一些不足之处，如对海王星和冥王星的计算值与观测值不符，这些和公式不符的数据让这个定律遭到了质疑。造成这种情况发生的原因是 Titius-Bode 定律纯粹是描述性的，不是基于普遍的物理原理，因此它只适用于有限的数据集。目前，Titius-Bode 定律成为一个有争议的理论，定律的物理意义还有待进一步的探讨。

来看几个反例。自然选择是一个有趣的理论，由查尔斯·达尔文于 1859 年发表。这只是众多旨在解释进化和物种起源的有趣理论之一。拉马克进化论比达尔文的自然选择理论早了近 60 年。达尔文理论和拉马克理论的关键区别在于验证。达尔文的理论经受住了地质学、古生物学、细菌学、真菌学、动物学、植物学、医学和遗传学领域科学家提出的每一个考验。基于达尔文进化论的预测与来自不同领域的观察完全吻合。早在 DNA 被确定为生物体的遗传模板之前就提出的拉马克进化理论认为，动物通过生殖细胞将经验传递给后代，从而加强了后代对父母成功行为的依赖。这一理论在当时是开创性的，但随后的发现未能证实这一理论。达尔文的理论和拉马克的理论都不能以其自身的优点被接受。达尔文的理论是正确的，因为在随后的 150 年里，科学进步证实了这一点。对拉马克理论来说，并未得到足够的验证。

大数据的价值不仅仅是用于预测，而是基于大量的数据对象来验证预测结果是否正确。科学家们要勇于在大数据环境中创建和验证预测模型，即使有时预测是无效的，但也可以从数据中得出一些重要的结论，失败的预测通常会导致新的、更成功的预测。

9.6　大数据分析的失败

9.6.1　失败的原因

破坏一个复杂的系统可以有很多种方法，大数据资源是一个复杂的数据系统，系统构建需要较长的时间和较多的资源支撑，但是很容易被破坏，而且一旦破坏后很难修复。

大多数大数据故障不是由于意外发生的，故障会在正常的建设阶段发生。例如当大数据资源建设周期过长或一直未达到可接受的性能水平就会造成数据资源出现问题，出现故障的原因有以下几个方面：

（1）人力资源的选择和使用问题，例如错误的领导、错误的团队、错误的人、错误的方向、错误的里程碑、错误的最后期限。

（2）资金方面出现的问题，例如资金太少、资金太多、资源分配不当、薪资标准不规范、激励机制不合理。

（3）法律问题，例如专利侵权、侵犯版权、技术转移不当、错误的法律工作人员、保密和隐私措施不充分、无效的同意书、财务记录不足。

（4）数据质量问题，例如不准确和不精确的数据、未考虑既定协议获得的数据、未完全定义的数据、不具代表性的数据、数据与资源的目的不符。

（5）数据安全性问题，例如故意破坏数据、恶意实体窃取数据、工作人员无意中复制和分发数据、不遵守内部安全策略、内部安全策略不佳。

造成大数据分析失败的原因有很多。一般情况下，大数据项目失败后会从以下几个方面进行分析：投资人会审查资金使用是否得当；管理人员会检查过程管理是否合理、管理方法是否得当；程序员会审查编程所采用的方法是否完善；信息员会分析元数据注释是否足够完善等等。大数据领域是一个朝阳产业，各方面知识在不断发展和完善，大数据团队中的新手较多，即使资深的成员在专业技能上也有很大的提升空间，这也是大数据项目容易出现失败的重要原因。

大数据项目失败的潜在原因可以分为两大类：在数据建设过程中大数据资源的设计方法和操作上的缺陷导致的失败。由于采用不当的方法进行分析和解释导致的失败。前面章节中讨论了分析和解释方法错误导致的失败，本章节讨论的是大数据资源中由于设计和操作不当引起的问题。

9.6.2 失败是常态

大数据资源是信息世界新的组成部分，大多数数据库管理员还没有接受过与复杂的大数据资源相关的培训。由于大数据领域缺乏大量的专业人才，因此组建一个综合技能强的大数据团队很难。许多数据管理员处理大数据的方法是应用新的软件应用程序来解决，很少有数据管理员能够利用前面章节中讨论的基本原则来处理（例如标识符系统、内省、元数据注释、不变性和数据三元组），这些基本原则会贯穿大数据建设始终，可能需要几十年的时间来落实，到那时大数据资源才能发挥其最大的潜力。

例如在医院信息管理系统领域，系统的运行成本和失败率都非常高，大约四分之三的医院信息系统都是失败的。有些复杂系统失败后不能被恢复，而有些系统失败后还可以重新使用。

大数据项目很难确定其失败率，大数据项目没有记录可以追踪，所以不确定哪些项目会随着时间的推移而失败。此外，还没有关于大数据失败的官方定义。例如，项目结束后资金没有到位，能否认为这个项目是失败的；如果一个大数据项目没有达到最初的目标，能否说明它是失败的。经过分析，大多数信息技术项目失败后，失败程度与项目的规模和成本呈正相关。大数据项目具有规模大、复杂性高、技术新颖等特点，因而加剧了管理、人才、流程实践的不足。

9.6.3 失败的标准

大多数标准都是失败的。很多标准在出现的早期被广泛使用，而随着技术的发展，这些标准不再适用于现实情况，逐渐被新的标准所取代。

即使是最好的标准也很难满足所有人的期望。例如全世界目前在使用的度量制度，被认为是对之前测量标准的一个巨大改进。尽管如此，不同的国家仍然采用了不同的标准，例如中国采用米和厘米表示身高，用千克表示体重；美国以英尺和英寸来测量身高，以磅来测量体重。世界上大约有一半的人使用阳历，另一半在使用阴历，为了满足不同人的需求，日历由阳历和阴历结合起来一起使用。

在标准格式领域（例如文档、图像、声音、电影）中有数百种标准，其中一些标准是针对特定设备（例如照相机、图像采集器、文字处理器）开发的，并且在一个很小的时间窗内用于特定目的。如今，这些标准中的大多数标准格式都很少使用。

每一种新的编程语言诞生时都希望它能永远流行。在过去的半个世纪中，已经开发了超过2000种编程语言，大多数语言已经被遗忘或很少使用。1995年，Ada 95成为美国国家标准协会/国际标准化组织的标准化编程语言。美国国家标准协会宣布，联邦部门和机构将Ada编程语言作为标准语言，用于开发实时控制、并行进程、大型系统以及具有极高可靠性要求的系统，这个关于“Ada”作为美国政府标准的官方宣布，可能预示着随之而来的灾难。

1996年6月4日，法国阿丽亚娜5号火箭的首次飞行在升空37秒后爆炸。原因是软件在从64位浮点数转换为16位有符号整数的过程中发生数据异常，数据转换指令在Ada代码中不受保护，导致一个操作数出现错误。

1999 年 9 月 23 日，美国发射了火星气候轨道器，该探测器进入火星后坠毁。官方调查结论是，此次坠机是由于软件故障引起的，当时软件中使用的是英制单位，而实际输入的是公制单位。飞行软件是用 Ada 语言编写的。

Ada 是一种很好的编程语言，但政府不能保证标准无差错地实现，也不能保证它在程序员中的普及。随着问题的发生，Ada 的声望迅速下降。现在几乎没有人在使用 Ada 语言。

最成功的标准是那些获得广泛应用的、经过注释的、没有应用障碍的、不需要过多修改和更新版本的、满足用户需求的标准，并且在它们取得“标准”地位之前就得到了普及和应用。最不成功的标准是没有预先存在的框架，没有用户群体，也没有经过证实的标准。最差的标准是为服务于标准委员会部分成员的利益而制定的。

罗伯特·索瓦（Robert Sowa）发表了一篇文章，题目是“标准法则”，文章指出，“当为一个新的系统制定官方标准时，一些简单的系统标准更容易被广泛采用。”例如由 IBM 开发的 PL/I 标准很快被 Fortran 和 COBOL 取代，Algol 68 标准被 Pascal 所取代，由美国国防部推广的 Ada 语言被 C 语言所取代，由 IBM 开发的 OS/2 操作系统被 Windows 系统所取代。

对于小型数据项目和软件应用程序，数据标准的不稳定性不是主要问题。因为小数据项目的实施周期有限，项目本身的生命周期不会超过项目标准的寿命范围。对于软件设计人员来说，可以在下一次升级中替换应用程序中执行的标准，同时升级费用也会转嫁给授权用户。

对于大数据资源，标准的不稳定性是一个主要问题。一个失败的标准可能会导致数据模型失效，这意味着多年的工作前功尽弃。以下是数据管理员应对失败标准的案例，20 多年前，一位病理学家打算用标准的疾病词汇对诊断报告进行注释。当时可以采用的注释方法有三种分别为：国际疾病分类（ICD）、医学系统命名法（SNOMED）和由美国国立医学图书馆编制的医学主题词表（MeSH）。然而 ICD 条目的描述过粗（即疾病名称不够）；SNOMED 是不断变化的，新版本与旧版本不兼容，旧版 SNOMED 下的注释无法集成到较新的医院信息系统中；MeSH 是一个组织化的公共命名，但它并没有被病理学界广泛采用。以上三种方法都失败了。

在这种情况下，最好的方法是使用规范的诊断术语，用简单的陈述语句记录报告。简化的句子可以根据需要很容易地分解各个组成部分，并准确地翻译或映射到任何选定的词汇中。

例如“患者有鳞状细胞癌（scc），病情特征是对皮下组织的入侵方向，全部指向深边缘，但横向边缘是清晰的。”这句话对临床医生或病理学家来说是可以理解的，但对一个计算机程序来说是不可理解的。另外还存在其他障碍，如计算机不知道缩写“scc”对应诊断术语“鳞状细胞癌（scc）”，可能错误地将缩写映射到错误的扩展术语上，例如将“scc”对应小细胞癌（small cell carcinoma）而不是鳞状细胞癌（squamous cell carcinoma）。

为了避免这种错误发生，这个复杂的句子可以改写成如下六个简单的陈述句：

诊断：鳞状细胞癌。
入侵是存在的。
入侵延伸到皮下组织。
包含边缘。
肿瘤延伸到深度边缘。
肿瘤不延伸到横向边缘。

由于这些简单的句子可以进行自动编码，所以编写计算机程序相对比较容易。医院信息系统中的每一个手术病理情况，都可以使用新版本的命名法进行多次的编码。

可以更进一步，将每个语句表示为由标识符、元数据和数据值组成的三元组。在大数据资源中，简单的数据模型更容易与任何新的数据标准保持兼容。如果资源中的所有数据都简化为三元组，且数据对象模型提供可以将数据对象分配给类的方法，那么每个数据对象都可以被完全指定。当指定的数据对象被表示为简单的三元组，则可以根据数据标准将数据移植到任何旧的或新的数据集中。

例如，观察以下三元组：

```
2847302084 重"11 千克"
2847302084 是 8909851274 的实例
8909851274 类名 "狗"
8909851274 是 7590293847 的子类
7590293847 类名 "犬科动物"
```

该三元组表明，标识为 2847302084 的数据对象重 11 千克，是狗的 8909851274 类的一个实例，狗类是 7590293847 犬类的子类。使用三元组可以表达收集的任何信息，并且可以将每个三元组与其他类别的三元组相关联（数据对象分配给相关的类），以建立一个数据模型。因为所有的数据对象都很具体，所以收集到的三元组可以转换为更复杂的本体语言（例如 RDF，OWL 或 DAML / OIL）。

数据管理一般有两个原则。

（1）数据对象在没有标准的情况下可以被存储。在没有标准的情况下，数据依然可以被存储，不需要以一种规定的标准格式存储数据。

（2）数据标准是可替换的。知道标准的规则后，就可以根据需要编写程序，将原数据按标准规则转化为新的格式。在许多情况下，简单的通用数据模型寿命更长。

9.6.4 复杂性

大数据是复杂的、危险的。在现实领域中，很多软件系统都非常复杂。在大数据项目进展过程中，操作方法、安全标准、数据模型，以及大数据资源的每一个组件的复杂性都没有加以限制。当项目时间过长出现问题并且复杂性超出控制范围时，会造成项目关键人员离职、大量错误被引入系统、项目资源突然中止的状况。

复杂系统的错误难以检测。一个典型的案例是丰田雷克萨斯 ES 350 轿车，成千上万的车主经历了意外的车辆加速，初步分析主要的嫌疑对象是复杂的电子控制系统。从 2002 年开始到现在，丰田投入了大量资源查找问题和解决问题。许多机构和当局都参与了调查，首先是交通部和国家公路交通安全管理局；其次，由于涉及在软件完整性、计算机控制系统和电磁干扰方面的专业知识，美国航空航天局也加入进来参与调查；后来，美国国家科学院专门开展了对汽车行业意外加速的研究。在调查期间，丰田支付了大约 5000 万美元的罚款，并召回了大约 900 万辆汽车。经过以上大量分析调查工作，初步调查结果是：大多数问题是由油门踏板问题、驱动程序错误或不恰当地放置车垫造成的，复杂的电子控制系统中未发现问题。

软件工程中最棘手的问题是“偶尔”发生的错误。在大多数情况下运行良好的软件，会不定期地出现一些问题，找到问题的根源非常困难。在很多情况下会发生错误，例如由于复杂系统的混乱和不可预测的质量问题；数字太大或太小（除数为零）溢出错误；事件发生的逻辑顺序出现意外，导致系统出现异常等。以上这些情况，找到问题发生的根源非常困难。

对于复杂系统而言有很多方法可以破坏它，然而当一个复杂系统被破坏后，找到问题的具体原因会非常困难。但是，对于大多数资源来说，系统的复杂性不断增加是正常状态，因为复杂化往往比简单化可以更容易地解决问题。

每个大数据项目都应该简化设计，设计团队应秉持以下原则：

（1）使用简单的方法去实现一些功能，当功能过于复杂时，要考虑是否可以降低系统复杂性。

（2）当复杂性难以降低时，要考虑是否需要这种级别的功能，必要时可以放弃该功能。

（3）在设计阶段之后，系统中每次功能的添加和修改都应该检查其复杂性，如果系统需要增加复杂性，团队必须分析增加复杂性的后果。

9.6.5　复杂性的必要性

复杂性有时是必要的。人类作为一个物种成就于自己的复杂性，这种复杂性体现在 40 亿年的优胜劣汰的进化过程中，整个过程是逐渐完成的。大数据资源的复杂性是在很短时间内产生的，没有 40 亿年的时间来调试这个系统。在大数据资源中以下几种情况的复杂性是允许存在的。

1. 不能接受近似解或局部精确解时

天气预报的目的是获得越来越准确的预测，为了能够提供更精确的预测，并希望这种预测能持续到未来，会创建许多新的复杂模型，每一个新的预测模型与之前模型相比较，所包含的参数增多，计算能力变强；如果新产生的复杂模型不能比简单模型产生更高的精度，那么复杂模型就会被抛弃，整个过程模仿的是优胜劣汰的进化演变过程。

2. 复杂性是客观存在的

现实中用到的许多重要的设备都很复杂，例如电视、电脑、智能手机、喷气式飞机、磁共振成像仪。它们起初都是简单的设备，然后逐渐增加了复杂性，这些复杂的设备不需要经历 40 亿年的发展，但需要个人、团队、公司和用户的积极参与来帮助实现目前的功能。

复杂性增加的价值已经在一些现代大数据技术中得到了实现。

3. 实际系统复杂性需要采用相匹配的复杂模型

在过去的十年里，生物学家了解到细胞生成过程比他们最初设想的要复杂得多，在研究生物复杂的生成过程时，不能用一个简单的 DNA 核苷酸序列来解释，基因的生成过程模型是一个复杂的系统，是通过与其他基因、RNA、蛋白质及 DNA 的化学变化的交互来实现细胞的生成过程。因此当实际系统变得复杂时，要用匹配的模型解释复杂的过程。

9.6.6　冗余问题

在信息系统的背景下，冗余是一件很有意义的事。当一台服务器出现故障时，另一台冗余服务器可以进行服务；如果软件系统崩溃，其冗余系统将接管；当一个文件丢失时，将启用备份副本。

冗余带来的问题是它使系统更加复杂。具有内置冗余的大数据资源的运营者除了要维护主系统之外，还必须维护冗余系统。更重要的是，引入冗余就引入了一组新的相互依赖关系（即系统各部分如何交互），而相互依赖产生的后果有时难以预料。

举例说明冗余系统失败的情况，最著名的案例是日本福岛核电站。这个核电厂的电源设计采用冗余系统，如果电源故障，辅助发电机就会立即启动开始工作。2011 年 3 月 11 日，日本海岸发生的强烈地震引发了潮汐波，该潮汐波把主发电机淹没的同时也把备用发电机淹没了，备用电机没有正常启动造成了严重的核泄漏和辐射泄漏。福岛核灾难的教训是，如果主系统由于某个事件导致失效，冗余系统也受到该事件的影响，那么冗余系统通常是无效的。

冗余会造成数据丢失。常见的安全措施包括备份文件和离线存储备份文件。如果主站点发生火灾、洪水等自然灾害或遭到破坏，则可以从外部站点获取备份文件并恢复主站点，这种方法的缺点是备份文件存在安全隐患。例如 2006 年，在美国俄勒冈州波特兰市，一家医疗服务组织的员工窃取了没有加密的备份文件，导致 365 000 条医疗记录泄露。

9.6.7　数据的过度保护

大数据管理人员往往会对资源中的数据进行过度保护，这是一种有利于他们的职业习惯。然而，在许多情况下，数据纯粹是学术性质的，通常可以从其他来源获得，不包含隐秘信息，所以没必要设置复杂的安全屏障。

在某些项目中，数据团队渴望制定安全策略，以限制用户对数据的访问。用户如果要访问数据，需要满足一定的要求，并按规定提交相关材料才能实现对数据的访问。为了达到以上目标，数据团队将设计一个系统来识别用户，对用户的访问分层，并根据分配给用户的访问权限来限制用户的访问。

这些安全措施是不必要的，系统内的数据通过“去标识”已经变得无害，发布时不会给数据对象或数据提供者带来任何风险。另外，数据团队没有注意到分层访问系统所带来的复杂性。安全专家布鲁斯 . 施奈德（Bruce Schneier）发表了一篇文章指出：随着系统复杂性的增加，系统将变得越来越难以保护。因此考虑安全性时要考量是否有足够的资源或专业知识来建设一个复杂的、多层次的大数据资源接入系统。另外如果真正使用了多层接入系统，系统的复杂性将使资源特别容易受到攻击。此外，访问该系统的困难性会使潜在用户望而却步。

安全计划取决于对资源中存储数据价值的评判（例如这些数据值钱吗？）和数据可能被用来伤害个人的风险评估（例如身份盗窃）。在很多情况下，大数据资源中的数据没有内在的货币价值，对个人没有风险，大多数大数据资源的价值与它的受欢迎程度密切相关。例如受欢迎的资源为广告提供了机会，吸引了大量投资者。

在很多情况下，创建一个庞大的数据集很简单，其中每条记录都会进行标识，以实现对同一对象的信息检索。对于潜在有害的数据，应该进行去标识化，使数据变得无害。去标识可以通过数据清洗或删除能联系个人信息的数据字段的组合来实现。如果数据集不包含独特的记录（即如果系统中的每条记录与另一个个体的另一条记录相匹配），那么就不可能将任何给定的记录链接到一个个体。

有时候大数据团队必须满足数据提供者不合理的要求。数据提供者向数据团队索要报酬，可以是版税、公司股份或其他形式的利润。在这种情况下，安全责任从保护数据转移到保护数据提供者的财务利益。当每一项数据都是利润来源时，必须采取措施来跟踪每一项数据的使用方式以及由谁使用。这些措施妨碍了数据管理人员和数据用户。利用一切机会谋利是一种文化现象，而不是科学发展的必然要求。

9.6.8　预防措施

2001 年，美国拨专款来建设国家生物信息基础设施，这个大数据项目是一个广泛合作的、旨在创建一个联合系统的项目。该系统中有许多不同来源的生物数据，这些数据可供资源管理领域的研究使用。2012 年 1 月 15 日，由于预算削减，该项目被正式终止。另外，被弃软件是一个术语，经常用于在资助下开发的软件，当拨款停止时，软件被放弃的情况。同时，目前人类还没有为大数据的消亡做好准备。

案例表明，当项目失败后，其数据可能没有任何价值。失败资源中的数据要么进入无效状态，要么成为遗漏数据，存储在磁盘上被搁置。很少发生遗漏数据重新使用的情况。资源的标识符系统和数据模型在未来可能还有用途，所有图表和注册号会逐渐被丢弃。

以下两个预防措施可以挽救一些失败的大数据项目：

（1）模块化程序。将一些核心的程序模块化，当大数据资源终止时，保留模块化的程序，做好文档的注释和使用说明，这些文档对下一代大数据资源的构建者来说具有巨大的价值。最好的应用程序是模块化的，这些内置的工作模块可以提取并用作独立的实用程序。

（2）预先付费以保存遗漏数据及其标识符。大数据资源非常昂贵，在出现故障时，要留出资金保存数据。由于数据只有被正确识别才有意义，所以，保存大数据资源中的数据必须保留其标识符。如果对数据进行了良好的注释，就可以将数据对象重新整合到后续资源中。

测试题及答案

测试题

1.（单选题）数据资源的结构通常分为（　　）两类。

A．私人和公开数据　　B．结构化和非结构化数据

C．结构化和半结构化数据　　D．半结构化和非结构化数据

2.（单选题）下面描述错误的是（　　）。

A．标识符是给一个数据对象的唯一的字母数字序列

B．标识符和相关联的数据必须是永久保存的

C．数据管理者不负责对大数据资源的不变性进行管理

D．本体是一种按类分配数据对象和进行类间关联的形式系统

3.（多选题）下面描述正确的是（　　）

A．内省是面向对象编程领域的一个术语，指的是数据对象自我描述的能力

B．XML（可扩展标记语言）是一种语法格式规范，这种格式规范包含了数据及数据的说明

C．命名空间是元数据标签适用的元数据域

D．命名空间可用来区分名称相同但是含义不同的元数据标签

4.（多选题）观察大数据方法包括（　　）。

A．评估大数据资源中的记录数目

B．确定数据对象如何识别和分类

C．判断数据对象是否包含自我描述性信息

D．评估数据是否是完整的、有代表性的

E．将数据绘成图

F．快速进行数据估计

5.（多选题）大数据的分布通常遵循的法则有（　）。

A．齐普夫定律（Zipf's Law）　　B．省力法则

C．帕累托原理　　D．二八定律　　E．正态分布

6.（多选题）数据分析主要分为（　　）。

A．统计分析　　B．数据建模　　C．预测分析　　D．专家打分

7.（多选题）预测分析包括（　　）算法。

A．聚类　　B．分类　　C．建模　　D．推荐

8.（多选题）如果想要确保进行适当的大数据分析，需要做到（　　）。

A．检查所有可用的数据或从一个随机抽样中选择一个子集

B．根据目标选择合适的理论模型

C．分析者不能盲目相信理论，理论必须针对多组数据进行测试，保证理论的普适性

D．时刻保持警醒的态度，认识到经过以上验证的理论有可能是错误的

9.（多选题）拟合结果中一般会出现的情况有（　　）。

A．欠拟合　　B．非拟合　　C．正常拟合

D．半拟合　　　　　E．过度拟合

10．（多选题）大数据项目失败的潜在原因包括（　　）。

A．数据质量不好

B．大数据资源的设计方法和操作上的缺陷

C．采用不当的方法进行分析和解释

D．数据太多无法处理

测试题答案

1．B；	2．C；	3．ABCD；	4．ABCDEF；
5．ABCD；	6．ABC；	7．ABD；	8．ABCD；
9．ACE；	10．BC。		

第 3 部分　大数据应用及实践

本部分首先从应用的角度来探讨大数据在法律、社会和道德等方面遇到的挑战，从不同侧面来探讨开发大数据资源可能会遇到的问题及后果，并对大数据的未来及其即将产生的影响进行探讨。然后，本部分简要介绍一种开源的常用大数据平台框架 Hadoop。最后通过一个简单实例 WordCount 来阐述 Hadoop 的使用方法。

学习目标

本部分中，你将学习：

- 大数据挑战
- 大数据未来
- 大数据开发平台 Hadoop
- 大数据应用实践

第10章 大数据挑战

10.1 法律问题

本章节的目的不是向读者提供法律咨询，而是讨论大数据管理者常会遇到的法律问题。大多数情况下，大数据的法律问题集中在四个方面：

（1）对所包含数据的准确性负责。

（2）对资源中的数据进行创建、使用和共享的权利。

（3）因数据表示和数据交换所需使用的标准而产生的知识产权问题。

（4）对资源中使用的个人信息提供保护。

10.1.1 数据的准确性和合法性

小数据资源的内容可以进行严密的检查和验证，但这并不适用于大数据。因为大数据资源在不断增长，数据的来源很多且数据没有经过严格控制，肯定会出现数据质量不佳的情况。

在一定程度上，是否需要采取措施提高大数据资源中的数据质量取决于数据如何被使用。例如观察这些数据是否会用于关键任务的工作。数据管理人员的基本责任是要保证数据的质量，大数据资源必须有一个数据质量检测系统，通过该系统，不断检查数据质量，记录错误，采取纠正措施并记录改进结果。如果没有质量保证计划，资源会面临巨大的法律风险。为了应对法律风险，除了要聘请法律顾问之外，数据管理人员应该遵循以下规则。

1．严格管控数据渠道

重视数据质量不应把获取所有数据作为唯一目标，而是要严格把控数据渠道，收集高质量有意义的数据。为了确保数据质量，收集数据时应把控收集数据资源过程中产生的各种声明，包括广告和宣传小册子中的声明，以及与客户的口头或书面交流时提出的声明等。如果数据的准确性不能保证，那么很难向其他用户提供更多的有价值信息。

2．采取措施确保外部数据源数据的准确性

要求外部数据源表明已采取措施来提供准确的数据。数据源应该有自己的操作规程，这些规程必须提供给大数据资源的管理者。

3．数据的准确表示

制定规程，确保外部来源提供的数据在资源中能够得到准确的表示。当数据被重新格式化和重新标注以符合大数据资源的数据模型时，这一点尤为重要。

4. 基于资源数据得到的分析结果必须得到外部数据源的验证

要对数据用户提出明确的警告，必须通过其他的外部数据源来验证他们基于本资源数据得到的分析结果。从大数据分析中得出的结论似乎总是试探性的，需要数据分析师根据其他来源的数据验证他们的发现。

5. 公开审查

用户在阅读用户许可证中的免责措辞时常会感到不安，这些措辞表示数据提供商不能保证数据的准确性，也不能对使用数据可能产生的任何负面后果负责。但至少数据管理员应该向用户保证，已经采取了合理的措施来验证资源中包含的数据。此外，这些措施应可供公众审查。

6. 处理投诉人意见

应提供一种可以听取投诉人意见的方法。这实际上可能是打破大数据资源的不变性的极少数例子之一。如果已知材料是非法的，或者材料对个人有潜在危险，则可能需要删除数据（即违反数据不变性）。

在特殊的监管条件下，大数据资源可以用来影响政府决策。由于科学是一个复杂的过程，数据并不总是高质量的，所以，不符合质量标准的数据可能会被拒绝使用，或被用于废除基于前期数据研究制定的政策。

大数据管理者必须不断努力确保其资源中包含的数据得到充分描述并以确定的规程来获得。而政府和其他机构可以审查数据导入和验证的任何过程。

数据经理们有一个共同的感叹："我不能对一切负责！"但他们对控制一切的无能为力并不能减轻他们对数据进行高度尽职调查的责任。

10.1.2 数据的所有权

所有权是一个纯粹的商业概念，物品的所有者是可以出售物品的人。如果你有一头牛，那么你就有权利卖掉它，一旦牛被卖掉，你就不再拥有它，这头牛就有了新的主人。因为数据可以无限复制，这种简单的所有权规则并不适用于大数据。几乎在所有情况下，交易完成后，数据提供者继续持有数据。在大数据的世界里，大数据并不是通常意义上简单的"拥有"。数据是无形的，这就是术语"服务"一词经常出现在信息领域（例如 Internet 服务提供者、Web 服务、列表服务器）的原因。数据变成了一种服务，而不是传统意义上的商品。

因为大数据有很多来源，有很多不同的用途，而且数据可以通过跨多个资源的联合查询实现检索获取，与财产权相关的传统法律很难应用。

大数据经理需要知道他们是否有权获取和分发其资源中的数据，可以从两个角度来分别思考这个问题：与数据收集相关的法律和与数据分发相关的法律。

通过创造性工作（如书籍、报纸、期刊文章）产生的信息通常受版权法保护，这意味着不能自由获取和分发这些材料。当然存在例外情况，如公共领域的书籍（如政府出版的图书和版权期满的图书），以及在合理使用条款下使用受版权法保护的材料。合理使用条款要求资源是为公众利益服务，无营利动机，并且在财务上不能损害版权持有人。

大多数大数据资源主要由原始数据以及数据注释组成。数据可能包括物理对象和事件的度量信息，以及附加到抽象数据对象的简短信息属性。这些类型的数据通常不是通过创造性的努力产生的，也不属于版权法的范畴。例如在美国有关数据采集的诉讼案件中，引用最多的先例是乡村电话服务有限公司起诉菲斯特出版公司。当乡村电话服务公司拒绝将其按字母顺序排列的姓名和电话号码的清单授权给菲斯特出版公司时，菲斯特却开始私下从别的渠道复制和使用数据。乡村电话有限公司声称其侵犯版权。法院裁定，仅将数据收集到列表中不构成创新性作品，因此不受版权保护。

欧洲法院在数据保护方面与美国法院有所不同。与美国同行一样，欧洲人将版权解释为包含创新性作品，而不是数据收集。然而，1996 年的《欧洲数据库指令》指示法院将某种特殊保护扩展到数据库。在欧洲，可能需要投入大量时间、精力和金钱的数据库无法自由复制用于商业用途。该指令背后的理念是保护数据库建设者的投资。通过保护数据库所有者，欧洲法律试图促进新的大数据资源的创建，以及随后的商业活动。

大数据资源拥有国际用户，国别不同，法律不同，因此数据提供者与用户在使用大数据资源时，需要通过法律协议（如许可证或合同）实现相关数据访问。

1998 年美国颁布了《数字千年版权法》（DMCA），该法律是关于持有和分发数据的法律，其中有一个章节主要处理如果在线服务提供商无意间分发了受版权法保护的材料的问题。如果服务提供商在版权持有人或其代理人声称侵权时阻止访问受版权保护的材料，则可以保护其免受版权侵权责任。为了有资格获得责任保护，服务提供商必须遵守法案中的各种准则（即所谓的安全港准则）。在大多数情况下，当合规服务提供商的网站链接到包含侵权材料的其他网站时，他们也会受到保护，免受侵权索赔。

DMCA 为无意侵犯版权的人提供了一些责任减免的法律支持。然而，1997 年在美国颁布的非电子盗窃法（NET Act）支持对非商业（即免费）目的分发受版权保护材料的侵权者提起刑事诉讼。在互联网的早期，普遍认为如果不涉及利润，那些受版权保护的材料可以被持有和分发，而无需担心受到法律惩罚。NET 法案终结了这种想法。

中国保护数据知识产权的法律规定主要包括：

（1）《中华人民共和国刑法》对知识产权的保护，体现在其规定了侵犯商标权、专利权、商业秘密等知识产权的犯罪行为及其法律责任。这些规定不仅适用于传统形式的知识产权，同样适用于数据知识产权。例如未经许可复制、发行或通过网络传播他人享有著作权的数据，可能构成侵犯著作权罪。

（2）2018 年 1 月 1 日起施行的《中华人民共和国反不正当竞争法》等，也对数据知识产权提供了一定程度的保护。例如通过不正当手段获取、使用或披露他人的商业秘密（包括数据），可能构成不正当竞争行为，会受到法律的制裁。

（3）1991 年 6 月 1 日开始施行的《中华人民共和国著作权法》，明确规定了作品的定义，包括文学、艺术和科学领域内具有独创性并能以一定形式表现的智力成果。这一定义涵盖了数据的原创性表达，如数据库、数据模型、数据分析报告等，这些均可视为著作权法保护的作品。

（4）2021 年 6 月 1 日起施行的《中华人民共和国专利法》对数据的保护体现在，虽然其主要保护的是发明、实用新型和外观设计等专利，但数据相关的处理方法、系统或技术等，如果符合专利法的创新性、实用性和专利性要求，也可以申请专利保护。

（5）2021 年 9 月 1 日起施行的《中华人民共和国数据安全法》，旨在规范数据处理活动，保障数据安全，促进数据开发利用，保护个人、组织的合法权益。数据安全法明确了数据处理的定义、数据安全的定义以及数据安全保护的基本要求。

（6）2025 年 1 月 1 日起施行的《网络数据安全管理条例》，旨在规范网络数据处理活动，保障网络数据安全，促进网络数据依法合理有效利用，保护个人、组织的合法权益，维护国家安全和公共利益。

总之，各国保护数据知识产权的法律规定涉及多个方面，这些法律共同构成了数据知识产权的保护体系，为数据的创新、应用和传播提供了法律保障。

如果不具备专业的法律知识，以下是对数据管理人员的建议：

（1）数据提供者要证实对其数据有所有权。任何人都不应该提交自己不拥有或无权发布的数据。

（2）数据来源的获取渠道要合法。应保证分发的数据不会对个人造成伤害。

（3）尽可能使用政府数据。公共领域的政府大数据资源可以被自由复制和重新分配。此外，政府几乎收集了所有的数据，比如，中国国家能源局定期会发布全社会的用电量、全国可再生能源发电装机量、新型储能装机规模、能源价格情况、能源投资情况等，这些数据可反映我国能源生产和消费的主要趋势，以及我国在能源领域的整体进展和未来发展方向。

（4）为外部数据付费。例如知网数据库的信息在不断地更新和维护，需要付费访问知网数据库。

10.1.3 资源的版权

如前所述，大数据资源中使用的标准可能是别人的知识产权，标准受版权保护。标准的许可证可能对标准的使用施加了不必要的限制。例如某个标准的许可证禁止发布项目标识符（代码）和其他标准组件。

大数据资源的构建模块可能隐藏知识产权，这一点对于软件来说尤其如此，软件中可能包含属于专利权保护范围内的子程序或代码行。例如某个软件中包含的片段是别人的知识产权，有可能会收到专利持有人的律师函，即要求立即停止使用或者协商解决的通知。专利持有人的最终目标是获得专利使用费。

大数据资源是复杂的，包含许多不同类型的数据对象，这些数据对象可以通过许多不同的方法进行转换、注释或格式化，这些方法的使用可能受到许可证、合同和其他法律手段的限制。采取以下这些预防措施有助于降低风险：

（1）尽可能使用免费和开放源码的标准、软件、术语和本体来处理所有数据注释。

（2）如果必须使用许可要求的材料，要仔细阅读协议中的“使用条款”。许可证一般由许可人的代理律师编写，大多数情况下，律师并不了解大数据资源的特殊使用要求，许可条款可能会妨碍大数据资源的常规应用（例如跨网络共享数据，响应关于注释数据的大量查询，将数据存储在广泛分布地理位置的多个服务器上）。

（3）列出资源中涉及版权限制的标准、软件、术语和本体。对于每个项目，都要对可能应用于资源的任何限制进行描述。

（4）网上调查。对于涉及使用的任何材料，查看是否有任何规避方法或已解决的法律诉讼案例。访问专利局，确定资源中是否有关于标准、软件、术语和本体使用的专利声明。大数据资源发送和接收数据的范围超出地域限制后，要与世界知识产权组织协商。不要将搜索限制在专有材料上，注意免费和开源的材料，查询这些材料是否包含嵌入的知识产权和其他产权要求。

（5）法律风险意识。聘请专业律师事务所参与大数据资源设计和运营的所有工作。

虽然大数据资源支持互操作性的通用框架，这将非常有利于大数据的发展，但在实际应用中首先要保证不引起法律的纠纷。

10.1.4　隐私保护

数据管理者必须熟悉侵权的概念。侵权行为是指侵犯他人的人身财产或知识产权，依法应承担民事责任的违法行为。侵权行为发生后，在侵害人与受害人之间就产生了特定的民事权利义务关系，即受害人有权要求侵权人赔偿损失。每一个数据管理者都必须关注大数据资源是否会对数据用户造成伤害。因此，大数据管理者必须寻求专业的法律意见，尽量将侵权相关风险降至最低。

在大数据领域，侵权行为通常涉及个人机密数据文件被破坏或泄露时所遭受的伤害。例如 2006 年 5 月，2650 万退伍军人的社会保障号码和出生日期记录被盗，这些退伍军人提起了集体诉讼。三年后，退伍军人事务部支付了 2000 万美元来解决这一问题。在英国，2500 万英国人的医疗和银行记录在邮寄中丢失，这个错误导致了英国税务海关总署署长突然宣布辞职。

有时候虽然安全措施出现了问题，但盗窃行为没有发生。在这种情况下，资源管理人员可能在很长一段时间内都注意不到隐私遭到破坏。例如 2010 年，在一个公共网站上公布了大约 2 万名患者的医疗数据，这些数据包括患者姓名、诊断代码和一段时间的入院和出院管理信息，这些数据在一个公共网站上发布了大约一年时间才被偶然发现。在许多不同的领域中，意外泄露很常见。

单纯的行业成本并不能反映个人身份被盗窃所造成的时间成本、精神损失和金钱损失。在大数据领域身份信息失窃将会造成很严重的后果。

安全问题总是离不开相关的隐私和保密问题。在信息科学领域有专门的安全防护课程。每一个大数据资源都必须制定周密的、切实可行的措施来保障数据的安全。以下几个措施会减少身份信息被盗的可能性：

（1）不要轻易将个人信息提供给他人。例如不要随意注册网站；不要在广告上留下自己的重要信息。

（2）尽可能使用去标识的记录。利用去标识隐去个人重要信息。经过严格去标识的数据集对盗窃者而言价值是有限的。

（3）尽可能加密所有文件。大多数入侵都会盗窃未加密的记录。数据加密后，解密是相当困难的，远远超出了大多数盗窃者的技术专长。

（4）加密、盘点和密切监视备份数据。备份数据失窃不会导致系统崩溃，这样的盗窃行为不容易被发现，因此保护备份数据并部署一个系统非常重要，该系统可以监视备份数据被删除、复制、乱放、销毁或以其他方式修改等情况。

10.1.5　许可授权

对于数据管理人员来说，许可授权问题是一个法律问题。实施许可授权数据的成本非常高。许可授权过程会耗费数据管理人员大量的时间和经济成本。

在大数据背景下，当一个人同意接受因收集和使用其个人数据所带来的危害风险时，知情同意就发生了。原则上，同意交易很简单，大数据资源的相关人员为项目收集数据时，应表明数据收集过程中可能会发生的危害。如果受试者在同意书上签字，则其数据就会被包含在大数据资源中。

重要的是，数据管理员应了解知情同意书的目的，以免与数据所有者和数据提供者之间的其他类型的法律协议相混淆。同意书是专门解决人类受试者的风险问题，不应将其与商业协议（即数据使用的财务激励）、知识产权协议（即指定谁控制数据的使用）或项目的科学评估（即确定数据如何被使用和用于哪些特定的用途）相混淆。

“知情同意”一词经常被误解为受试者必须充分了解大数据工作的细节，这些工作和个人数据可能用途的详细细节有关。“知情同意”中的“知情”指的是受试者要了解在研究中可能发生的风险，不涉及研究本身的细节处理。如果知情同意书只包含关于数据预期用法的相关信息，而没有涉及最主要的内容——解释可能的风险，那么就无法达到“知情同意”的目的。

在大数据项目中，人类受试者面临两个风险：保密风险和隐私风险。

保密和隐私都是大数据管理者关注的重要领域。大数据的盗窃可能涉及数百万条记录，由于数据盗窃通常只涉及拷贝，而不实际破坏资源中的任何数据，因此大型数据盗窃很容易被忽视。

为了避免泄密造成的风险，知情同意书表明，收集个人信息时将采取措施用来确保数据不会与姓名挂钩。当个人信息高度敏感时，知情同意书需要详细说明为达到保密目的所采用的安全措施。

隐私泄露的风险与失去保密性的风险相比前者更加重要。实际上，在大数据项目中，当大数据成员再次向受试者要求获得更多信息时，就会发生隐私泄露。知情同意书应重点强调使用个人数据的条件，以确保受试者在未来不会受到项目成员的联系骚扰。在某些情况下，如果大数据项目预计需要重新联系受试者（即侵犯他们的隐私），知情同意书必须包含一个条款，即告知受试者他们的隐私不会得到充分保护。

在获得受试者许可授权的过程中，对大数据管理人员的自身管理能力和计算能力也带来了多方面的挑战。与知情同意书相关的挑战包括以下方面：

（1）创建合法有效的知情同意书。书写知情同意书需要广泛了解法律条款并对项目进行分析，然后采用严密的逻辑思维进行书写，否则知情同意书的有效性会受到质疑。知情同意书有以下几点要重点关注：

1）知情同意书应该用通俗的语言书写。

2）知情同意书不应包含免责条款。例如知情同意书中不应包含以下语言：大数据资源不对使用授权者的数据所造成的损害承担责任。同意书也不能要求协议签订者放弃他们的任何正常权利。

3）知情同意书应有签名部分，表示肯定同意。

4）知情同意书应说明可能会影响授权者是否做出授权同意的其他情况。例如研究结果有可能会用于商业用途，该信息应包括在知情同意书中。

5）一般情况下，同意书是不对公众开放的。同意书通常适用于在指定时间段内进行的特定项目，许可授权在项目结束时结束。然而，当某些项目预期延长多年时，则可延长同意书适用的时间窗口。例如弗雷明汉关于心脏病的研究已经进行了 60 多年，如果大数据项目打算无限期地使用许可授权的数据，知情同意书必须说明这一情况。

6）最重要的是，知情同意书应该仔细描述受试者参与的风险。就大数据分析而言，风险通常为保密或隐私的丧失。

（2）获得知情同意。知情同意的获取需要大量的时间、精力和金钱。

1）知情同意书获取方式不允许采用主动或被动的流行营销技术，知情同意书必须是肯定的、自愿的和无偿的，形式不应该是具有承诺性的（即不应该承诺参与奖励）。

2）不能采用胁迫的方式获得同意书。如果个人拒绝授权，也不能剥夺个人被正常对待的权利，依然有获得商品和服务的权利。

3）必须签署同意书，如果要采用网页形式就必须确定提供知情同意书的人与提交网页的人是同一个人，否则不能用网页提交代替书面签字。现实中通常采用密码方式来实现人员验证，但是由于身份盗窃、密码不安全以及电子签名管理困难等问题使得基于 Web 的授权许可变得困难。

（3）保存同意书。取得同意书后必须保存，这意味着必须保存带有有效签名的原始纸质文档或经过良好验证的电子文档。同意书必须能连接到它适用的特定记录或连接到许可适用协议。个人可能为不同的数据用途签署许多不同的同意书。数据管理员必须保证这些同意书的安全和有序，以防丢失造成严重的危害。

（4）确保知情同意书是保密的。同意书本身就是对授权者造成伤害的潜在来源。如果未经授权的人员得到了相关知情同意书，则个人的保密性将会丧失。大数据研究认为，与征求知情同意书相关的大数据研究的潜在危害可能大于受试者参与大数据项目的潜在危害。

（5）确定数据收集过程是否产生了偏差。收集所有同意书后，必须根据知情同意书确定数据是否有偏差。数据分析师经常会分析提供许可授权的群组与不提供许可授权的群组之间有哪些不同；许可授权者和不许可授权者之间的差异对分析结果有哪些影响。数据分析师可能会在许可授权和不许可授权的人群中找到与研究问题相关特征的具体差异。例如在一项医学研究中，观察许可授权组和不许可授权组之间的发病率的差异，另外患有这种疾病的许可授权者和不许可授权者之间的年龄差异。

（6）在数据采集过程中，大多数情况下，知情同意书可以撤回，需要记录同意书的撤回和修改历史，数据管理员必须有跟踪同意书和记录新的许可授权状态的方法。当许可授权状态被撤回后，受试者的数据将被禁止用于数据分析。

（7）记录与数据授权相关的所有过程。例如记录每份同意书的标识符；记录同意书的签名确认过程。

（8）教育员工了解知情同意书研究的自由和局限性。许多大数据管理者经常忽略法律事务与同意书相关的问题，所以对员工在这方面的培训不足。

10.1.6　避免许可授权

许可授权过程存在巨大的技术困难和法律风险，可以采用一些方法来避免风险。

一般情况下，许可授权过程保护个人免受伤害，保护数据管理者免受法律追责。在许多人看来，个人的所有机密数据都应经过授权同意才能提交数据库。

在可行的情况下，应该尽量避免许可授权过程，它只能作为最后的手段使用。在大多数情况下，简单无害地提取数据记录并使用它们不需要经过许可授权，这是一个对各方面来说都可取的方式。在过去的几十年里，随着对许可授权的依赖性不断提高，出现了一些新问题造成了不良的社会影响。

（1）通过授权方式采集数据需要巨大的资金支出。许可授权过程相关的工作需要大量资金，但却对研究成果没有实质性的贡献，不利于大数据项目的实施保障。

（2）数据授权本身会造成保密性失去的风险。请求授权过程会创造一个新的安全漏洞，因为知情同意书包含与研究项目主题相关的敏感信息。同意书在必要时必须根据需要存储和检索，随着越来越多的人能够获得知情同意书的副本，保密性被破坏的风险就会增加。

（3）大量的许可授权问题会造成数据管理者对其工作注意力的转移。任何人的精力是有限的，当数据人员一半的研究工作用于获取、存储、标记和检索知情同意书时，就不会关注项目的其他方面。本书着重强调的一点是，目前大多数大数据资源都处于失败的边缘，许可授权过程很容易将资源推到崩溃的深渊。

（4）许可授权研究被用于非预期的目的。一旦在一项研究中获得使用个人数据的许可，这些数据将被永久保留。未经数据用户同意把数据应用于其他目的时，会带来其他问题，有关内容在后面讨论 [哈瓦苏派（Havasupai）诉讼]。

如果资源中的数据已经变得无害，则完全可以避免许可授权过程。数据保密和隐私问题是大数据资源面临的最大难题，因此要根据法律顾问的意见制定相应政策。

数据管理者要想把私密数据变成公开数据，可以通过去标识实现。而实际情况是，没有对数据去标识，就把数据分发给公众进行审查和分析，原因如下：

（1）商业上所有可用的去标识 / 清洗软件速度很慢。它无法处理每年以艾字节的速度增加的数据信息。

（2）商业上可用的去标识 / 清洗软件做得都不是很完美。这些软件应用程序只是减少了记录中标识符的数量，保存了许多不可减少的标识信息。

（3）如果去标识 / 清洗软件已经按照已声明的要求来执行，从电子记录中删除所有标识符和多余的数据字节，但是这些记录可通过使用外部数据库资源重新标识，即外部数据库资源通过去标识细节来重新建立标识。

（4）大数据管理者不愿公开数据。公开数据可能会遭到数据用户的投诉，所以也就没有进行去标识的工作。

（5）通过数据使用协议使用法律认同的、受限的共享数据，通过这些协议，从大数据资源中提取出一些经过选择的数据，提供给多个组织，这些组织将数据用于自己的项目，而不将数据分发给其他组织，不存在法律上的风险。

（6）数据去标识化方法可以申请专利。由于有些去标识方法已受到专利保护或已被做成商业软件，需要数据管理人员付费使用。版税和许可证费用是放弃去标识的理由。

（7）即使在理想情况下，大数据管理人员也不能完全确定去标识化的可行性。

10.1.7 制定政策

每个大数据管理员都必须制定隐私政策并遵守相关的规则。当公司缺乏隐私政策、无隐私政策文档记录、隐私政策不能被审查或隐私政策没有有效实施时，就会出现法律问题。如果公司允许公众监督其政策并且愿意改变政策，那么就不会遇到重大法律问题。

如果公司忽视了自己的政策执行更容易出现问题，对于公司制定的政策，必须要简单明了，可供员工学习。

每一个大数据项目都应该制定一套周全的政策确保记录的机密性和数据对象的隐私。首先，这些政策应该由参与大数据项目的每个成员研究并执行，根据需要进行修改并定期审查，记录每一次修改和审查；其次，应及时调查政策失败的原因，把调查结果和采取的所有措施都记录在案。

案例 10.1 哈瓦苏派诉讼

当许可授权数据用于计划之外的目的时，会引发诉讼，这个案例就是体现了这种情况。同时，基于此案例，也得出获取和使用数据的一般步骤。

哈瓦苏派部落（Havasupai Tribe）起诉亚利桑那大学董事会的故事，从1989年到2010年经历了21年的时间。1989年，亚利桑那州立大学从哈瓦苏派部落的数百名成员那里获得了基因样本，取得授权后准备用于2型糖尿病发病率研究，然而，在研究过程中，未发现哈瓦苏派部落的基因样本与糖尿病之间的联系，此研究就此停止。后来，在哈瓦苏派不知情的情况下进行了“行为和医学症状”研究，即把这些基因样本用于包括精神分裂症在内的辅助研究和哈瓦苏派部落的人口趋势研究。在知情同意书中只提到该数据可以用于糖尿病研究，但对于“行为和医学症状”研究，并没有事先提及。2003年，事情泄露，产生了矛盾。

哈瓦苏派部落震怒，他们反对将DNA样本用于精神分裂症研究或人口趋势研究。他们认为这些研究对哈瓦苏派没有好处，并且触及了一些令人尴尬和禁忌的问题，包括近亲婚配和部落中精神疾病的患病率。

2004年，哈瓦苏派部落提起诉讼，指控大学在知情同意过程中的失误，控告其侵犯公民权利、违反保密规定以及使用未经批准样本。最终，这个案子达成庭外和解。亚利桑那州立大学同意向哈瓦苏派部落的个人支付70万美元，将有争议的DNA样本送回哈瓦苏派部落。哈瓦苏派部落并没有在这场争论中取得真正的胜利。

根据以上案例，得出获取和使用数据的一般步骤如下：

首先，知情同意书的目的是列出个人作为受试者可能遭受的伤害。签字人通过签署同意书，了解研究的潜在危害并同意接受风险。研究人员必须以书面形式告知同意者，他们提供的大数据资源的样本或数据记录将用于同意书中未指明的用途。

其次，大多数知情同意书是为了一个主要目的而设计的，这个目的通常要在同意书中简单描述，一般的受试者都想知道哪些潜在利益可以补偿他们所接受的风险。以上案例中，哈瓦苏派部落认为他们的DNA科学研究只会完全用于对他们部落有好处的实验，其他的只要他们认为不好的都不接受，因此一份好的同意书要明确告诉受试者不要期望所进行的研究会产生直接价值。

最后，同意书应包括因参与研究而可能导致的潜在危害，同意书不可能预测到所有的不良后果。在这个案例中，亚利桑那州立大学的科学家们没有预料到由于基因数据被用于辅助研究目的而使哈瓦苏派部落的成员受到伤害。亚利桑那州立大学的研究人员不认为他们的研究造成了伤害，而哈瓦苏派认为他们的DNA样本被滥用了，破坏了信任关系。

如果原始的同意书列出哈瓦苏派认为研究会造成的所有潜在危害，那么事件就能避免，他们可以在知情的情况下对两种情况进行权衡，其一权衡糖尿病研究的潜在益处，其二考虑 DNA 样本用于未来他们认为的禁忌项目的研究会带来的后果，最终方案同意选择两者或者其一进行研究。另外如果哈瓦苏派部落成员注意到知情同意书中提到的未指定的医学和行为症状，那么该事件就能避免。

所以知情同意书中要尽可能地包含所有可能的不良后果。

案例 10.2　华大基因外泄数据

华大基因，全称为深圳华大基因股份有限公司，成立于 1999 年，总部位于中国深圳，是全球领先的基因组学类诊断和研究服务提供商。其致力于运用高通量基因测序等前沿技术，为精准医疗、疾病预防、农业育种等领域提供综合解决方案。

华大基因曾陷入一起关于外泄基因数据的争议事件。该事件起源于一篇自媒体文章，该文章将华大基因在 2015 年受到科技部处罚的事宜与华大基因之后公布的一项涉及 14 万中国孕妇的基因组数据研究进行了关联，暗示华大基因可能存在大量外泄中国人遗传资源数据的行为。因此深交所发函问询此事。

深交所问询函的主要内容包括，“14 万中国人基因大数据”项目是否与外方机构或个人存在合作，如是，请详细说明合作原因、合作模式、研究成果归属情况、项目的最新进展和样本及数据是否存在向外方机构或个人泄露的风险；“中国女性单相抑郁症的大样本病例对照研究”国际科研合作项目的主要内容以及违规行为的具体情况。

对此华大基因一一做了回复，表明了在大数据的使用过程中可能会涉及诸多法律问题。

1. 论文国外作者未接触原始数据

华大基因回复表示，“14 万中国人基因大数据”项目无外方合作机构。研究已顺利完成，主要为发表在国际学术期刊《细胞》上题为《无创产前基因组学研究揭示多种复杂形状的遗传关联，病毒感染模式以及中国人群历史》的科研成果及使用此类数据的分析方法。论文署名的国外作者系学术顾问，未参与到任何接触到原始数据的分析工作，仅在科研思路、算法设计方面给予智力贡献，项目原始数据均存放于深圳国家基因库，项目分析工作均在境内由中国科研团队完成。

2. 受检者会签署知情同意书

关于“14 万中国人基因大数据”研究的知情权，华大研究团队在进行无创产前基因检测前，受检者会签署知情同意书，明确其是否同意样本和数据供科学研究。14 万中国人基因大数据来自同意将样本和数据供科学研究的受检者。研究披露的是群体分析结果，不包含任何可识别个人身份信息，不存在泄露个人隐私的风险。

3. 样本保留在深圳国家基因库

回复还表示，研究全部在境内完成，样本及数据保留在深圳国家基因库，不存在遗传资源数据出境的情况。深圳国家基因库生物样本库建设已获得科技部批准，实行全流程监督，并通过了 ISO/IEC27001:2013 信息安全管理体系现场评审，以及国家信息安全等级保护 3 级的认证。

4. 2015 年未经许可将人类遗传信息传递出境

回复关于“中国女性单相抑郁症的大样本病例对照研究”国际科研合作项目的主要内容以及违规行为的具体情况时，华大基因表示，该项目分为两部分：第一部分是样本及表型数据收集；第二部分是对收集样本进行基因组学分析，通过病例对照研究揭示抑郁症致病机理。

第一部分关于样本收集和表型数据分析的工作，华大基因未参与；华大基因参与了第二部分基因组学分析的工作，在深圳执行建库、测序和分析，并将部分完成的检测数据交付给项目合作方。

据了解，2015年华大基因旗下深圳华大基因科技服务有限公司（下称“华大科技”）、复旦大学附属华山医院未经许可，与英国牛津大学开展中国人类遗传资源国际合作研究，前者未经许可将部分人类遗传资源信息从网上传递出境。因此，收到来自科技部的行政处罚书。

华大科技在2015年收到该行政处罚后，立即停止该研究工作的执行，并销毁了该研究工作中所有未出境的遗传资源材料以及相关研究数据，且第一时间快速推进了整改工作，对相关合作的资质要求、合作流程、效果评价均进行了重新规范和全面整改。整改期间，华大科技暂停了涉及中国人类遗传资源的国际合作业务，因故终止合作的项目共计12个，受影响的合同金额占华大基因2015年营业收入不超过0.2%，对上市公司整体经营表现影响轻微。经对整改报告进行核查并现场验收后，科技部已批准华大科技恢复开展涉及中国人类遗传资源的国际合作工作。

10.2 社会问题

大数据，即使是用于科学研究的大数据，也是一种社会成果。大数据未来的方向会受到社会、政治和经济力量的强烈影响。科学家的实验数据是否能存档在公共可访问的大数据资源中；是否会对运营政策和数据采用有效的标准产生影响，取决于一系列与资金来源、成本和感知风险等相关的问题。未来几年科学家如何使用数据，可能会成为支持或反对大数据资源扩散的有力论据。

10.2.1 大数据的目的

社会如何看待大数据，是个值得考虑的问题。大数据的目的大致可以分为以下几种：

（1）为调查目的收集有关个人的信息。这种类型的大数据是由私人侦探、警察部门以及为了监视、审查和侵犯个人隐私而收集建立的，如指纹数据库、DNA数据库、法律记录、航空旅行记录、逮捕和定罪记录、学校记录。这些数据可能会被人用来骚扰、跟踪和侵犯他人隐私，容易出现安全问题。

（2）收集关于群体的信息，以控制群体中的每一个成员。政府从监控摄像头、逮捕记录、窃听器、人口普查记录、税务记录、会计记录、驾驶记录中收集信息来获取数据。从消极方面看，当政府鼓励收集大数据时，大数据资源有可能会被用来控制公众和削弱公众的行动、表达和思维自由。从积极的方面看，这种全民范围的研究可能会减少犯罪和疾病的发生率，使驾驶更安全，使社会更完善。

（3）收集有关各个群体的信息以了解群体的一切。如果你是《星际迷航》的爱好者，并且明白博格人是一个集体主义的外星人种族，他们穿越星系，从一路上被反击的文明中吸收知识。被征服的世界被博格“集体”吸收，他们的科学和文化成就被添加到大数据资源中。由此可假设，大数据是一种文明的下载。大数据分析人士预测并控制人口活动，如人群如何通过机场，交通堵塞可能何时何地发生，政治起义何时发生，有多少人将购买下一部 3D 电影的门票，或者下一场流感疫情将以多快的速度蔓延。

（4）存储大数据信息，记录人类文明。就像文字用来记录人类的文明一样，数据是用来记录资源信息的。目前人类的认识无法对所有的数据进行正确的评估，未来，随着文明的发展，可能会产生不同的方法和分析结果。古代苏美尔人记录买卖交易时，使用的工具是黏土片。他们用同样的物质来记录文学作品，比如《吉尔伽美什史诗》，这些黏土片已经经历了 4000 多年，直到今天，学者仍在研究和翻译苏美尔人的数据集。当代的电子“云”数据的安全性、可用性和持久性有待时间检验。

（5）大数据收集一切信息，通过数据了解人类已知和未知的领域。通过大数据寻找你想知道的一切，如当地影城正在播放的电影、国家剧院某场戏剧的票价、配偶和孩子的最新位置、公象的平均体重，以及飞往北京的航班时间。

（6）收集信息得出普遍的科学结论——科学家目的。科学是一种方法，通过不同的自然现象或在人为实验的条件下观察宇宙中的单个物体，以此来概括世界和宇宙的本质。例如当一个物体，苹果或铅，从高处掉落时，通过观察下落现象，测量下落时间，可以得出苹果和铅在各自下降的过程中速度相同的结论，建立一个公式，将下降的距离与下降的间隔时间的平方联系起来。然后在其他物体上进行验证后，得出物体的下落规律（不仅仅是苹果和铅）。这是一个从具体（例如苹果、铅）到一般（即一切）的过程。当科学家从大数据中提取信息时，其目的是获得从特殊到一般的规律，通过研究大数据资源中的数据，找出事物发展的内在客观规律以及事物之间的联系。

（7）社交网络等自动产生的数据。如微信等社交网络可以自动收集数亿会员的各种数据，从而构成一个能产生金钱的社会档案。网络时代，人们更多地使用电脑与他人互动（即交朋友和联系、分享想法、安排社交活动、给予和接受情感支持，以及纪念他们的生活），社交网络收集的数据告诉我们人类想要什么、需要什么、不喜欢什么、避免什么、喜欢什么，最重要的是购买什么。社交网络中，参与者往往有意将他们最私密的想法和愿望添加到大数据收集中，以便其他人将他们视为独特的个体。

（8）没有明确应用方向的大数据。先把所有数据都采集下来，以应用于未来的某个具体行业。许多计算机科学家在信息管理领域担当着责任，并致力于大数据的收集、分析和应用。

本书关注的重点是科学家目的——利用大数据来促进科学发展。

10.2.2 数据共享

在小数据时代，科学家们进行实验，收集数据并报告实验结果。在大数据时代，科学家从不同的资源中提取数据进行分析。数据可能一开始只是为实现特定的科学目的而准备的，但有时，这些数据的共享会带来意想不到的作用。下面给出几个得出意想不到结果的数据共享案例。

（1）第谷·布拉赫（Tycho Brahe）是 16 世纪的天文学家，一生中大部分时间都用来绘制行星和恒星图。大约在 1600 年，他去世时把所有数据和观测资料赠给了约翰内斯·开普勒（Johannes Keppler）。开普勒利用这些图表描述出了行星运动的三大规律，这些规律都假定太阳位于宇宙中心。1687 年在牛顿发表的《原理》著作中，包含了由基本的物理原理牛顿运动定律得出的开普勒经验法则。

（2）17 世纪初，纳皮尔发明了对数，这种数学分析彻底改变了计算方法，然而在实际应用中缺乏通用的对数表。1614 年，纳皮尔发明了对数表，仅仅 8 年后，又有人发明出了对数计算尺。计算尺流行了大约 150 年，直到 20 世纪 70 年代早期，数字计算机商业化后才退出历史舞台。

（3）1879 年，沃格尔（Vogel）和哈金斯（Huggins）通过在特征波长处观察到的离散谱线，发现了氢的光谱数据。基于此数据，约翰·雅各布·巴尔末（Johann Jakob Balmer）发现了氢光谱波长为常数且以整数递增的经验公式。1913 年，尼尔斯·玻尔（Niels Bohr）偶然发现巴尔末（Balmer）等式并为该公式创建了物理模型，而不同波长的光谱线由绕原子核旋转的电子的跃迁决定，其中原子核处于量化能级。因此，沃格尔和哈金斯共享的数据导致了 25 年后量子物理学的诞生。

（4）文迪雅（Avandia）是葛兰素史克公司生产的糖尿病药物，该公司把文迪雅的临床数据公布在公共网站上。2007 年，克利夫兰诊所（Cleveland Clinic）的心脏病专家史蒂文·尼森博士（Dr. Steven Nissen）偶然发现了这个网站，并对数据进行了分析。尼森博士和同事的数据分析表明，该药物对心脏有毒性，并对患者构成严重风险。

（5）气候数据表明，热带气旋的平均功率在过去几十年中有所增加。海洋温度数据表明同一时期的海洋温度在逐年增加。因此诞生了一种将热带风暴和飓风的强度与海洋温度联系起来的新方法，这是 21 世纪的第一个十年发展的气候学专业领域，是一个新的、未经证实的科学，可能不会有什么结果。然而，这些由不同来源共享的气候数据（飓风数据和海洋温度数据）可能会带来新的科学模式。

（6）奇特的数据有时可能为严谨的目的服务。2009 年，通过标记大量的美钞，并要求当大家收到美钞时，允许记录他们的位置和已标记的美钞序列号，以此创建了一个美元纸币交易的人群来源数据库。美元交易数据库建立了一个模型，该模型通过分析现金交易时手与手相互接触的数据，使得数据库能用来跟踪和预测流感的流行。

（7）2012 年，天文学家通过重新分析之前收集的光谱数据，发现了在银河系里有无数行星围绕恒星旋转。科学家们寻找由行星围绕恒星运转产生的蓝移 / 红移光谱摆动，这些新的发现就是由于旧数据被储存并重新分析得到的。

在过去的十年里，科学家们掀起了一场分享数据的强大活动。例如科学家们被呼吁向出版商提供支持他们原稿中结论的原始数据，因为现代研究是复杂的、数据密集的、昂贵的、协作的，数据由多个实验室提供。重复现代原稿中描述的实验是无意义的。如果不访问原始数据集，就无法验证实验结果或期刊文章中发表的最终结论。此外，没有原始数据，就无法研究超出原始手稿之外的问题。有时出版的一个最重要目的是为科学家提供数据进行其他研究。

然而，学术界和企业文化领域也存在着对大数据共享持反对意见的观点，他们认为信息既是一种公共资产，也是一种获利工具。因此，有些科学家会拒绝公开科学研究的原始数据。

反对数据共享的原因有两个，一是原始数据不一定准确，存在大量低质量的数据；二是低质量的数据会造成虚假结果或误导性结论；三是数据可能会被误用或谋取不当利益。

在数据共享的讨论中，常忽视对数据的去标识。例如某会议上的信息官员给一个团队做关于医疗数据仓库的演讲。他表明医疗中心已经提供了 TB 级的注释良好的数据，但是这些数据没有计划去标识，或者与公众分享这些数据。他们认为把数据去标识是很困难的，去标识是一个长期目标，要优先考虑其他项目。

当不愿分享数据时，机构和企业经常在去标识问题上进行拖延，各种原因含糊其词，通常会采取以下四种方式拒绝共享：

（1）拖延时间。要把 TB 级的数据去标识并进行共享，对数据拥有者来说没有任何价值，大型机构采用各种手段拖延时间，机构通常会把去标识项目分配给那些坚持认为去标识是不切实际或不可能的计算机科学家。

（2）发布部分去标识数据给公众，这种做法称为碎片式的去标识。数据管理者为用户访问生成一组经过选择的去标识记录，这种做法不符合预期，预先选择的数据永远不能满足用户的特定目的。除了片面性，这种做法还会扼杀创造力，大数据应该通过向用户提供可以自由探索的大型、复杂和异构数据来促进新发现。

（3）限定数据访问权限范围，少数员工拥有完整的数据访问权限。一些私有的大数据资源访问是受限的，不对公众开放。员工研究结果是有利于雇主的，因此封闭的大数据资源的知识输出的范围和效果都受到很大限制，即使数据向公众开放，分析结果也会受到质疑。因此，基于专有和未公开数据的研究结果可信度较差，必须向公众提供原始数据。

（4）只向机构以外的可信个人提供数据访问权限。首先，由于私人大数据资源访问必须通过授权，所以只能将数据开放给指定的个人，访问范围有限。其次，数据授权是有偿的，因此，授权访问方式给数据共享造成了极大的困难，授权大数据资源是最不真实的数据共享形式。

另外向公众发布去标识记录非常重要，但实际上已公开发布的去标识数据非常少。

10.2.3　大数据加速科学发展

大数据可视为巨大的数据来源，用于分析和发现事实；大数据也可以看作是一种省钱的工具，通过它以更低的成本和更有效的方式完成工作。在企业管理中，如果能够即时访问行业目录、库存数据、事务日志和通信记录，可以提高企业的效率。在科学研究领域大数据也促进了科学研究的发展，在许多科学领域，一项成果通常依赖于科学家和技术人员在研究实验室进行的大量密集的和长时间的实验，随着科学实验在规模、成本和时间方面的增加，传统的实验方法在金钱和时间方面受到了限制，借助大数据有望解决这一难题。在科学研究中，大数据可以降低成本和提高效率。

现在每次实验所取得的进展都没有 20 世纪 60 年代初期的进展大。工业科学发展到 1960 年时，基本达到了今天所看到的水平。1960 年，已经存在家用电视（1947 年）、晶体管（1948 年）、商用喷气式飞机（1949 年）、计算机（通用自动计算机，1951 年）、核弹（1945 年裂变，1952 年聚变）、太阳能电池（1954 年）、裂变反应堆（1954 年）、人造地球卫星（Sputnik I，1957）、集成电路（1958 年）、影印技术（1958 年）、月球探测器（Lunik Ⅱ，1959 年）、实用商用计算机（1959 年）和激光器（1960 年）。成就今天这个世界的几乎所有工程和科学技术都是在 1960 年之前发现的。

科学进展中，人才和资金固然很重要，然而大数据提供的一种加速科学发展的方法，即研究人员提供了一条可以绕过试验过程直接获取数据的途径。任何实验都必须经过验证，如果需要在几个实验室中重复验证实验结果，实验验证的花费比研究费用都高。大数据最重要的科学应用是从大数据中提取一小部分数据作为验证工具，用来验证现在所做的实验的正确性，因此，可以利用大数据来降低成本。另一个典型应用是利用大数据证实在小样本的前瞻性研究上取得的成果符合对于大群体的观察，减少研究的工作量，提高效率。在某些情况下，验证性的大数据观察虽然不能得出结论，但可以增强分析的能力。

过去，在医学领域统计学家曾批评在药物评价中使用历史回顾性数据，他们认为这样做存在太多的偏见和毫无价值或误导性的结论。如今，人们越来越庆幸没有放弃大数据，历史回顾性数据具有重要的价值。

如今，统计学家正在试图通过回顾性研究建立因果关系，这一度被认为是某些专属领域的前瞻性试验。在未来十年或更长时间内，回顾性实验研究领域将是大数据研究最有前途的领域之一。

10.2.4　公众信任度

由于信任原因，大部分组织拒绝分享其拥有的数据，收集个人数据的公司、医疗中心和其他组织认为，他们对存放在其资料库中的个人数据负有信托责任，与公众分享此类数据会侵犯客户的隐私。

为了保护个人隐私，需要对数据去标识。去标识后的数据对个人没有威胁，但对科学研究具有重要价值。去标识的医疗数据可以用来监测发病率和癌症的分布，检测新出现的传染病，策划公共卫生行动，使社会变得更安全、健康、文明。

数据应采用最严格的隐私协议来保护个人的隐私和自由，监视可能的数据泄漏，并对泄露私人数据的资源进行管理和修复，关闭不合规的资源。为了降低隐私被侵犯的风险，不要过多暴露自己的私密信息。

10.2.5　大数据辅助决策

自从计算机问世以来，一直在推动决策算法的发展。因为计算机可以比人类更好更快地计算，也能比人类处理更多的数据，在某些领域，采用适当的数据和算法，计算机可以比人类更好地做出决策。例如计算机可以在国际象棋中击败人类，在军事领域可以计算导弹轨迹，在信息领域可以破解加密代码，以及在很多其他领域可以比人类更好更快地解决很多问题。

虽然计算机在辅助决策领域发展较慢，还没有达到人类的预期，但它们在帮助人类避免错误决策方面却发挥了关键的重要作用。例如在医疗领域，每年因为医疗失误导致约 40 万人非正常死亡，其中很大一部分原因是不安全用药，因此可以基于大数据和智能技术辅助医护人员提高专业技能减少失误，同时加强患者对药物的正确使用，避免因用药不当导致的健康损害。另外，驾驶错误、制造错误、施工错误以及人为错误都会造成很严重的后果。因此，可以利用大数据来减少此类错误的发生。

利用计算机强大的计算能力，可以防止人类各种错误的发生，例如医疗的大数据资源中有医疗记录表、药物相互作用表、正常参考值、制造规格表、设备成本表和材料信息表等，利用这些信息可以检查不同的人为错误，下面是计算机减少人为错误的例子。

（1）避免药物处方错误。当剂量超过预期值，已知药物不能混合使用或疑似存在滥用行为（例如，多名医生为一名患者下达多个麻醉指令）时，计算机系统可以暂停这些处方。

（2）避免输血错误。计算机可以通过扫描病人的手环鉴别器识别病人，扫描血袋编码，挑选与病人血型相同的血袋，确保执行输血的决定满足医院所确立的标准。

（3）减少机动车事故。可以使用一切技术来减少机动车死亡事故，如电子监视、地理定位技术、GPS 导航提醒、辅助驾驶技术、交通监控、车辆识别和药物测试。大数据资源可以对公路数据进行收集、分析和响应。全球每年约有 119 万人死于道路交通事故，2000 万至 5000 万人受到非致命伤害。基于大数据和人工智能的自动驾驶技术可以减少车祸发生率。中国的自动驾驶技术已经取得了显著进展，尤其是在城市道路的自动驾驶辅助系统方面。车辆可以在某些特定情况下实现自主控制，如加速、减速和转向等操作，但仍需要驾驶员保持警惕并随时准备接管车辆。随着全景识别分析和多传感器融合等技术的应用，以及数据和模型的完善，自动驾驶将能够在城市交通环境中提供更高的安全性。

随着社会变得越来越复杂，人类避免错误的能力越来越弱。计算机有自己的局限性，它们的判断在某些领域不如人类，但是计算机发出的警告可以帮助人类避免一些非常重大的错误发生。

10.2.6 过度依赖大数据

科学家对待数据研究和结果有两种态度，一种持保守态度，认为数据可能存在缺陷、假设可能是错误的、使用的分析方法不一定恰当、分析结论重复性差，也存在即使当前是正确的研究结果在未来证明是错误的可能；另外一种态度极度自信，过度依赖大数据结果，这种过度依赖会出现严重的后果。

在科学学科中，大数据是不可靠的，由于测量、数据表示和方法方面的限制，低质量的数据会使大数据分析出现很多错误，即使数据质量不存在纰漏，大数据分析中也会遇到各种问题。除了这些局限性之外，还有一个始终存在的难题，即基于大数据分析的推断有时可能会被验证，但很多时候它们的正确性却很难被证明。混淆验证和证实是过度自信的常见表现。

验证是用数据对假设进行测试，如果得到的答案是正确的，则证明通过了本次验证；如果采用多组数据对假设进行测试，每次都通过测试得到正确答案，此时会产生一个错误的观念，即认为假设是正确的。

证实要用数学的方法实现，主要证明论断的真假，或者证明该论断不能证明为真或假，一般由数学家主导进行相关证明。

在化学、生物学、医学和天文学等非数学学科中，论断有时被验证是有效的（在测试时是正确的），但是论断永远不会达到数学真理的水平（证明它永远是正确的，或永远是错误的）。论断可能存在一个因果理论，例如牛顿第二定律（$F=ma$）是经典力学的基本定律之一，这个理论是建立在真实物理现象相互作用的基础上，该公式可以证明质量和加速度的乘积与力的关系。此外，论断的相关内容在各种条件下都需要进行验证。

通常大数据分析师研制的模型是描述性的（例如在不同条件下预测变量的行为），基本不采用易于理解的因果机制对模型解释。趋势、聚类、种类、推荐等模型可能在有限的观测范围内是有效的，但在更广泛的数据测试中，随着时间的推移可能会是无效的。大数据分析师必须随时准备放弃那些未经证实的理论。

金融行业是最早进入大数据领域的行业之一，主要预测经济波动、股票价值、买家偏好、新技术的影响以及各种市场反应，所有这些预测都是基于大数据的分析。许多金融家错误过度自信认为他们的分析是正确的，如果一直跟随看起来准确的短期预测，从长远来看，可能会带来毁灭性的后果。

尽管大数据存在局限性，但大数据具有一定的社会价值，得到了广泛使用。大数据项目会创造“社会泡沫”，使项目膨胀程度超出理性的措施范围。所以，大数据引导者要控制住大数据的使用范围和频度。

10.3 大数据的未来

大数据是一个恒久的话题。未来“大数据”这个名称可能会变成另一个词。本书提供了一种用于构建和分析大型复杂信息系统的持久的基本原则，但由于人类自身的局限性，对未来的预测总是存在较大的偏差。以下是计算领域一些很有影响力的人提出的预测。

“从现在开始两年内垃圾邮件将得到解决。”

——比尔 . 盖茨，微软公司创始人，2004 年

“病毒问题是暂时的，将在两年内解决。”

—— John McAfee, 1988

“我不知道 2000 年的语言是什么样的，但我知道它将调用 Fortran 语言。”

—— C.A.R. Hoare，1982 年

“未来，计算机的重量可能不会超过 1.5 吨。”

——大众机械，1949 年

“我认为互联网至少十年内没有商业潜力。”

——比尔·盖茨，1994 年

“家家都会安装一台电脑。”

—— Ken Olson，数字设备公司总裁兼创始人，1977 年

“未来，没有人需要超过 637 kb 的计算机内存。对于任何人来说，640 K 应该足够了”。

——比尔·盖茨，1981 年

“比空气重的飞行器是不可能成功的”。

—— Kelvin，1895 年，英国数学家和物理学家

“收音机没有前途”。

—— Kelvin，1897 年

“博识的人知道通过电线传送声音是不可能的，如果可能的话，这是没有实际价值的。”

——波士顿邮报，1865 年

“我认为全球市场只需要 5 台计算机。”

—— Thomas Watson，IBM 董事长，1943 年

这些知名人士对未来的预测与现实的落差显而易见。因此，考虑到过去预言的局限性，以下关于大数据未来的一系列讨论仅供参考。

10.3.1 大数据的复杂性

未来大数据计算复杂，需要新一代超级计算机。

对于数据密集型和计算要求很高的工作，分布式并行计算系统可以用来满足大数据存储和分析的需要。当分析过程需要很长时间时，通常可以采用实时计算，或者通过数据降维和转换技术来解决遇到的问题。例如更换或者消除不必要的算法公式，或者用较少的变

量集作为代表性样本的方式，来提高运行效率，减少运行时间。

但对于具有高精度或特定解决方案的问题需要使用超级计算机，其中一些解决方案具有重大的科学、政治或经济意义，例如极端天气预测，未来的超级计算机可能主要处理更加复杂的数据以及定义明确的问题。未来的超级计算机将消化大数据资源，并对当前分析所回避的深奥的经济、社会和科学问题给出答案。

而且大数据的复杂性也会超出人类完全理解或信任的能力范围。未来在大数据分析中，会出现越来越多的数据来源，过多的数据格式、过多的分析方法、过多的结果解释方式等，将造成访问相同的大数据资源，可能得出截然相反的结论。

10.3.2　大数据的人才需求

大数据的发展需要一批受过最先进技术培训的计算机科学家。

数据分析是大数据管理中非常重要的一个环节，各种复杂的算法在大数据分析中得到应用。随着社会的进步与发展，范围也越来越广，对算法的要求标准越来越高，由此带来对大量精通算法和计算机技术的专家需求。然而，如果大数据资源没有经过良好设计，缺乏自省和数据标识，数据分析师应用高级计算方法和高性能计算机也无法弥补数据的缺陷，不能得到有价值的结果，因此未来需要精通大数据结构设计的数据管理人员。根据国际数据公司（IDC）的预测，到 2024 年，全球大数据市场规模将达到 2962.4 亿美元，显示出大数据行业的蓬勃发展。在中国，大数据产业也在快速发展，对大数据分析师、数据工程师等岗位的需求持续增加，每年的招聘需求超过 50 万人。此外，全球数据量的爆发式增长和技术的融合加速了数据价值的释放，进一步推动了大数据人才的需求。

未来可能会出现数据分析师供过于求、而准备充分的数据供不应求的局面。到那时，大数据工作的重点将从数据分析转向数据准备，会需要有大量的人员从事数据的采集和整理工作，从而提供大量的相关就业岗位。

大数据也会创造出新型数据专业人才。在不久的将来，数以百万计的人将把职业生涯的大部分时间用于大数据资源的设计、建设、运营和管理，主要包括两类人员，分别是资源建设者和资源使用者。

（1）资源建设者。“资源建设者”的专业人员都是信息技术常规领域的资深成员。拥有专业技能，有丰富的实践经验，日常工作中与团队其他人员保持高效沟通，在团队中有明确定位。例如数据库管理员必须明白元数据和语义的重要性，网络管理员必须了解过往历史数据的重要性。因此在大数据工作中团队培训至关重要，培训的目的是让每个成员了解其他成员所扮演的角色。

资源建设者主要包括：

1）大数据设计师和设计分析师。

2）大数据索引师。

3）元数据专家。

4）领域专家。

5）跨资源数据集成师。

6）本体论者和分类专家。

7）软件程序员。

8）数据馆长，包括历史数据专家。

9）数据管理员，包括数据库管理员。

10）网络专家。

11）安全专家。

（2）资源使用者。“资源使用者”的专业人士中，目前有些岗位是刚产生，从事人员也是刚进入这个专业的新手，有些只有岗位还没有专业人士；其中数据分析师已经存在很长时间了，大多数数据分析师都有一套成功用于解决小数据问题的方法，该方法也同样适用于大数据，但是分析结果不一定正确，数据分析师将从试验和错误中进行学习，了解哪些方法是适用并且有效的，数据分析师也将尝试用新的方法进行分析，这要求数据分析师必须采取客观、诚实、务实的态度对数据进行分析。

资源使用者主要包括：

1）数据分析师。

2）通用问题解决者。

3）具有扎实的编程技能的人（不是全职程序员）。

4）组合数学专家。

5）数据约简、数据换算专家。

6）数据可视化人员。

7）自由大数据顾问。

8）其他人。

同时，大数据还会产生新的职业。以下是三个新职业的介绍，分别是通用问题解决者、组合专家和自由大数据科学家。

（1）大数据中最重要的新兴职业是“通用问题解决者”，是指那些对许多不同领域真正感兴趣的人，这些人的特点是有着天生好奇的性格，具有发现各种关系的天赋。不同知识领域的信息带来的关联启发（例如兽医和人类医学、鸟类迁徙和全球气候模式），会使大数据资源变得更有价值。对于这类关联信息应用方向，需要有人去创造一套新的跨学科问题，而这些问题是基于大数据资源提出的，传统的数据分析中未提及此类问题。

从历史上看，学术培训会限制学生和专业人士的广泛兴趣发展，大学生、研究生、博士、博士后及教授都只是研究某一个领域的专业知识，因此他们无法看到其他领域是如何与自己的研究产生关联的，未来对只专注于一门学科的人员的需求可能会减少。

要从大数据资源中获取最大价值，重要的是要理解一个领域的问题与另一个领域的问题是否等价。棒球分析师可能会遇到与股票交易者相同的问题，天体物理学家可能与化学家有同样的问题。因此大数据领域需要通用问题解决者，他们了解如何将来自一个资源的数据与来自其他资源的数据集成，以及如何将来自一个领域的问题推广到其他领域，并使用结合了几个不同学科的数据和方法来解决问题。所以，大学要开始培养学生解决问题的能力，不能将他们限制在特定的学术领域。

（2）另一个新兴职业是“组合专家”。许多大数据分析都涉及组合学，即在某种数值级别上评估事物的组合。通常大数据组合学对所有可能的数据对象组合进行两两比较，寻找相似点或接近度（距离度量）。这些比较的目标通常是将数据聚类成相似的群组，寻找会对分类有用的数据对象之间的关系，或者预测数据对象在特定条件下将如何响应或变化。当比较的数量变大时，如大数据，涉及几乎所有的数学组合，计算工作可能变得巨大。因此，对组合数学研究在一定程度上已经成为大数据数学领域的一个重要的分支学科。

组合数学中有四个“热门”领域，第一个领域是建立越来越强大的计算机，能够解决大数据的组合问题；第二个领域是研究关于解决大规模组合问题的新方法，要将大的组合问题分解成更小的问题，这些问题分配给多台计算机并行计算，以便在有限时间内解决问题；第三个研究领域涉及开发快速有效地解决组合问题的新算法；第四个领域可能是最有前途的领域，是指为传统组合问题开发创新的非组合解决方案。

前面的章节中已经讨论了数据简化、数据缩放和数据可视化，这些工作需要由专业人士制定策略，减少大数据的计算需求，并简化大数据的组织和审查方式。例如分类专家为了降低知识领域的复杂性，通过将数据对象收集到具有共享属性和继承属性的相关类中来解决这个问题；同样，数据建模师也可以将复杂的系统简化为一组数学表达式，降低计算的难度。

（3）最后一种新兴职业是“自由大数据科学家”。这个职业需要从零开始创建，专门在大数据中工作。这些人类似于个体经营的专业人士，主要工作是解开大数据资源中的秘密，当他们与大型机构和公司签约工作时，被称为顾问或自由分析师；当他们在公开市场上出售数据时，被称为创业分析师。未来，他们将是数据内省的大师，能够快速确定资源中的数据是否能够达到客户所要求的目标。

这些大数据自由职业者具有一个或几个大数据资源的专业知识，自由职业者将拥有数十个甚至数百个可用于数据可视化和数据分析的小实用程序。自由职业者之间会互相帮助，去解决复杂问题，通过互联网协作快速解决问题。

自由职业者精通客户的需求，并帮助客户在可用数据范围内重新定义客户的目标；当资源中的数据严重不足时，自由职业者将帮助客户寻找替代资源。从根本上讲，自由分析师依靠自己的智慧，利用大数据资源为自己和客户谋福利。

10.3.3　大数据的标准化

大数据管理和分析中需要采用标准化的数据表示方法，来支持跨网络大数据资源的数据集成和软件互操作性。

为解决数据孤岛问题，未来可能会采用标准化的数据表示方法，实现数据访问。数据表示的新范式，包括 RDF 和本书前面章节讨论的许多概念（例如不变性、内省、去标识）在某些方面被认为是颠覆性技术，这些技术的应用会极大地促进数据共享发展，但是数据管理人员为了保护数据免遭窥视，拒绝数据共享，这与大数据的基本原则相悖，需要信息从事人员改变封闭的思维，因此数据集成和软件互操作性可能会缓慢到来—— 时间可能是几十年，而不是几年。

10.3.4　大数据的开放

大数据未来面临的最重要的问题：它是开放的（对公众）还是封闭的（仅对数据所有者开放）。大多数指标表明，未来有价值的信息将是隐秘信息。公众可获得的信息将是现有数据的一个子集，用于实现商业或政治目的。所有大数据对公众开放后会产生如下后果：

（1）欺骗行为。公众拥有大量数据后，在进行数据分析时，会摒弃那些不支持自己结论的数据。

（2）使用大数据的成本。用户必须为大数据的开发和管理支付费用，数据对公众开放后，意味着对大数据的访问将仅限于拥有数据的人或那些有资本为数据付费的人。

（3）容易产生过度依赖。例如未来某药物基因组数据公司拥有一个数据库，存储着该国每个人的基因序列，当临床医生通过药物基因组数据公司来获得患者的基因档案数据时，药物基因组公司根据自己的数据进行分析，并在分析的基础上推荐药物和剂量给医生，医生收到建议后给病人开了处方，长时间后，医生会过度依赖大数据，造成医生不直接参与临床推荐，而是盲目相信大数据给出的结果。

（4）下载的数据资源可能不完整。从网络上下载 TB 级的数据非常困难，未来的大数据资源将存储 PB 级、EB 级和更大级别的数据，这意味着当大数据资源中的数据向公众开放时，任何人在特定时间段只能下载一小部分数据到计算机上，同时由于资源是不断变化和更新的，因此下载到本地的数据是不完整的，影响分析结果。当然，如今也可以在云端直接对完整数据进行分析。

（5）大数据具有高风险。一是大数据资源里包含很多机密或私密信息；二是人们坚持保护数据隐私，不愿共享个人数据，以及对数据去标识方法的不信任。因此，大数据资源的所有者需要规避风险，最简单的安全措施是限制对数据的访问，极端情况下数据所有者会关闭对公众的访问。

10.3.5　大数据的利与弊

越来越多的个人信息存储在互联网数据库中，例如个人健康信息、家庭信息、工作的细节、亲戚、朋友，这些信息一旦泄露，后果不堪设想。

大数据是一把双刃剑，具有积极的作用也有消极的作用，城市摄像机监控数据的采集就是一个很好的例子，大数据资源从成千上万台摄像机中收集信息，可以降低犯罪率，同样的监控数据，提高公民安全的同时也会降低公民的个人自由感。

大数据领域的发展趋势表明，未来几十年大数据资源可能会出现滥用行为，但是也会极大地推动社会的进步和发展。

同时，大数据灾难会破坏至关重要的服务、削弱国家经济、破坏世界政治稳定。2008 年的全球经济危机本质上是未能正确分析和使用大数据。事后看来，数据是存在的，但相关管理人员的作为令人失望。不管人们是否同意，大数据都在这里。就像原子弹一样，大数据之所以重要，正是因为如果人们不小心，它会对人们造成严重伤害。

10.3.6　大数据的启发性

大数据会为无法解决的重要问题提供启发性答案。大多数有思想的科学家都会承认，真正好的问题很少。在历史上正确的时间提出正确的问题需要智慧。大数据资源的价值在于，一个好的分析师可以开始看到不同类型数据之间的连接，这可能会促使分析师确定是否有方法根据数据对象之间的一般关系来描述这些连接。大数据提供了描述关系的定量方法，但这些描述必须转化为经过实验验证的解释。这最后一步，是科学家们接近真正答案的最后一步，它把科学家带到了大数据的范围之外。

从技术上讲，大数据不会给出答案。充其量大数据为人们指明了答案的方向，并激发了新的问题。最坏的情况是，在大数据不能给出答案时反而假装给了一个答案。

第11章 大数据开发平台

本章介绍大数据领域常用的Hadoop软件开发平台的相关情况。首先对分布式文件系统、可扩展计算等大数据存储和处理的核心概念进行阐述，以助更好、更快地理解有关大数据开发平台Hadoop的相关内容。鉴于任何大数据系统都是基于这些核心概念构建的，此部分内容的学习也将帮助理解Hadoop以外的工具。然后，对开源的大数据开发平台——Hadoop生态系统进行介绍。

11.1 可扩展计算的基本概念

11.1.1 分布式文件系统

什么是分布式文件系统？例如大多数人在办公室或家中都有文件柜，可以帮助存储打印的文档。每个人都有自己组织文件的方法，包括将相似的文档放入一个文件夹的方式，或者按字母顺序或日期顺序对它们进行排序的方式。当计算机首次出现时，信息和程序都存储在打孔卡中。这些打孔卡存储在文件柜中，就像今天的物理文件柜一样。这就是文件系统的名称的来源。

在文件中存储信息的需求来自于对信息进行长期保存的需要，这样信息在产生它的计算机程序或过程终止后才能继续存在。如果没有文件，一旦程序生成或使用这些信息后，就无法再访问这些信息。即使在程序执行的过程中，也可能需要文件来存储大量无法存储在程序组件或计算机内存中的信息。此外，一旦数据存储于文件中，如果需要的话，多个进程可以访问相同的信息。因此，通常将信息存储在硬盘上的各种文件中，并由操作系统（如Windows或Linux）管理。操作系统管理文件的方式称为文件系统。

信息在磁盘驱动器上的存储方式对访问数据的效率和速度有很大的影响，尤其是在大数据的情况下。文件在驱动器中的位置有精确的地址，指向这些数据块序列的数据单元。文件系统的存储结构通常为平面结构，或索引记录的层次结构。文件具有人类可读的符号名称，文件名后通常还跟着扩展名，扩展名通常会表明文件的类型。程序和用户可以使用文件名来访问文件。文件的内容可以是数字、字母，或二进制形式的可执行文件等。

大多数计算机用户在具有单个硬盘驱动器的个人笔记本电脑或台式计算机上工作。在此工作模式中，用户受限于其硬盘驱动器的容量。不同设备的存储容量各不相同。例如虽然手机或平板电脑可能有约GB级的存储容量，笔记本电脑可能有TB级的存储空间，当遇到这种硬盘空间不足的问题时，一种解决方法是将文件存储在外部硬盘驱动器里，另一种方法是购买更大的磁盘。这两个选项都有点麻烦，需要将数据复制到新磁盘造成不便。

如果只是一个人的数据，或许是可管理的。当一个团体拥有数千台计算机来存储大量、多样的数据时，情况就会变得复杂而难以管理。而分布式文件系统就可以在这种分布式计算机集群中来存储和处理数据，并应对并发的数据访问。

分布式计算机集群一般由若干机架连接而成，并通常分布在局域网或广域网中。因此部署在分布式集群中的分布式文件系统可以将数据集或数据集的某些部分进行跨节点的分区、复制和管理。由于数据分布存储在不同的节点上，因此需要以并行的方式分析数据，同时为了计算便利高效，通常将计算程序或进程移动到存储数据的节点上进行分布式的并行计算。

此外，分布式文件系统在机架之间，或跨地理区域分布的计算机之间进行冗余数据存储。分布式文件系统的数据通常有两个或更多的备份，使系统更具容错性。这意味着，如果某些节点或机架发生故障，系统中还有其他备份，可以找到并分析相同的数据。数据复制还有助于扩展和支持多个用户对此数据的同时访问。越受欢迎的数据，通常会有越多的进程希望访问它。

在高度并行化的分布式系统中，每个读取器都可以获得自己的节点来访问和分析数据，提高整体系统性能。但这种分布式的数据复制和访问，很难随时间对数据进行更改。在大多数大数据系统中，数据只写入一次，并具有恒久性，通常不会随着时间的推移而更改，通常采用将数据的更新作为附加数据存入系统中，从而实现对数据的维护。

综上所述，文件系统负责在计算机系统中对信息进行长期存储和管理。当许多存储计算机通过网络连接时，称之为分布式系统。分布式文件系统通过在分布式系统上对数据进行分区和复制来提供数据可扩展性、容错性和高并发性。

11.1.2　分布式并行计算

大多数计算都是在单个计算节点上完成的。但复杂大型计算，如很多科学计算问题，仅仅靠一个节点或一次并行处理无法完成，这时就需要使用并行计算机处理技术。超算中心是通过网络连接的具有专门功能的大量单个专用计算节点的计算机集合。例如国家超级计算深圳中心采用由中国科学院和曙光公司联合研制的曙光 6000 超级计算系统，其中高性能计算区科学计算分区的每个计算节点由 2 颗六核心处理器组成，计算能力超 20 万台电脑。2010 年 5 月经世界超级计算机组织实测确认，运算速度达每秒 1271 万亿次（峰值 3000 万亿次），排名世界第二。但是，与相似的同类计算机集群相比，这种专用计算机的成本相当高。

计算机集群（Commodity Cluster）这个术语经常在大数据中用来指由一般数量的经济实惠的普通计算机组成的计算机集合。这种计算机集群通常由不太专业的计算能力一般的节点构建而成，功能不如传统的并行计算机构成的超算中心强大，但降低了互联网大规模计算的成本。因此，互联网上的面向服务的计算社区通常是在这种计算机集群上提供分布式计算服务。

在计算机集群中，计算节点聚集在通过快速网络相互连接的机架中，此类机架可能有许多，并且可以根据需要进行扩展。运行在局域网或互联网上的一个或多个集群中的计算称为分布式计算。大数据分布式计算的工作方式如图 11-1 所示，对于用户提交的大数据处理作业，首先会根据待处理的数据量以及数据存储的节点信息，将大数据作业分成若干小任务，然后不同的任务会被发送到各个数据节点上进行计算处理，最后将每个任务计算的结果进行整合后返回给用户。

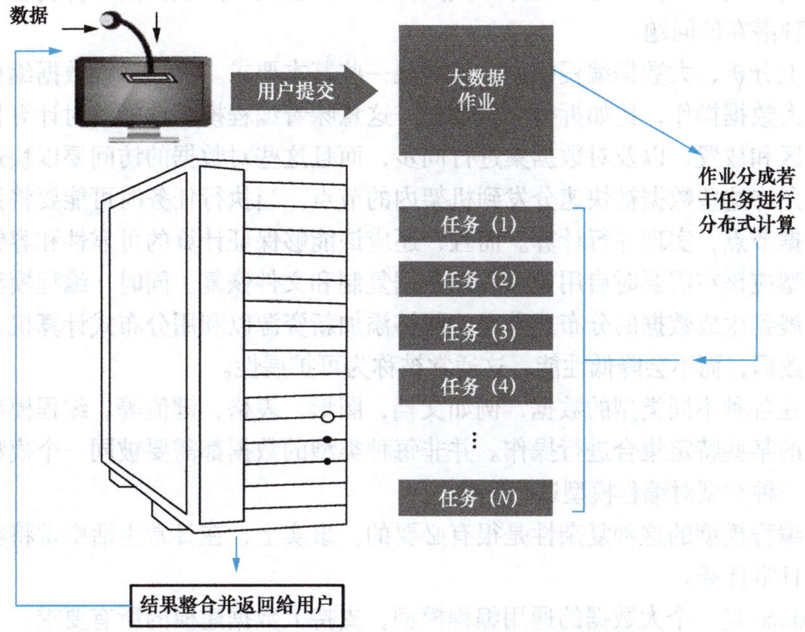

图 11-1　大数据分布式计算的工作方式

在数据处理的过程中，许多不共享任何内容的作业可以在不同的数据集或数据集的不同部分上工作。这种类型的并行性有时被称为作业级并行性，本书在大数据计算的背景下将其称为数据并行性。这种并行模式可以用来分析大量和多种类的大数据，从而实现可扩展性，并提高性能和降低成本。

在运行过程中，系统内部或许会出现许多故障点，如节点或整个机架在任何时间都可能发生故障；机架与网络的连接可能会中断；或者各个节点之间的连接可能会中断。如果发生故障，每次重新启动所有设备不切实际。从各种故障中恢复的能力称为容错力。对于此类大数据分布式系统的容错，有两种巧妙的解决方案，即冗余数据存储和单个故障作业的重新启动。

总之，计算机集群是实现大数据应用程序数据分布式、并行、可扩展性的一种经济高效的方式，同时此类系统发生局部故障的可能性也较高。正是这种分布式计算推动了大数据管理和分析向经济、高效、可靠的转变。

11.1.3　大数据编程模型

计算机集群通过互联网进行可扩展计算，可以实现大数据应用程序的数据并行和分布式处理。经济高效的计算机集群和不断完善的分布式文件系统，将计算的重点转移到数据上，为可扩展的大数据分析提供了保障。

编程模型是一种抽象的系统或基础架构。一组抽象的程序库和编程语言，形成计算模型。此抽象级别可以是低级的，就像计算机中的机器语言一样；或者是比较高级的，如高级编程语言 Java。因此，如果大数据分析所用的基础结构是分布式文件系统，那么大数据的编程模型应该能够实现分布式文件系统中各种操作的可编程性，即大数据所用的编程模型应该能够编写出可以高效运行在分布式文件系统之上处理大数据的计算机程序，并能够易于处理各种潜在的问题。

基于以上分析，大数据编程模型应该满足一些基本要求。首先，大数据编程模型应该支持常见的大数据操作，比如拆分大量数据。这意味着编程模型要能够对计算机内存中的数据进行分区和放置，以及对数据集进行同步，而且这些对数据的访问要以快速的方式实现。其次，允许这些数据被快速分发到机架内的节点，当执行任务时可能要将计算任务移动到这些数据节点，实现并行计算。而且，还应该能够保证计算的可靠性和容错率。这意味着编程模型应该在需要时启用可编程的数据复制和文件恢复。同时，编程模型应该能够很容易地扩展到生成数据的分布式节点，能够添加新资源以利用分布式计算机，并更多或更快地扩展数据，而不会降低性能，这通常被称为可扩展性。

由于存在各种不同类型的数据，例如文档，图形，表格，键值等。编程模型应该可以对这些类型的某些特定集合进行操作。并非每种类型的数据都需要被同一个模型支持，但应针对至少一种类型对编程模型进行优化。

大数据编程模型的这种复杂性是很有必要的。事实上，在日常生活中常将类似的模型应用于处理日常任务。

MapReduce 是一个大数据的通用编程模型，支持大数据建模的所有要求。它可以建模处理大数据，将复杂的工作拆分为不同的并行任务，并有效利用大型计算机集群和分布式文件系统。此外，它还抽象出并行化、容错性、数据分发、监控和负载平衡的各种技术细节。作为一种编程模型，它已经在多个不同的大数据框架中实现。后面的章节将介绍更多关于 MapReduce 及其在 Hadoop 中实现的细节。

总之，大数据的编程模型是对分布式文件系统的抽象处理模型。大数据所需的编程模型应能够处理大量和多种数据，支持完全容错并提供横向扩展功能。MapReduce 是这些大数据编程模型之一，并在包括 Hadoop 在内的各种框架中实现。

11.2 Hadoop 生态系统

Hadoop 是一个由 Apache 基金会所支持的开源分布式基础架构。Hadoop 起源于 Apache Nutch 项目，始于 2002 年，是 Apache Lucene 的子项目之一。Hadoop 是一个能够对大数据进行分布式处理的软件框架，以一种可靠、高效、可伸缩的方式进行数据处理。

在进一步深入研究 Hadoop 生态系统的细节之前，首先分析一下 Hadoop 生态系统的特征。Hadoop 生态系统框架和应用程序的特征也体现了 Hadoop 的总体目标。

首先，Hadoop 第一个目标是提供在普通性能的硬件上存储大量数据的可扩展性。随着系统数量的增加，系统崩溃和硬件故障的可能性也会增加。Hadoop 生态系统中的大多数框架都支持第二个目标，即可靠性，能够从这些问题中从容地恢复。此外，鉴于大数据有多种形式，如文本文件、社交网络图、流式传感器数据和光栅图像等，Hadoop 生态系统的第三个目标是多样性，即对于任何给定类型的数据，都可以在生态系统中找到若干个支持它的项目。Hadoop 生态系统的第四个目标是共享性，即促进数据和环境的共享以提升系统利用率的能力。由于即使是中等规模的集群也会有许多节点，因此允许多个作业同时执行的能力非常重要。Hadoop 生态系统的第五个目标是价值性，即为用户提供价值。该生态系统包括一系列由大型活跃社区支持的开源项目。这些项目是免费使用的，并且易于找到支持。

本章节接下来的部分将详细地介绍 Hadoop 生态系统。首先，将介绍可用的项目类型以及它们提供的功能。接下来，将更深入地阐述 Hadoop 的三个主要部分，即 Hadoop 分布式文件系统 HDFS，程序调度和资源管理器 YARN，以及大数据编程模型 MapReduce。然后，将描述在什么情况下 Hadoop 不是最佳解决方案。此外，还将讨论云计算及其提供的服务模式。最后，介绍安装 Hadoop 的方式。

11.2.1 Hadoop 常用工具

Hadoop 生态系统里有很多免费的东西。Hadoop 的大数据开源运动起源于谷歌 Google 于 2004 年发表的一篇关于 Google 内部处理框架的论文，这种框架被称为 MapReduce。第二年，雅虎发布了一个基于这个框架的开源实现。2006 年 2 月 NDFS 和 MapReduce 从原来的 Apache 项目中分离出来，成为一套完整而独立的软件，并被命名为 Hadoop。到了 2008 年年初，Hadoop 已成为 Apache 的顶级项目。在接下来的几年里，其他框架和工具也开始作为开源项目发布到这个社区。这些项目提供了 Hadoop 中缺少的新功能，例如 SQL 查询或高级脚本等。如今 Hadoop 有超过 100 个的大数据开源项目，而且这个数字还在继续增长。其中许多项目依赖于 Hadoop，但有些也可以是独立的。

面对这么多可用的项目和工具，一般可以使用层次关系图来组织并描述它们之间的关系和功能。在层次关系图中，组件使用其下层中组件的一个或多个功能。通常同一层的组件不会进行通信。一个组件并不会约束使用它的上层组件是什么。在图 11-2 所示的例子中，组件 A 位于底层，组件 B 和 C 使用底层组件提供的功能。组件 D 使用 B，但不使用 C。组件 D 不直接使用 A。

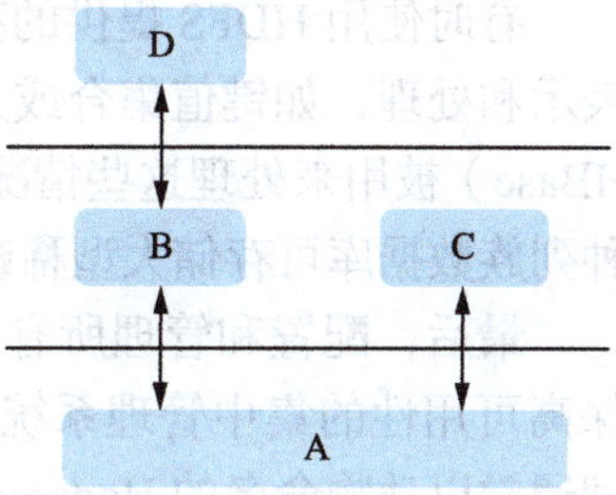

图 11-2 层次关系图

图 11-3 用层次关系图的形式表示 Hadoop 生态系统中的一组常用工具。

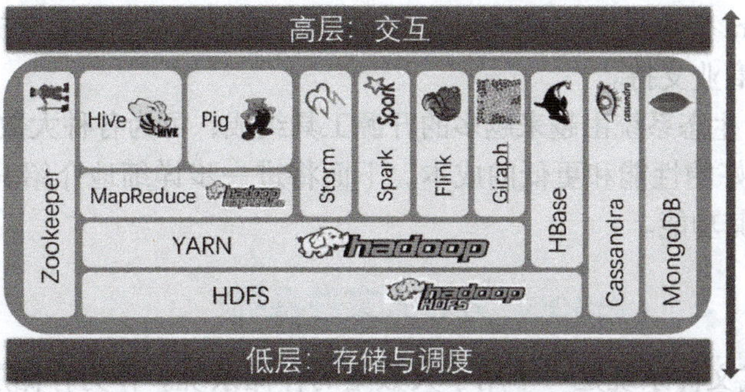

图 11-3 Hadoop 生态系统的层次关系图

此层次关系图根据组件相互之间的垂直关系进行组织。低级组件负责存储和调度，位于底层。而顶层则负责高级语言和交互性。

其中，Hadoop 分布式文件系统（HDFS）是许多大数据框架的基础，因为它提供了可扩展且可靠的存储。随着数据规模的增加，可以将更多的硬件添加到 HDFS 以增加存储容量，以便能够横向扩展资源。

Hadoop YARN 基于 HDFS 存储提供灵活的调度和资源管理。YARN 被雅虎用于在超过 4 万台服务器上安排作业。

MapReduce 是一种简化的分布式并行计算编程模型。不需要处理同步和调度的复杂性，只需要为 MapReduce 提供两个功能函数，map 和 reduce，即可进行分布式并行计算。这种编程模型非常强大，以至于 Google 以前曾用它来索引网站。MapReduce 仅假设一个有限的模型表达数据。

Hive 和 Pig 是 MapReduce 之上的另外两个编程模型，分别通过关系代数和数据流建模增强 MapReduce 的数据建模功能。Hive 是 Facebook 创建的，可使用 MapReduce 对 HDFS 中的数据发出类似 SQL 的查询。Pig 是雅虎创建的，用于使用 MapReduce 对基于数据流的程序进行建模。

由于 YARN 管理资源的稳定性，使得它不仅适用于 MapReduce，也适用于其他编程模型。Giraph 是为高效处理大规模图形而构建的。例如 Facebook 使用 Giraph 分析其用户的社交图谱。类似地，Storm、Spark 和 Flink 是在 YARN 资源调度程序和 HDFS 之上为实时处理和在内存中处理大数据而构建的。内存计算是一种运行大数据应用程序的强大方式，可以更快地运行大数据应用程序，从而将某些任务（如迭代算法）的性能提高 100 倍。

有时使用 HDFS 提供的存储文件和目录的模型无法轻松有效地对某些类型的数据进行表示和处理，如键值集合或大型稀疏表的数据。NoSQL 项目（如 Cassandra、MongoDB 和 HBase）被用来处理这些情况。Cassandra 是 Facebook 创建的键值型数据库，HBase 作为一种列族数据库可存储大型稀疏表，被 Facebook 用来作为其消息传递的平台。

最后，配置和管理所有这些 Hadoop 的组件或工具需要一个专门用于同步、配置和确保高可用性的集中管理系统。Zookeeper 就是这样一个系统，由雅虎创建，旨在调度和管理通常以动物命名的 Hadoop 生态系统中的各种组件。

Hadoop 生态系统的一个主要优点是所有这些工具都是开源项目，可以免费下载和使用。每个项目都有一个用户和开发人员社区，在那里可以提问和回答问题、修复错误并实现新功能。可以根据需要只下载和使用实现目标所需的工具来构建自己的 Hadoop 系统。也可以选择 Cloudera 公司提供的 Hadoop 软件集成平台，这些平台免费提供核心软件堆栈，并为生产环境提供商业支持。

总之，Hadoop 生态系统由越来越多的开源工具组成，可为各种大数据任务提供多元化的选择，以获得更好的性能和更低的成本。下面将进一步详细地介绍 Hadoop 生态系统中的三个主要工具及其功能。

11.2.2　HDFS：Hadoop 分布式文件系统

Hadoop 分布式文件系统是一个用于大数据的存储系统。作为存储层，Hadoop 分布式文件系统（HDFS：the Hadoop distributed file system）作为 Hadoop 生态系统中大多数工具的基础，提供了两项对于管理大数据至关重要的功能，即大型数据集的可扩展性，以及应对硬件故障的可靠性。

HDFS 可以用来存储和访问大型数据集，具有很强的可扩展性。根据某 Hadoop 服务提供商的说法，HDFS 已经显示出高达 200PB 的数据可扩展性，以及可用于达 4500 台服务器的单个集群，可存储近十亿个文件或块。如果空间不足，只需添加更多节点即可增加空间。

HDFS 通过对大型文件进行分块或拆分后再存储到各个节点上来实现可扩展性。由于计算任务被派发到存储数据的各个节点上并行运行，这使得并行访问非常大的文件变成可能。典型的大数据文件大小为 GB 到 TB 级别，这样的大文件在 HDFS 中首先会被切分成块（Block）再进行存储。默认文件的每个部分（即块）的大小为 64MB，但可以将其配置为任何大小。

如果将文件拆分成多个块，并存储到多个节点上，存储其中某一个块的节点有可能会崩溃或无法访问。为了防止丢失数据，HDFS 专门进行了容错性设计。HDFS 将每个文件块在不同节点上进行复制，以防数据丢失。如图 11-4 所示，崩溃的节点存储了块 C。但块 C 还被复制到了集群中的另外两个节点上，这样就可以从另外两个节点来找到块 C。

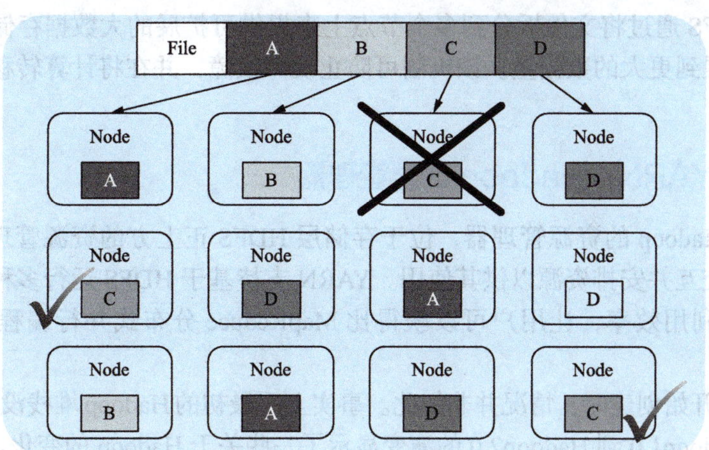

图 11-4 Hadoop 的数据复制

默认情况下，HDFS 为每个块维护三个副本，这是默认的复制因子。但是，可以更改默认设定，或是针对单个文件更改备份数量。HDFS 还可用于处理与大数据多样性一致的各种数据类型。因此，要读取 HDFS 中的文件，必须指定读取文件的格式；同样，要写入文件，也必须提供写入文件格式。HDFS 为常见数据类型提供了一组格式，而且这是可扩展的，用户可以为数据类型提供自定义格式。例如可以根据需要逐行或逐词地读取文本文件；地理空间数据可作为矢量或栅格进行读取，也可以使用特定用于地理空间数据的其他数据格式；其他特定领域的数据格式，如 FASTA，或基因组学中序列数据的 FASTQ 格式等。

HDFS 由两个组件组成，即名称节点 NameNode 和数据节点 DataNode，它们之间是主从关系。其中，名称节点作为主节点，通过群集向从节点（数据节点）发出指令。名称节点负责元数据的维护、响应用户请求、数据分配和定位；数据节点负责存储数据，并按照约定向名称节点发送心跳信息，以通知名称节点自己的运行状况。通常每个集群有一个名称节点，和运行在集群每个节点上的多个数据节点。从某种意义上说，名称节点是 HDFS 集群的管理员或协调者。创建文件时，名称节点会记录文件的名称、在目录层次结构中的位置和其他元数据。名称节点还决定用于存储文件内容的数据节点，并记住文件及其存储数据节点的映射信息。数据节点在群集中的每个节点上运行，并负责存储文件块。数据节点侦听来自名称节点的命令，来进行块的创建、删除和复制。

复制提供两个关键功能，容错和数据定位。如前所述，当群集中的计算机出现硬件故障时，每个块的另外两个副本存储在其他节点上，因此不会丢失任何数据。复制还意味着同一数据块将存储在系统上位于不同地理位置的不同节点上。不同位置可能意味着不同城镇或地区的特定机架或数据中心。数据的存储位置很重要，因为大数据应用过程中通常希望将计算转移到数据，而不是相反。多备份意味着可以有更多机会选择距离更近的数据进行计算。

如前所述，Hadoop 默认数据复制因子为 3，但可以更改此值。更高的复制因子意味着针对硬件故障的更多保护，以及更好的数据定位机会。但这也意味着要使用更多的存储空间。

总之，HDFS 通过将文件拆分到多个节点上来提供可扩展的大数据存储，这有助于将大数据分析扩展到更大的数据量。该机制可防止硬件故障，并在将计算转移到数据时提供数据的定位。

11.2.3　YARN：Hadoop 资源管理器

YARN 是 Hadoop 的资源管理器，位于存储层 HDFS 正上方的资源管理层。YARN 与上层应用程序交互并安排资源以供其使用。YARN 支持基于 HDFS 运行多种应用程序，从而提高了资源利用效率，让用户可以获得比 MapReduce 分布式并行编程模型更丰富的功能。

当 Hadoop 开始创建时，情况并非如此。事实上，最初的 Hadoop 堆栈没有资源管理器。图 11-5 中，Hadoop1.0 到 Hadoop2.0 的演变显示了一些关于 Hadoop 的变化。

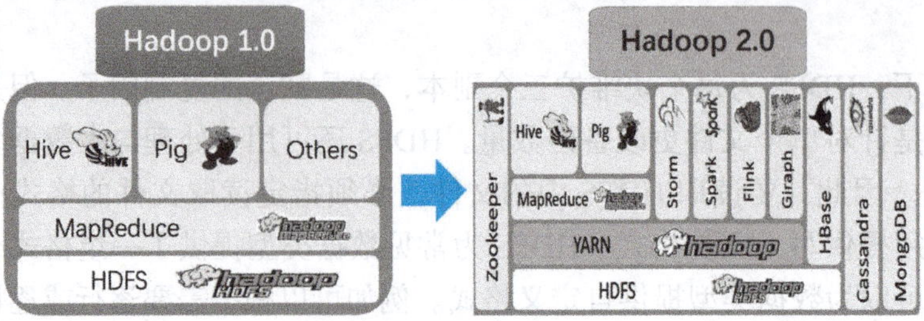

图 11-5　Hadoop 的演变

Hadoop1.0 最大的限制之一是它无法支持非 MapReduce 的应用程序，它的资源利用率不高。对于需要不同建模和查看数据方式的高级应用程序（如图形分析），需要将数据移动到另一个平台。如果数据量很大，则需要做很多工作。

在 HDFS 和应用程序之间添加 YARN 就可以允许构建新系统，专注于处理不同类型的大数据，例如用于图形数据分析的 Giraph，用于流数据分析的 Storm 和用于内存计算的 Spark。YARN 通过提供标准资源管理框架来支持 Hadoop 生态系统中定制应用程序的开发，从而实现“同一数据，不同应用”这一目标。YARN 允许使用最适合的工具对大数据进行不同的处理，从数据集中获取最大收益。

从不那么技术性的角度来看 YARN 的架构，如图 11-6 所示。

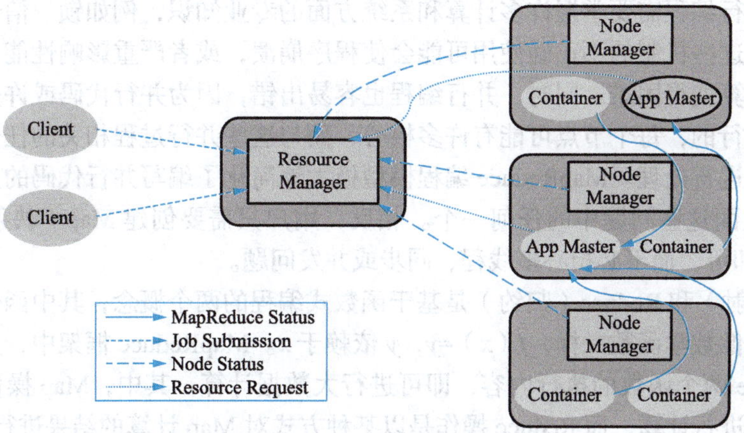

图 11-6 YARN 架构

在图 11-6 中，请注意位于中心的资源管理器（Resource Manager），以及右侧三个节点中每个节点上的节点管理器（Node Manager）。资源管理器控制所有资源，并决定谁得到什么。节点管理器在计算机节点上运行，负责一台机器的资源管理。

资源管理器和节点管理器共同构成了数据计算和调度框架。每个应用程序都有一个应用程序主管理器（Application Master，图中标记为 App Master）。它从资源管理器协商资源，并与节点管理器通信以完成其任务。请注意标记为“容器”（Container）的椭圆容器是一个抽象的概念，表示一个资源，该资源是 CPU、内存、磁盘、网络和计算所需其他资源的集合。为了简化但不那么精确，可以将一个容器视为一个机器。

通过 YARN 引擎的基本架构，可知 YARN 的关键组件包括资源管理器、节点管理器、应用程序主管理器和容器等，并了解它们分别负责哪些任务。举一个例子来展示 Hadoop2.0 相对于 1.0 的优势，雅虎每天使用 YARN 运行的作业数量几乎是 Hadoop1.0 的两倍，同时 CPU 使用率也大幅增加。雅虎甚至声称，升级到 YARN 相当于将 1000 台机器添加到其 2500 台计算机集群中。

从 Hadoop 生态系统现在拥有的不同应用程序的爆炸式增长中，可以明显看出 YARN 的成功。用户可以毫不费力地选择所需的工具管理大数据，与此相比，Hadoop1.0 只能局限于 MapReduce。

总之，YARN 提供了多种应用程序从数据中提取价值的多种方式，允许用户在同一 Hadoop 集群上运行多种分布式应用程序。此外，YARN 减少了不必要的数据移动，提高了资源利用率，从而降低了成本。YARN 提供了一个可扩展的平台，基于 HDFS 实现了多种应用程序的扩展，丰富了 Hadoop 生态系统。

11.2.4 MapReduce：Hadoop 编程模型

MapReduce 是 Hadoop 生态系统的分布式并行编程模型，支持用简单的编程来获得巨大的效果。MapReduce 通过 YARN 对 HDFS 中的分布式文件块进行调度和执行分布式并行处理。Hadoop 生态系统中有几个工具使用 MapReduce 来提供更高级别的用户接口，例如 Hive 具有类似 SQL 的接口，可添加用于关系数据建模的功能；Pig 是一种高级数据流语言，具有流程图建模的功能。

传统的并行编程需要掌握许多计算和系统方面的专业知识，例如锁、信号量和监视器等同步机制，这些机制的不正确使用可能会使程序崩溃，或者严重影响性能。这种高学习难度使并行计算变得困难。同时，并行编程也容易出错，因为并行代码或许是在数百或数千个节点上运行的，每个节点可能有许多核心，而与这些并行过程相关的任何问题，都需要由并行程序进行处理。MapReduce 编程模型极大地简化了编写并行代码的过程，因为用户不必处理上面这些问题中的任何一个。相反，用户只需要创建 Map（映射）和 Reduce（归约）任务即可，而不必担心多线程、同步或并发问题。

Map（映射）和 Reduce（归约）是基于函数式编程的两个概念，其中函数的输出仅取决于输入。就像数学函数一样，$f(x)=y$，y 依赖于 x。MapReduce 框架中，用户只需编写 Map 和 Reduce 两个函数的执行内容，即可进行大数据计算。其中，Map 操作通常应用于每个数据元素进行计算，而 Reduce 操作是以某种方式对 Map 计算的结果进行汇总。

举个关于使用 Map 和 Reduce 的例子，来更清晰地理解此概念。对 MapReduce 来说，要学习的第一个程序是词频统计（WordCount）。WordCount 读取一个或多个文本文件，并计算这些文件中每个单词的出现次数。WordCount 的输出是一个文本文件，其中包含单词列表及其在输入文件中的出现频率。

下面通过一个实例来简述 WordCount 中的 MapReduce 运行步骤。为了简化起见，假设有一个大数据文件 File 作为 WordCount 的输入。在 WordCount 运行之前，这个输入文件存储在 HDFS 中，HDFS 在群集的多个节点中对文件进行分块存储。如图 11-7 所示，在本例中，文件 File 被分为四块，分别标记为 A、B、C 和 D。

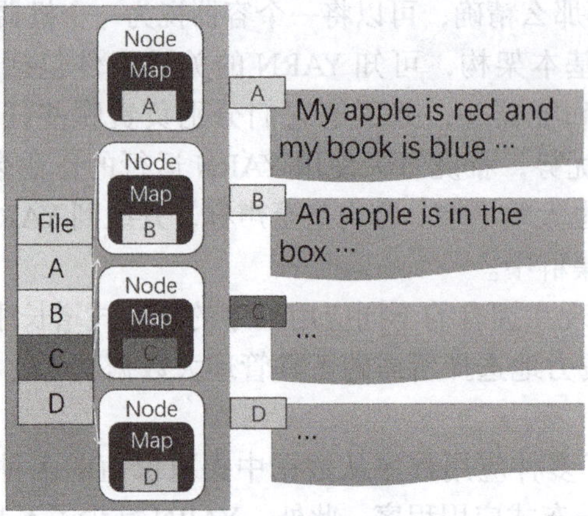

图 11-7　HDFS 对文件的分块存储

1．MapReduce 第一步：映射（Map）

在每个数据节点上运行 Map 映射操作。从 HDFS 读取输入数据时，将为输入中的每一行调用 Map。输入块 A 和 B 的第一行，并开始计算单词。在节点 A 上的数据块中，第一行是“My apple is red and my rose is blue”。同样，在块 B 上的第一行是“An apple is in the box …”块 A 在第一个映射步骤中发生的变化，如图 11-8 所示。

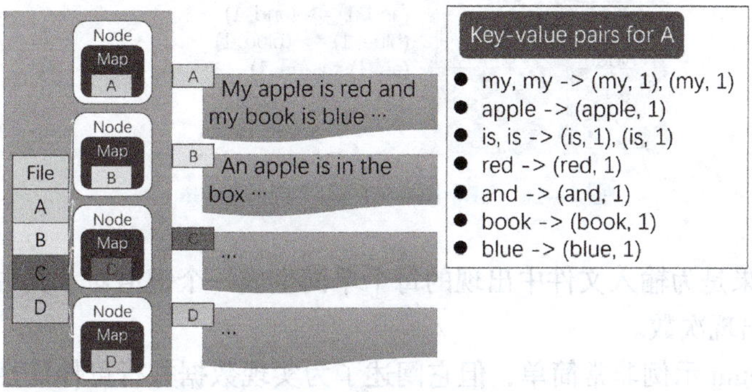

图 11-8　MapReduce 的映射（Map）

Map 为每一行文字中的每个单词创建一个键值对（Key-value pair），其中键（Key）为单词，键对应的值（Value）为 1。在此示例中，从块 A 中的第一行读取单词 apple，Map 生成的键值对为（apple，1）。同样，“my”这个词在 A 的第一行出现了两次。因此，将创建两个（my，1）的键值对。请注意，Map 函数程序将被移动到包含文件数据块的每个节点上，而不是移动不同节点的数据到 Map 节点。这就是将计算移动到数据，而不是相反。同样，相同的 Map 映射操作为块 B 也生成了一系列的键值对（Key-value pairs）。由于每个单词只碰巧出现一次，因此 Map 对块 B 的输出将生成一个包含所有单词的列表，每个单词都有一个键值对。

2．MapReduce 第二步：排序（Sort）和洗牌（Shuffle）

接下来，根据 Map 映射输出的所有键值对根据其键进行排序。具有相同键的键值对被移动或随机排列到同一节点。为了简化，图 11-9 对分配到每个节点中的键值对只列出几个，但一般来说，一个节点会被分配到许多不同的单词。

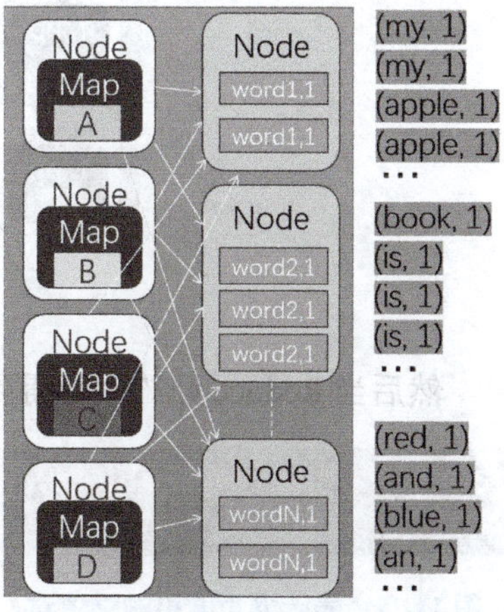

图 11-9　MapReduce 的排序（Sort）和洗牌（Shuffle）

my 和 apple 被分配到第一个节点，单词 book 和 is 被分配到第二个节点，而 red 和 and 等单词被分配到第三个节点。为了简单起见，图中绘制了四个 Map 节点和三个 Shuffle 节点，这些节点数量可以根据应用程序的需求进行调整和扩展。

3．MapReduce 第三步：归约（Reduce）

接下来，在 Shuffle 节点上执行 Reduce 操作，以便将具有相同键的键值进行合并。例如，（apple，1）和另一个（apple，1）变成（apple，2），如图 11-10 所示。

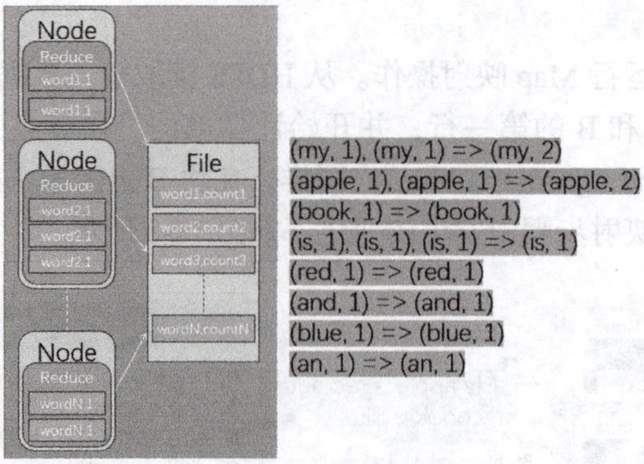

图 11-10　MapReduce 的归约（Reduce）

Reduce 的结果是为输入文件中出现的每个单词生成一个键值对，其中键是单词，对应的值是该单词的出现次数。

尽管 WordCount 示例非常简单，但它阐述了为实现数据并行可伸缩性的大量应用程序中都会应用的三个步骤，即 Map 映射，Shuffle 洗牌和 Reduce 归约。MapReduce 的这三个基本步骤可以用于处理其他大数据的应用程序，例如将 WordCount 算法进行适当调整，就可以用于搜索引擎中，在 Web 爬虫收集网页后，按字词来索引所有 URL。这意味着，数据键的值将使用 URL，而不是数字。在编写 Map 映射函数时，使用这个新的键值对生成中间结果，这被称为用户定义的函数。此时 Sort 和 Shuffle 的输出将如图 11-11 所示。

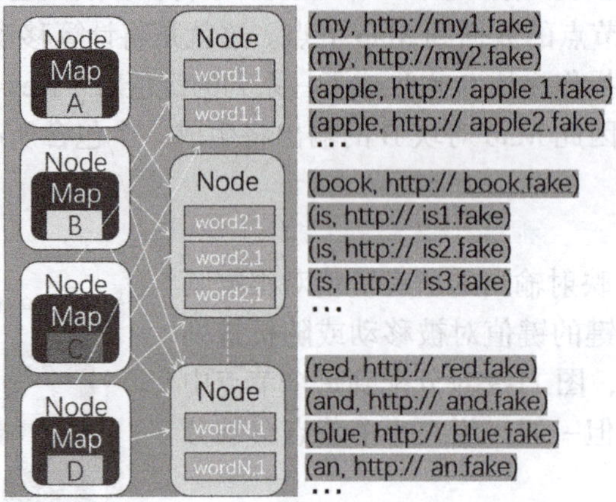

图 11-11　MapReduce 用于网页索引

然后当 Reduce 归约后，得到的键值对将表示检索字词的 URL 索引表，例如与检索词 Apple 相关的 URL 列表如图 11-12 所示。

图 11-12　表示网页索引的键值对

事实上，这是像 Google 谷歌这类搜索引擎的工作方式之一。这样当用户使用搜索引擎的搜索界面来搜索“apple”这个词时，就可以很容易地得到所有相关的 URL 列表。第一篇 MapReduce 论文就是由 Google 谷歌撰写的。

如上所述，MapReduce 除了可以计算文档中单词的出现次数外，还可以在搜索引擎或其他大数据应用程序中使用。那么，在 MapReduce 的三步模式中如何对数据进行并行处理呢？首先，在 Map 映射步骤中肯定存在并行化。这种并行化是在输入数据时就开始进行的，在 Map 中每个数据块节点都在同时处理数据。为了实现这种类型的数据并行性，必须确定每个并行处理的数据粒度。在这里粒度是一行数据。其次，在 Shuffle 和 Sort 步骤可以看到数据的并行分组，这是在中间数据（即各个键值对）上进行的并行处理。在对中间数据进行分组之后，最后在 Reduce 步骤，数据被并行化归约，以生成一个输出文件。

虽然 MapReduce 擅长于类似 WordCount 等应用程序的独立批处理任务，但有些任务并不适合使用 MapReduce 来处理。首先，如果数据经常更改，用 MapReduce 就会很慢，因为它每次都读取整个输入数据集。再者，MapReduce 模型中 Map 和 Reduce 彼此独立执行，因为不必处理同步问题，而大大简化了设计师的工作。但是，这意味着具有依赖关系的计算不能用 MapReduce 表示。最后，MapReduce 必须读取整个输入数据集，而且在整个过程完成之前不会返回任何结果，这使得它不适用于交互式应用程序。因为在交互式应用程序中，结果必须非常快地呈现给用户。

总之，MapReduce 隐藏了并行编程的复杂性，大大简化了分布式并行应用程序的构建过程。适合 MapReduce 的任务类型包括搜索引擎网页排名和主题映射等。

11.2.5 Hadoop 应用场景

Hadoop 生态系统正在快速增长，这意味着很多困难或还不支持的功能正在成为可能。本节探讨 Hadoop 适合的应用场景，并在更深层次上对它进行评估。

首先讨论一下适合 Hadoop 处理的场景。如果要处理的数据量不断大规模增长，就很适合使用 Hadoop；对旧数据的快速访问（否则这些数据只能放在磁带驱动器上进行存档存储），Hadoop 可能会是一个很好的备选方案。需要在同一数据存储上使用多个应用程序，以及需要高容量或高多样性，也是选择 Hadoop 作为应用平台的重要指标。

需要慎重考虑是否适合 Hadoop 来处理的应用场景包括：

（1）小数据集：对小数据集进行处理时，要慎重考虑是否真的需要 Hadoop，并在继续使用之前找出想要使用 Hadoop 的确切原因。

（2）具有任务级并行性的问题：Hadoop 有利于对数据进行并行处理，这里的数据并行性是指跨数据集的数据元素在多个节点上同时执行同一个函数。但任务级并行性是在相同或不同数据集的多个节点上同时执行许多不同的功能，如图 11-13 所示。

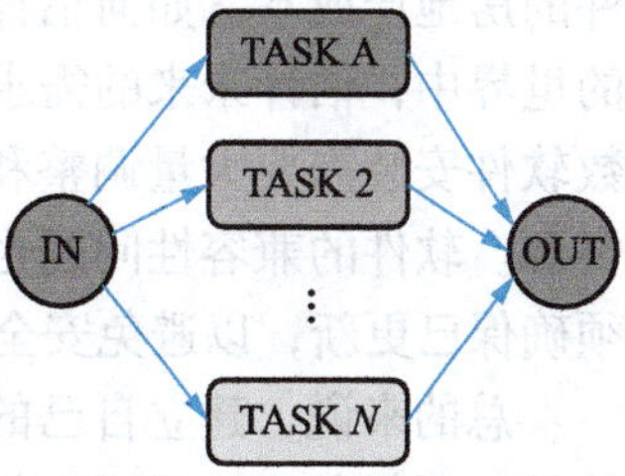

图 11-13 任务级并行性

如果要解决的问题具有任务级并行性，则必须慎重考虑，并深入分析计划从 Hadoop 生态系统部署哪些工具，而这些工具提供的确切好处。

（3）高级的数据处理算法：并非所有算法都可以在 Hadoop 中扩展，或者可以简化为 YARN 支持的编程模型之一。因此，如果希望部署高度耦合的数据处理算法，在使用 Hadoop 之前，要谨慎操作。

（4）更换数据存储方案：在考虑是否要抛弃现有的数据库解决方案，而代之以 Hadoop 时，请慎重考虑并深入分析。虽然 Hadoop 可能是一个很好的平台，各种数据集可以被存储并被处理成可以被数据库接受的形式，但 Hadoop 可能不是适合业务案例的最佳数据存储解决方案，请多加评估并谨慎行事。

（5）随机数据访问：HDFS 将数据存储在 64 兆字节或更大的块中，因此可能需要读取整个文件才能获得一个数据条目。这使得执行随机数据访问变得更加困难。

Hadoop 生态系统正在以前所未有的速度增长。一些 Hadoop 生态系统中正在扩展的新领域和新工具包括高级分析查询、延迟敏感任务、敏感数据的网络安全等，这些工具可能是想要进一步研究的方向，或者可以借此来解决面临的挑战。

总之，尽管 Hadoop 具有许多优点，但它只是一个大数据处理框架，并不能解决管理和处理大数据中的所有问题。虽然也有例外，但通常认为 Hadoop 框架不是处理小型数据集、需要特定硬件类型、任务级并行性、基础架构替换、随机数据访问或高级算法的最佳选择。

11.2.6 云计算

云计算是重要的大数据推动者。在前面章节中提到云计算是大数据时代启动的两个影响因素之一。云计算实现了按需计算——使人们能够随时随地，按照需要进行计算。简单来说就是，需要时就能使用。本节介绍如何部署云计算以在大数据应用中发挥作用。

云计算背后的主要思想是将计算的基础设施转变为商品。基于云计算，应用程序开发人员可以专注于解决特定的应用程序的问题，而不需要尝试构建运行的基础架构。因此，可以简单地将云计算服务定义为计算的租赁服务。不会每次需要搬一件大型家具时都去购买甚至制造一辆卡车，只需租用一辆即可。同样，可以在外地度假时租一辆汽车或自行车，这样可以随时随地出行了。所以，在可以租用的情况下，为什么还要自己创建计算机集群，特别是不经常使用它的时候。

当为自己或客户研究搭建大数据研究平台的解决方案时，会考虑哪些因素？是否应该自己构建硬件和软件资源，还是应该从云中租用这些资源。首先，来看看内部硬件和软件资源的构建。如果选择自己搭建大数据平台，则必须雇用人员并购买适合要求的硬件。这些包括但不限于购买网络硬件、存储磁盘、在硬件过时时升级硬件等。当然，还有存放硬件的房地产成本。如何估计硬件需求的大小，使用期限是五年还是十年。在当今瞬息万变的世界中，估计未来的需求变得越来越困难。获得适合需求的软件同样具有挑战性。大多数软件安装需要大量调整和手动干预，这需要大量的技能，也就意味着需要工程师等人力资源。软件的兼容性问题也带来了更多难以预见的问题。大多数软件需要频繁更新，而必须确保已更新，以避免安全风险并获得最佳效果。

总的来说，建立自己的数据中心或机房可能很昂贵，而且也可能很耗时，维护它本身就是一项任务。这需要高额的初始资本投资和业务中多个部门的高效运营，如果一家初创公司，则可能负担不起这些成本。大多数人还忘记了算上处理旧硬件的成本。

而云计算能带来很多好处，类似于从租车公司得到的好处。首先，只需要为使用的内容付费，这意味着低成本投资。第二，不需要去找经销商进行谈判，获得银行贷款和保险等，这意味着项目可以快速开展。第三，如果选择在地理位置上离客户更近的服务器上部署应用程序，可以提供更快速的服务和更高的客户满意度。第四，对于初创公司和小型企业来说，云计算允许随时随地通过互联网处理大数据业务，而无需巨额资本投资。第五，不需要制定五年或十年的资源估算计划。如果业务增长速度比想象得要快，可以通过云计算更快地满足需求。第六，借助云计算，可以不考虑资源管理问题，并以最低的成本专注于企业的产品或领域专业知识。第七，就像可以在租车公司租用卡车或敞篷车一样，可以在云上构建自己的定制大数据平台。定制平台，指的是选择适合你的应用程序，使用合适类型和数量的计算节点来构建个性化的计算机集群。不仅可以选择 CPU 或 GPU，可以从计算、内存和存储选项的各个菜单中进行自主选择。这是云计算提供的“自助餐”。可以自行选择和设计适合应用要求、数据大小和分析的机器，获取所需内容，并为此付费。而这种费用与购买和维护可能使用的所有软硬件组合相比，后者太过昂贵且并不能每次都解决问题。

由于所有这些优势，云计算在蓬勃发展中。如今有许多云服务提供商。而且这个数字还在增长。图 11-14 列出了一些云计算市场的参与者。

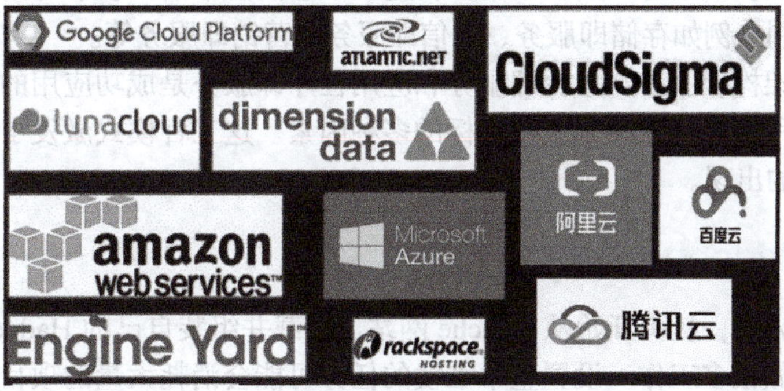

图 11-14 云计算提供商

总而言之，云计算可以帮助人们完成繁重的工作，因此团队可以避免陷入基础设施的细节中，而是专注于从数据中提取价值。云计算为将原型扩展到成熟的应用程序提供了方便可行的解决方案。可以找寻专家来处理安全性、稳健性以及相关的技术问题，而团队可以利用自身优势和潜力来解决特定领域的问题。

11.2.7 云服务模式

云计算提供商可以提供许多级别的服务，如 IaaS，PaaS，SaaS 等，所有这些都是指围绕使用云计算的不同商业模式，具有不同级别的参与程度和服务，类似于租赁协议。如下所述：

（1）IaaS（Infrastructure as a Service），基础设施即服务，可以定义为最低限度的租赁服务。这就像从一家公司租了一辆卡车，可以把它当作硬件设备，然后打包家具，再开车去新房子。作为此服务的用户，需要在基础结构中安装和维护操作系统及其他应用程序或服务模型。Amazon EC2 云就是此服务模式的一个很好的例子。

（2）PaaS（Platform as a Service），平台即服务，是为用户提供整个计算平台的模式。这可能包括需要的操作系统和编程语言环境，也可能扩展到包括选择的数据库，甚至是 Web 服务器。在这些软件层之上开发和运行自己的应用程序软件。Google App 引擎和 Microsoft Azure 是这种服务模式的两个例子。

（3）SaaS（Software as a Service），软件即服务模式，是云服务提供商对操作系统和应用程序软件等硬件和软件环境整体负责的模式。这意味着可以直接使用这些应用程序来解决问题。Dropbox 是一个非常流行的软件即服务平台。

最终选择哪种服务模式是由多个影响因素来决定的，取决于团队对计算环境进行管理、开发和维护的技能水平，还取决于需要如何使用该服务。需要在长期目标方面考虑选择最适合的正确服务模式。最后，在部署云服务时，因为数据驻留在第三方服务上，还必须了解所有安全风险。

在信息日益数字化的今天，安全是一个非常重要的问题。必须将客户的数据安全作为头等大事，因此这应该是决策中的一个重要标准。由于数据驻留在第三方服务器上，因此必须了解并评估所有安全风险。

更多其他形式的服务正在被添加到云服务系列中，基础架构、平台和软件即服务的逻辑正在进一步扩展。XaaS（X as a Service）是一个总括性术语，表示对要租用的计算资源进行更精细的控制。例如存储即服务、通信即服务、营销即服务等。

总之，基础架构即服务、平台即服务和应用程序即服务是成功应用的三种主要云服务模式。选择哪一种模式将取决于应用目标的多种因素。这三种模式激发了许多围绕云计算的不同服务模式的出现。

11.2.8　Hadoop 预装映像

对于初学者来说，从头开始从 Apache 网站上下载并组装自己的 Hadoop 软件堆栈可能会很混乱，需要做很多工作。设置整个堆栈的任务可能会消耗大量的项目时间和人力，增加了开发的时间。Hadoop 预装映像将 Hadoop 生态系统的相关软件预先组装在一起，发布成预装的软件映像产品。获取预构建的映像类似于购买预组装的家具，可以获得一个现成的软件堆栈，其中包含预安装的操作系统、所需的库和应用程序软件。它避免了将不同部分以正确的方式放在一起的麻烦，可以立即开始使用。这些预构建的软件映像一般需要由使用虚拟化软件的虚拟机启用。

虚拟化软件的好处之一是它允许在几分钟内运行现成的软件堆栈，而无需过多细节。软件堆栈映像是一个大文件，虚拟化软件提供了一个可以运行软件堆栈映像的平台。

许多公司提供了 Hadoop 平台的软件堆栈映像，各自选择包括了许多 Hadoop 工具。Cloudera 是一家提供 Hadoop 预安装和组装软件堆栈映像的公司。Cloudera 映像将在本书后续章节中使用。此外，供应商网站上提供了许多面向初学者的在线教程，用于用户对使用这些映像及其包含的开源工具进行自我培训。

选择 Hadoop 预装映像供应商后，可以查看他们的网站以获取有关如何快速入门的教程。可以选择云计算来部署预构建的映像，这将进一步加快应用程序部署的过程。在部署过程中，最好评估哪种方法对业务模型和组织最具成本效益。Cloudera 等公司提供了有关如何在云计算上设置预构建映像的分步指南。总之，使用预构建的软件包具有许多好处，可以显著加速大数据项目。即使是小团队也可以快速制作原型，部署和验证他们的项目创意。开发的分析解决方案可以在几个小时内扩展到更大的规模并提高数据处理速度。这些 Hadoop 预装映像供应商还为大型成熟应用程序提供企业级解决方案。

因为有很多公司提供现成的 Hadoop 解决方案，这意味着有很多备选项来从中选出最适合的项目。

第12章 大数据实践

本章介绍如何在计算机上使用 Cloudera 预装映像进行 Hadoop 软件的部署，如何在 HDFS 中存储和复制数据，以及如何在 Hadoop 上运行第一个应用程序 WordCount 进行 MapReduce 编程实践。

12.1 下载和安装 Cloudera 虚拟机映像

本节以 Windows 操作系统为例来下载和安装 Cloudera 虚拟机映像，Mac 操作系统类似。请按照以下说明来下载并安装虚拟机 VirutalBox，并在此基础上下载和安装 Cloudera，来快速开启你的 Hadoop 编程之旅。后面章节中将指导如何使用 Cloudera 虚拟机环境来进行 Hadoop 的实践操作。

目标：

- 下载并安装 VirtualBox。
- 下载并安装 Cloudera 虚拟机（VM）映像。
- 启动 Cloudera 虚拟机。

硬件要求：

- 四核处理器（推荐 VT-x 或 AMD-V），64 位。
- 8GB 内存。
- 20 GB 可用磁盘。

如何查找硬件信息：

单击“开始”按钮打开“系统”，右键单击“计算机”，然后单击“属性”可查看硬件信息。最近几年购买的大多数计算机都支持 8GB 内存，可满足最低要求。计算机还需要具有高速互联网连接，因为需要下载多达 4 GB 大小的文件。

说明：

（1）安装 VirtualBox。到 VirtualBox 的官方网站上下载并安装 VirtualBox。本书使用 Virtualbox6.1.X 版本，因此，建议单击该网站页面上的“VirtualBox 6.1 builds”的相关链接，并下载旧版本的软件包以便与本说明中的屏幕截图保持一致。然而，如果选择使用新版本的 VirtualBox，也不会有太大的不同。对于 Windows 操作系统，请选择“VirtualBox 6.1.X for Windows hosts x86/amd64”链接进行下载，其中“X”代表最新版本的数字。

（2）下载 Cloudera VM。到 Cloudera 的官方网站上下载 Cloudera VM。虚拟机压缩文件超过 4GB，因此需要一些时间进行下载。

（3）解压 Cloudera VM。右键单击文件“cloudera-quickstart-vm-5.4.2-0-virtualbox.zip”进行解压。

（4）启动 VirtualBox。

（5）导入映像文件。通过管理→导入虚拟电脑→导入 Cloudera VM，如图 12-1 所示。

（6）单击文件夹图标，如图 12-2 所示。

图 12-1　在 VirtualBox 中导入 Cloudera VM

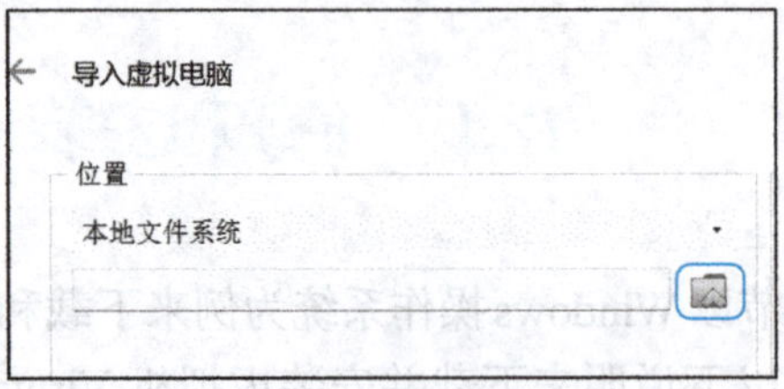

图 12-2　点击文件夹图标

（7）解压 VirtualBox VM 的文件夹中选择“cloudera-quickstart-vm-5.4.2-0-virtualbox.ovf”，并打开它，如图 12-3 所示。

（8）单击“导入”，如图 12-4 所示。

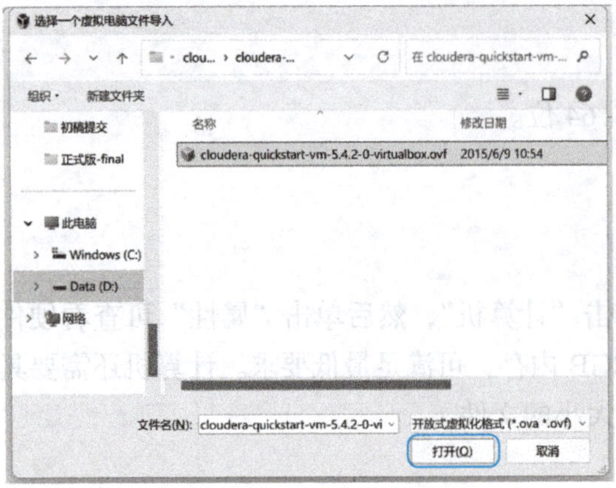

图 12-3　打开 ovf 文件

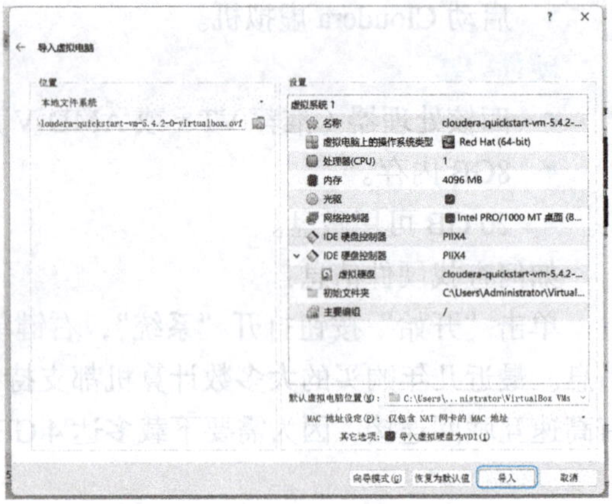

图 12-4　点击导入

（9）将导入虚拟机映像，可能需要几分钟，如图 12-5 所示。

（10）启动 Cloudera VM。导入完成后，quickstart-vm-5.4.2-0 虚拟机将出现在 VirtualBox 窗口的左侧。选择它并单击“Start”按钮启动虚拟机，如图 12-6 所示。

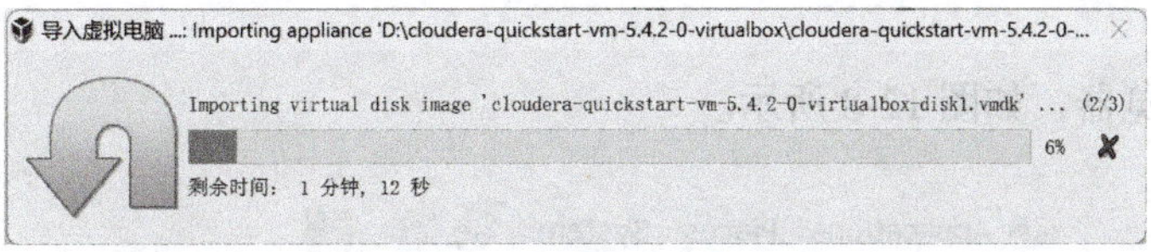

图 12-5　导入虚拟机映像

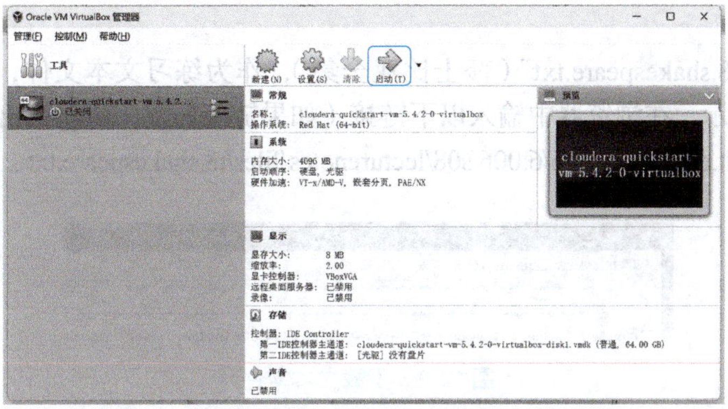

图 12-6　启动 Cloudera VM

（11）Cloudera VM 桌面。因为许多 Hadoop 工具需要启动，虚拟机将需要较长时间才能启动。启动成功后，Cloudera VM 桌面将显示一个浏览器，如图 12-7 所示。

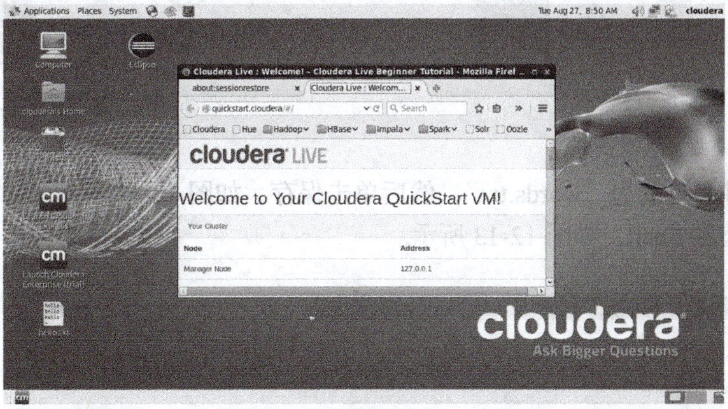

图 12-7　Cloudera VM 桌面

Cloudera VM 成功安装后，就可以基于此进行 Hadoop 的应用和编程实践了。

12.2　HDFS 实践：将数据复制到 Hadoop 分布式文件系统中

学习目标

- 使用命令行应用程序与 Hadoop 交互。
- 将文件复制到 Hadoop 分布式文件系统（HDFS）中或从中移出。

说明：

（1）打开浏览器，如图 12-8 所示。

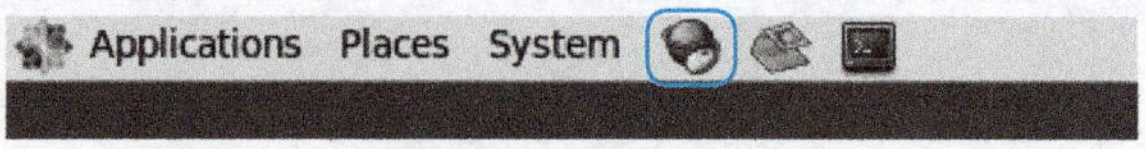

图 12-8　打开浏览器

（2）下载“t8.shakespeare.txt”（莎士比亚全集），作为练习文本文件，以复制到 HDFS 中。如图 12-9 所示，在浏览器中输入以下链接（如果链接失效，请联系出版社获取相关资源），http://ocw.mit.edu/ans7870/6/6.006/s08/lecturenotes/files/t8.shakespeare.txt 。

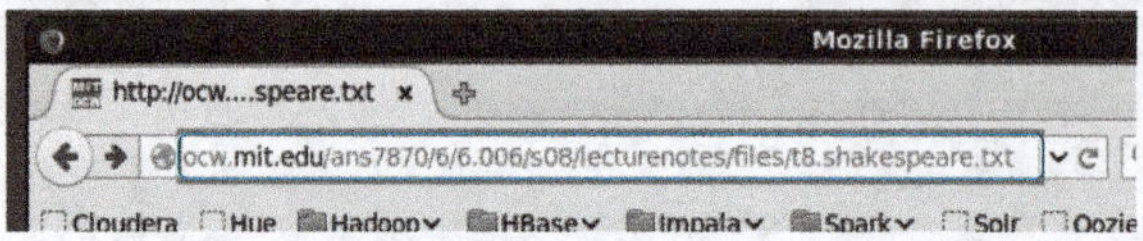

图 12-9　下载文本文件

加载页面后，单击“打开”菜单按钮，如图 12-10 所示。

单击“保存页面”，如图 12-11 所示。

图 12-10　打开文本文件

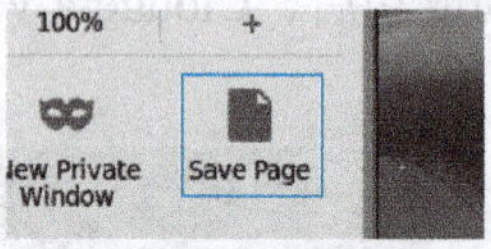

图 12-11　保存文本文件

将输出文件名更改为“words.txt”，然后单击保存，如图 12-12 所示。

（3）打开终端 Shell，如图 12-13 所示。

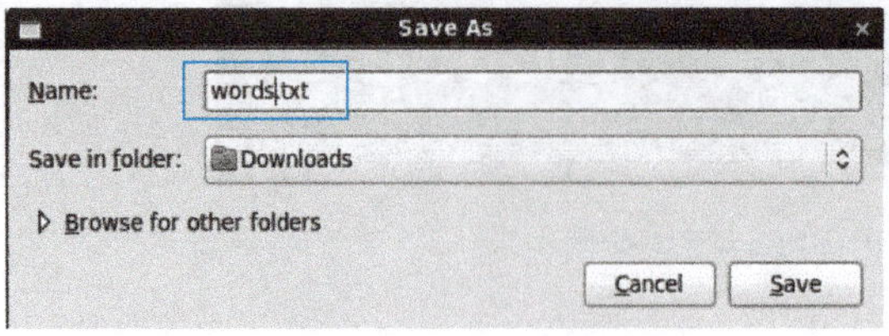

图 12-12　文件重命名

图 12-13　打开终端 Shell

在 Shell 中执行命令：cd Downloads，从当前目录切换为下载目录。

```
[cloudera@quickstart ~]$ cd Downloads/
[cloudera@quickstart Downloads]$ █
```

运行 ls 以查看 words.txt 是否已保存。

```
[cloudera@quickstart Downloads]$ ls
words.txt
```

（4）将文件从本地文件系统复制到 HDFS 中。运行 hadoop fs –copyFromLocal words.txt 将文本文件从本地文件系统复制到 HDFS 文件系统中。

```
[cloudera@quickstart Downloads]$ hadoop fs -copyFromLocal words.txt
[cloudera@quickstart Downloads]$ █
```

（5）验证文件是否已复制到 HDFS。运行 hadoop fs –ls 以验证文件是否已复制到 HDFS。

```
[cloudera@quickstart Downloads]$ hadoop fs -ls
Found 1 items
-rw-r--r--   1 cloudera cloudera    5458199 2016-02-12 15:14 words.txt
[cloudera@quickstart Downloads]$ █
```

（6）在 HDFS 中复制文件。可以在 HDFS 中创建文件的副本。运行 hadoop fs -cp words.txt words2.txt 来创建 words.txt 的副本并命名为 words2.txt：

```
[cloudera@quickstart Downloads]$ hadoop fs -cp words.txt words2.txt
[cloudera@quickstart Downloads]$ █
```

可以通过运行 hadoop fs -ls 来查看复制的新文件

```
[cloudera@quickstart Downloads]$ hadoop fs -ls
Found 2 items
-rw-r--r--   1 cloudera cloudera    5458199 2016-02-12 15:14 words.txt
-rw-r--r--   1 cloudera cloudera    5458199 2016-02-12 15:15 words2.txt
[cloudera@quickstart Downloads]$ █
```

（7）从 HDFS 复制文件到本地文件系统。我们还可以将文件从 HDFS 复制到本地文件系统。运行 hadoop fs -copyToLocal words2.txt，将 words2.txt 复制到本地目录。

```
[cloudera@quickstart Downloads]$ hadoop fs -copyToLocal words2.txt
[cloudera@quickstart Downloads]$ █
```

然后，运行 ls 以查看 words2.txt 是否存在，以查看文件是否已成功复制到本地。

```
[cloudera@quickstart Downloads]$ ls
words2.txt  words.txt
[cloudera@quickstart Downloads]$█
```

（8）删除 HDFS 中的文件。运行 hadoop fs -rm words2.txt 在 HDFS 中删除 words2.txt。

```
[cloudera@quickstart Downloads]$ hadoop fs -rm words2.txt
16/02/12 15:17:01 INFO fs.TrashPolicyDefault: Namenode trash configuration: Dele
tion interval = 0 minutes, Emptier interval = 0 minutes.
Deleted words2.txt
[cloudera@quickstart Downloads]$ █
```

运行 hadoop fs -ls 以查看文件是否消失。

```
[cloudera@quickstart Downloads]$ hadoop fs -ls
Found 1 items
-rw-r--r--   1 cloudera cloudera    5458199 2016-02-12 15:14 words.txt
[cloudera@quickstart Downloads]$ █
```

12.3　MapReduce 实践：运行 WordCount 程序

学习目标

- 执行 WordCount 应用程序。

- 将 WordCount 的结果从 HDFS 中复制出来。

说明：

（1）打开终端 Shell。在 VirtualBox 中启动 ClouderaVM（如果尚未运行），然后打开终端 Shell。有关这些步骤的详细说明，请参阅前面的章节。

（2）运行系统自带的 MapReduce 示例程序，并查看用法。可以通过运行 hadoop jar /usr/jars/hadoop-examples.jar 来查看 Hadoop 示例程序的列表。看到将要运行的 WordCount，如图 12-14 所示。

```
[cloudera@quickstart ~]$ hadoop jar /usr/jars/hadoop-examples.jar
An example program must be given as the first argument.
Valid program names are:
  aggregatewordcount: An Aggregate based map/reduce program that counts the words in the in
put files.
  aggregatewordhist: An Aggregate based map/reduce program that computes the histogram of t
he words in the input files.
  bbp: A map/reduce program that uses Bailey-Borwein-Plouffe to compute exact digits of Pi.
  dbcount: An example job that count the pageview counts from a database.
  distbbp: A map/reduce program that uses a BBP-type formula to compute exact bits of Pi.
  grep: A map/reduce program that counts the matches of a regex in the input.
  join: A job that effects a join over sorted, equally partitioned datasets
  multifilewc: A job that counts words from several files.
  pentomino: A map/reduce tile laying program to find solutions to pentomino problems.
  pi: A map/reduce program that estimates Pi using a quasi-Monte Carlo method.
  randomtextwriter: A map/reduce program that writes 10GB of random textual data per node.
  randomwriter: A map/reduce program that writes 10GB of random data per node.
  secondarysort: An example defining a secondary sort to the reduce.
  sort: A map/reduce program that sorts the data written by the random writer.
  sudoku: A sudoku solver.
  teragen: Generate data for the terasort
  terasort: Run the terasort
  teravalidate: Checking results of terasort
  wordcount: A map/reduce program that counts the words in the input files.
  wordmean: A map/reduce program that counts the average length of the words in the input f
iles.
  wordmedian: A map/reduce program that counts the median length of the words in the input
files.
```

图 12-14　Hadoop 示例程序的列表

（3）查看 WordCount 命令行参数。每个示例应用程序都可以在终端中运行。要查看如何运行特定的应用程序，可以将应用程序名称附加到上述命令后面。例如要查看如何运行 WordCount，运行 hadoop jar /usr/jars/hadoop-examples.jar wordcount 即可。

```
[cloudera@quickstart Downloads]$ hadoop jar /usr/jars/hadoop-examples.jar wordcount
Usage: wordcount <in> [<in>...] <out>
[cloudera@quickstart Downloads]$
```

输出 WordCount 的使用方法中，<in> 和 <out> 分别表示输入和输出的文件或目录名称。方括号表示第二个 <in> 或更多输入是可选的。该信息显示 WordCount 采用一个或多个输入文件的名称以及一个输出目录的名称。请注意，这些文件位于 HDFS 文件系统 中，而不是本地文件系统中。

（4）验证输入文件是否在 HDFS 中存在。之前下载了莎士比亚的完整作品，并命名为 “words.txt”，并将它复制到了 HDFS 中。运行 hadoop fs -ls，来确保此文件仍在 HDFS 中，以便我们可以在其上运行 WordCount。

```
[cloudera@quickstart Downloads]$ hadoop fs -ls
Found 1 items
-rw-r--r--   1 cloudera cloudera    5458199 2016-02-12 15:14 words.txt
[cloudera@quickstart Downloads]$ █
```

（5）运行 WordCount。运行 WordCount，查找 words.txt 中所有单词的出现次数：hadoop jar /usr/jars/hadoop-examples.jar wordcount words.txt out。

```
[cloudera@quickstart Downloads]$ hadoop jar /usr/jars/hadoop-examples.jar wordcount words.txt out
16/02/12 15:27:34 INFO client.RMProxy: Connecting to ResourceManager at /0.0.0.0:8032
16/02/12 15:27:35 INFO input.FileInputFormat: Total input paths to process : 1
16/02/12 15:27:35 INFO mapreduce.JobSubmitter: number of splits:1
```

当 WordCount 执行时，Hadoop 会打印 Map 和 Reduce 的执行进度。当字数计数完成时，两个都会显示 100%。

```
16/02/12 15:27:46 INFO mapreduce.Job:  map 0% reduce 0%
16/02/12 15:27:54 INFO mapreduce.Job:  map 100% reduce 0%
16/02/12 15:28:02 INFO mapreduce.Job:  map 100% reduce 100%
16/02/12 15:28:02 INFO mapreduce.Job: Job job_1455318527581_0001 completed successfully
```

（6）浏览 WordCount 输出目录。WordCount 完成后，验证是否已创建输出目录。运行 hadoop fs –ls，查看输出目录 out 是否已经在 HDFS 中创建。

```
[cloudera@quickstart Downloads]$ hadoop fs -ls
Found 2 items
drwxr-xr-x   - cloudera cloudera          0 2016-02-12 15:28 out
-rw-r--r--   1 cloudera cloudera    5458199 2016-02-12 15:14 words.txt
[cloudera@quickstart Downloads]$ _
```

可以看到 HDFS 中现在有两个项目：words.txt 是之前创建的文本文件，out 是 WordCount 创建的目录。

（7）查看输出目录内部。WordCount 创建的 out 目录包含多个文件。通过运行 hadoop fs -ls out 查看目录内部：

```
[cloudera@quickstart Downloads]$ hadoop fs -ls out
Found 2 items
-rw-r--r--   1 cloudera cloudera          0 2016-02-12 15:28 out/_SUCCESS
-rw-r--r--   1 cloudera cloudera     717768 2016-02-12 15:28 out/part-r-00000
[cloudera@quickstart Downloads]$ _
```

其中，文件 part-r-00000 包含来自 WordCount 的统计结果。文件 _SUCCESS 表示 WordCount 已成功执行。

（8）将 WordCount 结果从 HDFS 复制到本地文件系统。通过运行 hadoop fs –copyToLocal out/part-r-00000 local.txt 将 part-r-00000 复制到本地文件系统，并重命名为“local.txt”。

```
[cloudera@quickstart Downloads]$ hadoop fs -copyToLocal out/part-r-00000 local.txt
[cloudera@quickstart Downloads]$
```

（9）查看 WordCount 结果。查看结果的内容：more local.txt

```
[cloudera@quickstart Downloads]$ more local.txt
```

结果文件的每一行都显示输入文件中某个单词的出现次数。例如“Accuse”在输入中出现四次，但“Accusing”仅出现一次，如图 12-15 所示。

```
Accost- 1
Account 1
Accountant      1
Accounted       1
Accoutred       1
Accurs'd        2
Accurs'd,       1
Accursed        4
Accusativo,     2
Accuse  4
Accusing        1
Acheron 2
Acheron,        1
Aches   1
Achiev'd        1
```

图 12-15　词频统计结果

测试题及答案

测试题

1.（多选题）大数据的法律问题集中在（　　）方面。

A．对所包含数据的准确性负责

B．对资源中的数据进行创建、使用和共享的权利

C．因数据表示和数据交换所需使用的标准而产生的知识产权问题

D．对资源中使用的个人信息提供保护。

2.（多选题）大数据研究的目的包括（　　）。

A．利用大数据来促进科学发展

B．存储大数据信息，记录人类文明

C．收集关于群体的信息，以控制群体中的每一个成员

D．收集有关个人的信息，以完成调查目的

E．通过数据了解人类已知和未知的领域

3.（单选题）HDFS 实现可扩展性的方法有（　　）。

A．分区　　B．复制　　C．存储　　D．探索

4.（单选题）NameNode 和 DataNode 是（　　）关系。

A．包含　　B．合作　　C．主从　　D．同辈

5.（多选题）DataNode 的功能是（　　）。

A．数据创建　　B．数据删除

C．数据复制　　D．倾听用户请求

6.（单选题）以下关于 YARN 的陈述中不正确的有（　　）。

A．YARN 是 Hadoop 的资源管理器

B．YARN 提供灵活的调度

C．YARN 在 HDFS 上只能支持单个应用程序

D．YARN 与应用程序交互并计划资源供其使用

7.（多选题）容器中可以包含的资源有（　　）。

A．中央处理器　　B．内存　　C．磁盘　　D．网络

8.（多选题）YARN 的四个关键组成部分是（　　）。

A．资源管理器　　B．节点管理器

C．应用程序主管理器　　D．容器

9.（单选题）以下对 Hadoop MapReduce 的最佳描述是（　　）。

A．一种简化并行计算的编程模型

B．一种简化并行计算的编程方法

C．简化的并行计算数据库

D．简化并行计算的编程思路

10．（多选题）以下关于 MapReduce 的说法，正确的是（　　）。

A．Hadoop 生态系统的编程模型

B．依靠 YARN 进行调度和执行

C．能够在 HDFS 中并行处理分布式文件块

D．需要提前编写并行程序代码

11．（多选题）Hadoop 生态系统的核心组件包含（　　）。

A．HDFS　　B．MapReduce　　C．Hive　　D．HBase

12．（多选题）在以下（　　）情况下，Hadoop 可能不是最佳选择。

A．使用小型数据集

B．基础设施更换

C．需要特定硬件类型的高级算法

D．任务级并行性

E．随机数据访问

13．（单选题）在安装预构建的软件映像之前，应安装的软件有（　　）。

A．Hadoop　　B．Virtual machines

C．Windows　　D．Cloudera

14．（单选题）将文件“words.txt”从本地系统复制到 HDFS 的命令是（　　）。

A．hadoop –copyFromLocal words.txt

B．hadoop fs –copyFromLocal words.txt

C．hadoop –copyToLocal words.txt

D．hadoop fs–copyToLocal words.txt

15．（多选题）查看 WordCount 结果文件“local.txt”的命令是（　　）。

A．open local.txt　　B．cat local.txt

C．vi local.txt　　D．more local.txt

测试题答案

1．ABCD；　2．ABCDE；　3．A；　4．C；

5．ABC；　6．C；　7．ABCD；　8．ABCD；

9．A；　10．ABC；　11．AB；　12．ABCDE；

13．B；　14．B；　15．BCD。

参 考 文 献

[1] Jeffrey Dean, Sanjay Ghemawat. MapReduce: Simplified Data Processing on Large Clusters. Communications of the ACM，2004，51(1):107-113.

[2] Jules J Berman. Principles of Big Data: Preparing, Sharing, and Analyzing Complex Information. San Francisco，CA: Morgan Kaufmann Publishers Inc., 2013.

[3] Sainani K. Error: what biomedical computing can learn from its mistakes. BIOMEDICAL COMPUTATION REVIEW, Fall 2011:12-19.

[4] Gatty H. Finding your way without map or compass. New York: Dover, 1998.

[5] 韩常仲．浅析大型风电场发电运行提质增效技术．中国设备工程，2021，(08):202-205.

[6] 饶文碧． Hadoop 核心技术与实验．． 武汉：武汉大学出版社，2017.